2023 年度浙江省哲学社会科学规划后期资助课题：翻译·传播与接受：克罗齐美学在中国（1919—1949）（立项号：23HQZZ30YB）

翻译、传播与接受：
克罗齐美学在中国

（1919—1949）

姜智慧　著

上海交通大学出版社
SHANGHAI JIAO TONG UNIVERSITY PRESS

内容提要

本书以 1919—1949 年为时间起止点，基于对克罗齐美学在这一历史时段内所有传播与接受史料的文本分析，从翻译、传播和接受三个层面综合考察克罗齐美学思想在中国本土的增殖、发展与变异，以及克罗齐美学如何激活了中国传统美学思想中被弱化的表现主义元素，促使传统美学思想发生现代性的转化与更新，以此凸显中西文化之间的深层冲突与融合，参照与互鉴，从而彰显克罗齐美学在中国文论从传统向现代转型的过程中，在"知识论"和"方法论"上的价值与影响，并为当下中国本土文论的建设提供启示。

图书在版编目(CIP)数据

翻译、传播与接受：克罗齐美学在中国：1919
－1949／姜智慧著. －－上海：上海交通大学出版社，
2025.1. －－ISBN 978-7-313-32151-0

Ⅰ.B83－095.46

中国国家版本馆 CIP 数据核字第 20254U210C 号

翻译、传播与接受：克罗齐美学在中国(1919—1949)
FANYI、CHUANBO YU JIESHOU：KELUOQIMEIXUE ZAI ZHONGGUO(1919—1949)

著　　者：姜智慧

出版发行：上海交通大学出版社	地　　址：上海市番禺路 951 号
邮政编码：200030	电　　话：021-64071208
印　　制：上海新华印刷有限公司	经　　销：全国新华书店
开　　本：710 mm×1000 mm　1/16	印　　张：13.25
字　　数：220 千字	
版　　次：2025 年 1 月第 1 版	印　　次：2025 年 1 月第 1 次印刷
书　　号：ISBN 978-7-313-32151-0	
定　　价：78.00 元	

序
PREFACE

20世纪以来,中国乃至世界都进入到了一个文化大裂变的时代,各种新事物、新思想雨后春笋般地涌现出来,给人们带来了层出不穷的惊喜和机遇;同时也在社会生活中造就了种种难以想象的不安、困惑和乱局,由此所产生的种种难以想象和控制的现象也应运而生,在人们记忆和意识中留下了重重阴影。

在这种情况下,为这个时代把脉是一件非常困难的事情,因为过去是难以解释的,而未来则显得更加迷茫和渺茫,无数新的问题出现在人们面前,等待人们的思考和探索。这种情形甚至影响到给自己的学生写序,因为很多问题自己并不比学生更加清楚、明了。例如,当姜智慧博士把自己的书稿放在我的面前,并提出为她的书稿写序的时候,我不能不感到有某种困惑和不自信。由此,为自己的学生写序,竟然成了对自己的一次考验,不能不和姜智慧博士一起面对和思考这种大裂变的现实,去思考和寻找新的未来。

不言而喻,大裂变给人类带来了新的想象和期许,也为人类社会带来了新的变局和新的希望,但是这种大裂变也把人类带向了新的难以预知的情景之中,危难、危局和危机不断地出现,把人类带入到了痛苦和绝望之中,人们甚至想象我们正在走向一个没有希望的世界。但是,一切果真如此吗?我们愿意接受这样一个结局吗?是否还有新的希望在向我们招手,而一种大裂变的景象是否就意味着这个世界的末日,人类还有乐观的扭转乾坤的机会吗?

正是带着这样的思考，诱导我认真阅读姜智慧的书稿《翻译、传播与接受：克罗齐美学在中国（1919—1949）》，并从中感受到了新的希望和可能性——这就是大融通时代的到来。

文化原本是人的创造物，正像人是文化的创造物一样，这二者之间是不可分离的，不仅面对着共同的挑战，具有学习和吸取不同文化营养的需要，不断从不同文化中获取资源和力量；他们之间并不存在着天然的不可克服、不可改变的屏障——这也正是克罗齐的思想在中国能够引起广泛关注和吸收的原因所在。事实上，当一个大裂变的时代匆匆而来的时候，很多人——尽管并不清晰同时满怀疑虑和担忧——但还是满怀期待地拥抱了这个时代，在新的思想浪潮推动下走向了这个不确定的时代，所以当清朝有人提出"三千年之大变局"的时候，这种文化大裂变便以一种排山倒海之势席卷了中国，也改变了中国，把中国推到了世界大变革的风口浪尖，造就了当下中国的一个奇迹。当我们回顾这百年来的历史变革的时候，不仅感到一种更大的挑战摆在面前，而且依稀发现在大裂变的背后，还存在着一种新的不断增强的潜在的文化自信和力量。这就是在不断分化的文化大裂变之中存在着一种文化大融通现象，它通过不断增强和深化的文化交往、交流和互鉴，正在形成一种新的文化发展趋势，造就着一种新的互相包容、共享和增新的文化气象，不仅缓解了由于文化大裂变而带来的种种冲突和不适，而且让人们体验到了更多的文化资源和文化创新的魅力。我们在这里所说的大融通就是这样一种文化途径和景象：即通过不同民族、国家和模式之间的文化交流、认同以及新的文化共同体的建造，不断形成一种新的文化凝聚力和创造力，通而不同，使人类在一种多元文化的气氛中走向未来。

实际上，这种文化融通现象原本就存在于各种各样、形形色色的生活之中，例如克罗齐文艺理论在中国的翻译、传播与接受就体现了这种文化融通现象。中国学者对克罗齐的引入，不仅仅是介绍了一个西方的文艺理论家，也表现了对新的理论体系的进一步深化思考，更是牵涉到对文化融通的认同和选择。世界上很多学者，例如鲁迅、钱锺书、林语堂、燕卜荪、赛珍珠、庞德等,都在进行着这种面向未来的工作,不断在不同文化、不同思想之间超越各自不同的文化身份和背景,寻找和探索文化之间的相知、相通和相融之处,在历史文化深处感悟和理解人类共同的愿望和情致。在这个过程中,不仅学者、作家在这方面不断努力,而且就连大众流行文化也参与这个潮流:在上海表演的街头舞和在纽约街头进行的舞狮表演,都具有文化传播和融通的功能。人类不断通过文化融通,越走越近,他们之间的陌生、隔阂和敌意不断消融,而理解、沟通和互信越来越增强。和平和互助的气氛越来越浓厚,一个文化大融通的时代正在到来。

也许这就是人类的梦想,尽管这个梦想至今还显得那么缥缈、那么艰难,并且不断被这个世界的枪炮声所惊醒,但是人类还是有理由相信有一种神秘的、不可思议的力量在向这个方向推动,促使人们相信和创造这个梦想。

此为序,与姜智慧博士共勉。

殷国明

2024 年 4 月 12 日

目录
CONTENTS

绪论 ·· 1

  第一节 选题缘起与研究价值 ······················· 1

  第二节 国内外研究述评 ···························· 4

  第三节 研究方法与内容 ···························· 15

第一章 艺术之维：克罗齐美学的四重奏 ·············· 18

  第一节 艺术的独立 ································· 19

  第二节 直觉即表现 ································· 23

  第三节 批评即创造 ································· 28

  第四节 艺术、批评与历史的统一 ·················· 31

第二章 译前传播：克罗齐美学的初识与交汇 ········ 36

  第一节 情感涌动与中国现代美学的初绽 ············ 37

  第二节 西东流转与译前回想 ······················ 41

  第三节 文化滤镜下的克罗齐思想初影 ············· 48

第三章 文本翻译：克罗齐美学的跨语际阐释 ········ 69

  第一节 汉译的发生与内容之择 ··················· 70

  第二节 以接受为径的翻译之道 ··················· 78

  第三节 概念翻译中的跨文化碰撞 ················· 86

第四章　变异中追寻：朱光潜对克罗齐美学的解读 ················ 100
　第一节　情感与理性的辩证 ·························· 101
　第二节　概念的跨文化变异 ·························· 105
　第三节　批评鉴赏论的深化 ·························· 119

第五章　交错的视界：梁实秋、林语堂对克罗齐美学的思索 ·········· 126
　第一节　文学纪律与表现的对峙 ······················ 128
　第二节　性灵表现的浪漫韵律 ························ 134
　第三节　人本主义的殊途同归 ························ 142

第六章　转化中延展：滕固、邓以蛰对克罗齐美学的吸收 ·········· 147
　第一节　内经验的直觉之光 ·························· 147
　第二节　诗与历史的共生之境 ························ 153
　第三节　心画论的直觉之韵 ·························· 159

第七章　克罗齐美学在中国：中西文论的互鉴与融通 ············ 166
　第一节　中国传统美学思想的现代性转化 ·················· 167
　第二节　中国现代文学批评空间的拓展 ··················· 169
　第三节　中西文论交流中的文化碰撞与融合 ················ 173

附录(一)　克罗齐作品汉译本汇总表 ···················· 180
附录(二)　克罗齐思想在中国的传播与接受年表 ·············· 182
参考文献 ································· 191
索引 ··································· 199
后记 ··································· 201

绪　　论

第一节　选题缘起与研究价值

贝奈戴托·克罗齐(Benedetto Croce)是意大利著名文艺美学批评家、历史学家和哲学家,其心灵哲学承自康德与黑格尔,并加以修正,多被称为"新唯心主义哲学"。克罗的心灵哲学将精神视为唯一的实在,精神的发展过程就是历史的全部,它从直觉到概念,由理论至实践,而实践活动又为作为理论起点的直觉提供材料,如此循环往复而又不断上升,生生不息地永恒发展变化着。克罗齐以直觉作为人之精神发展的起点,将感性直觉视为理性认知的前提和基础,并将之与理智、道德等其他心灵活动彻底划清了界限,以此宣告了人之情感的独立。克罗齐美学建立在其心灵哲学的基础上,直觉即表现是其美学的核心论点。克罗齐美学中的直觉是从康德的"审美的判断"演变而来,它是一种纯粹抒情的直觉,艺术是而且仅是情感的表现。针对西方古典美学中理性对感性的吞没,以及科学实证主义对情感的肢解,克罗齐以一种坚决与传统决裂的气势呈现了美学的崭新结构:艺术＝直觉＝表现＝美,将美是"道德的象征"或"理念的显现"转变为情感的表现,从理论上确立了艺术的完全独立。克罗齐美学是西方传统美学向现代美学转型的枢纽,它以对非理性直觉的强调,完成了对西方传统美学的批判性总结,并成为西方现代美学的起点。

克罗齐于 20 世纪初期以哲学家、史学家和美学家的身份进入中国,其美学思想被广泛传播与深入接受,不仅推动了中国传统美学思想向现代性转化的深入,也推动了中国现代文学批评实践空间的拓展。对于这位 20 世纪前半叶蜚声欧美,并对中国文艺理论影响巨大的现代美学家,目前国内的研究显得十分单薄。而有关克罗齐美学与中国文论关系的研究,则主要集中于朱光潜对克罗美

学思想的接受。因此国内学界对克罗齐美学的了解，大都来自于与朱光潜相关
的研究，偶有零星之作涉及林语堂、邓以蛰等其他学人对克罗齐美学接受的单一
研究，但大都局限于二者思想之间的浅层比较，且比较雷同，有关克罗齐在中国
的综合与全面研究则鲜有可见。这不仅遮蔽了克罗齐美学的原貌，也不利于从
整体的视角深入理解克罗齐美学与中国文艺美学之间的关联与纠葛。实际上，
克罗齐美学对中国现代美学的建构与文学批评实践的意义，不可能从某一个接
受者的研究中获得全面的理解，也不能只从其思想在中国的接受层面得以充分
的阐释。克罗齐美学从进入中国开启传播之旅，到其文本的汉译，再到其思想被
深入接受，每一步都带动了中西文化的互动与交融。因此要考察克罗齐美学与
中国文论之间的关系及其在中国的意义，需要从传播、翻译和接受等多个维度全
面展开，唯有如此，才能将"克罗齐美学在中国"的研究做得更扎实与充分，也才
能更清晰地彰显克罗齐美学对中西文艺理论交流之历史与现实的意义。本书选
取 1919—1949 年这一中西文化大碰撞的历史背景作为考察的时间起止点，这一
时间段是中国文艺美学从传统向现代转型的特殊时期，呈现克罗齐美学在这一
历史文化语境中的传播和接受，就自然描摹出这一典型学案背后中西文论交流
的主要问题，展现出两种文化在文论交流中的互鉴与融合的生长过程，从而为当
下中国本土文论的建设提供启示。

　　本书的研究价值将体现在以下几个方面：首先，理论旅行的研究中，翻译、
传播与接受三个层面是相互交织、渗透与影响的，那么，三者之间到底如何渗透
与影响，理论思想被接受之前，到底是传播在先还是翻译在先？如果传播在先，
它又如何影响了翻译的发生？从 1919 年克罗齐进入中国到 1929 年其《作为表
现的科学与一般语言学的美学》（*Aesthetic as Science of Expression and
General Linguistic*）（本书以下简称《美学》）节译本产生的十年间，有关克罗齐思
想的介绍不断出现在哲学、美学与文学批评相关的论文和论著中，这些零星与片
段的引介，对克罗齐思想在中国的传播和接受具有铺垫的意义，但这一点一直在
克罗齐的相关研究中被忽略。实际上，恰恰是这种译前传播①，使得克罗齐思想
得以与中国文化相交接，并开始被中国学界所了解和认识。显然，在以往的翻译
研究中，译前传播并没有得到充分的重视，而就克罗齐在中国的翻译传播来说，
它不仅是一个对克罗齐思想的筛选过程，而且促使克罗齐文本的汉译得以发生，

---

　　① 徐玉凤、殷国明."译传学"刍议：关于一种跨文化视野中的新认识[J].江南大学学报，2016
（1）：99 - 105.

并将克罗齐美学的接受引向深入。所以,将译前传播作为克罗齐在中国的一个重要问题提出并加以研究,不仅弥补了以往研究中的空白,也是本书在中西文论交流领域的一个创新点,本书期待在这方面有更为重要的发现。

其次,对克罗齐美学的接受研究,离不开对其作品的翻译状况的考察。谢天振曾指出翻译是比较文学研究中的重要环节:"比较文学学者关心的是在这些转换(指语言转换,即翻译)过程中表现出来的两种文化和文学的交流,他们的相互理解和交融,相互误解和排斥,以及相互误释而导致的文化扭曲与变形,等等。"①克罗齐美学思想在其《美学》与《美学纲要》(*Breviary of Aesthetics*)文本的节译与全译的跨语际传播中,获得深入的文化阐释,文本的翻译为克罗齐美学在中国的深入接受提供了文本参考。而有关克罗齐美学文本汉译内容的选择,译者的翻译目的和翻译策略与克罗齐美学接受的关系,以及克罗齐美学中的具体概念在语际转换中意义的增殖与缺省,由此带来的理论在异域文化中的变形与异化,都是理论旅行研究中的重要内容。翻译是外来文学传播接受和产生影响的重要方式之一,对翻译文本进行整理、归纳、分析和比较,不仅能够清晰地呈现一种理论在翻译阐释中的变异,还能清晰地显示出理论文本在翻译这种特殊的"文化对话"中所发生的中西文化之间的碰撞与融合,吸纳与排斥。而这些问题的研究在现有克罗齐美学的研究中也鲜有涉及,因此考察克罗齐美学文本的汉译,在国内克罗齐美学的传播接受研究中,兼具理论与实践的开拓性意义。

再次,以往对于克罗齐美学的接受研究,大都局限于单个接受者的考察,不利于全面地了解克罗齐美学与中国文艺美学之间的互动交流。而本书基于详细的史料分析,将所有克罗齐美学思想的接受者如朱光潜、林语堂、梁实秋、邓以蛰和滕固集中在一起,从不同的层面对克罗齐美学的传播和接受作综合的呈现,相比单一的接受研究而言,更能深刻地揭示克罗齐美学与不同理论批评家之间的关联和互动;彰显克罗齐美学在中国美学、文学批评以及书画论从传统向现代转型的过程中,在"知识论"和"方法论"上的价值与影响;探讨克罗齐美学如何激活了中国传统美学思想中被弱化的表现主义元素,并促使传统美学思想发生现代性的转化与更新;以及克罗齐美学思想本身在中国本土的增殖、发展和变异,以此凸显中西文化之间的深层冲突与融合,参照与互鉴。

最后,中国现代文艺理论发生与发展的过程,一直伴随着中西文化之间的交

---

① 谢天振.译介学[M].上海:上海外语教育出版社,1999:11.

流与沟通。在这个过程中，"东西文化在碰撞、冲突中寻求着对话、融合，在引进、借鉴中进行着排斥和批判，在差异中寻找着共性。"①在全球化日益推进，同时文化冲突与种族纷争不断加剧的当下，如何加强不同文化之间的沟通与交流，增进彼此之间的理解与宽容，是当前文艺理论研究的重要课题。本书将克罗齐美学在中国的翻译、传播和接受以及影响视为一个整体加以研究，把它置于20世纪上半期中西文化大冲撞的历史背景下，探讨克罗齐美学在中国被迎合与抗拒的深层理由，努力发掘出克罗齐美学在中国的理论旅行中的文化交流意义。并以此反思当今中西文艺理论交流中，如何进行西方文论与中国本土经验的调试，最终推动当代本土批评话语的建构。在文化交流与冲突不断加剧的今天，这种具有典型意义的个案研究，对于探索中西文化文学的交流规律，具有重要的学术理论价值与现实意义。

第二节　国内外研究述评

一、国外研究述评

通过大量搜集国外研究文献表明，克罗齐的国外研究主要集中在以下三个方面：对克罗齐哲学与历史学思想的研究，有关克罗齐美学思想的研究，以及有关克罗齐其人及其思想与西方文化关系的研究。这些文献所使用的语言有意大利语、法语、德语、英语等，表明克罗齐研究已经成为一种世界现象。而对于克罗齐在中国的接受和影响研究，国外仅有两篇文献。现具体提炼如下：

第一篇是意大利汉学家马利奥·沙巴提尼(Mario Sabatini)的《朱光潜〈文艺心理学〉中的"克罗齐主义"》("Crocianism" in Chu Kuang-chien's Wen-i-hsin-Li-hsueh)，这篇论文1970年发表于罗马出版的《东方和西方》(*East and West*)新论丛第二十卷第一、二期合刊(6月版)，曾被中国学者赖辉亮翻译成中文发表于《中国青年论坛》1989年第6期。沙巴提尼认为朱光潜完全是站在中国道家传统美学的立场来理解克罗齐的，因而就不可能从根本上把握克罗齐美学的心灵哲学内涵。朱光潜吸收克罗齐美学，是因为他看到了克罗齐思想中与中国道

---

① 刘登阁、周云芳.西学东渐与东学西渐[M].北京：中国社会科学出版社，2000：1.

家思想相类似的部分,而一旦当他发现克罗齐与道家思想相抵牾时,朱光潜"便会毫不犹豫地摒弃克罗齐,或者采用他认为的必要的'修正',而这些修正往往导致推翻克罗齐的理论基础。"①在沙巴提尼看来,朱光潜的直觉是中国道家哲学的直觉,它不同于克罗齐作为心灵认知开端以及理智和逻辑前提的直觉,而是一种终点,它恰恰是超越理智和概念之上的更高级的认识阶段。道家的直觉不是一种纯粹的理论认识活动,而是与日常实践密切相关,正因为如此,朱光潜视域中的克罗齐美学就脱离了其本来的纯粹精神的本质,因而也就不难理解朱光潜为何总是将西方心理学中的移情论、内模仿论等美学理论与克罗齐混淆在一起。沙巴提尼还认为,朱光潜对于克罗齐美学的批判中将克罗齐美学视为机械论,以及对于克罗齐有关艺术传达观点的批判,都是因为他没有把握克罗齐思辨哲学的出发点和克罗齐美学所依据的西方传统思想所导致的错误理解。

另一篇有关克罗齐在中国的接受研究文献,是英国纽卡斯尔大学教授钱锁桥的《自由的世界主义:林语堂与中庸的中国现代性》(*Liberal Cosmopolitan, Lin Yutang and Middling Chinese Modernity*)中的第五章,钱锁桥着眼于20世纪30年代中国文学发展的具体语境,对林语堂如何将克罗齐的表现主义与中国传统的性灵论文学观融合,从而建构自己的性灵论美学作了深入论述。钱锁桥认为,美国的新人文主义与表现主义之争,在中国的学衡派和新文化派之间重演。林语堂是语丝派的重要成员,他对于克罗齐表现主义理论的倡导,就是要为语丝派自由评论家的个人风格提供理论基础,从而与旧文体以及旧思想形成对抗。林语堂发现了袁中郎的性灵论和西方表现主义的异曲同工之妙,找到了一条连接中西的跨文化路径。性灵派对于因袭古典的反对恰如浪漫派对于新古典主义的扬弃,林语堂发掘袁中郎的性灵观来高扬个性,这也是新文化运动的一个重要内容。钱锁桥认为:在中国新文化运动的交叉路口,林语堂将克罗齐的表现主义与袁中郎性灵学说融合在一起,站在一种世界主义的立场和跨文化的视角,为中国文化的现代性提供了另外一种可能。②

鉴于国外有关克罗齐在中国接受的研究之稀少,而克罗齐思想的相关研究对更好地理解克罗齐美学在中国的传播和接受大有裨益,因此在此有必要将国

---

① [意]马利奥·沙巴蒂尼.朱光潜《文艺心理学》中的"克罗齐主义"[J].赖辉亮,译.中国青年论坛,1989(6):61-66.

② Qian Suoqiao. *Liberal Cosmopolitan, Lin Yutang and Middling Chinese Modernity*. Brill, Leiden·Boston,2011:p.127-160.

外的克罗齐思想研究作简要述评。

对克罗齐哲学与历史学思想的研究——拉斐罗·皮科里（Raffaello Piccoli）的著作《贝奈戴托·克罗齐哲学简介》（*Benedetto Croce——An Introduction to His Philosophy*）对克罗齐 1922 年之前的哲学思想进行了全面而完整的介绍。皮科里对克罗齐哲学给与了高度评价：在世纪黎明之初，他帮助年轻一代开启了知识的视界，提供了一条介于伪科学物质主义和神秘主义之间的道路，即对于非理性情感的极大关注，也是对于当时盛极一时的实证主义与工具理性主义对社会以及人们内心影响的一种有力反击。[①] 英国哲学家卡尔（H. Wildon Carr）的《克罗齐的哲学：艺术与历史问题》被认为是首部系统而完整地展现克罗齐哲学总体轮廓的著作。卡尔认为克罗齐哲学中的一个基本观念是：哲学并非追求某种精神生活之外的形而上学，也并非为现实生活做一个抽象的框定，而是一种日益变化着的精神活动。正因为如此，克罗齐的哲学才被贴上"反现实主义"或"唯心主义"的标签。实际上，卡尔指出克罗齐哲学中对于超验问题的远离以及对于哲学与历史统一的坚持，使得其哲学与当时重要的哲学思想趋势保持一致。1987 年莫斯（M. E. Moss）的《重新认识克罗齐》（*Benedetto Croce Reconsidered*）对克罗齐的哲学、逻辑学和美学作了综合的介绍与探究，莫斯认为"对自由的追求是理解克罗齐思想的关键，历史叙事的指导概念和人性的道德理想是一条贯穿克罗齐美学和文学批评的线索。"[②]1987 年戴维·罗伯茨（David.D Roberts）的《贝奈戴托·克罗齐与历史主义的运用》（*Benedetto Croce and the Uses of Historicism*）将克罗齐的历史主义放在整个 20 世纪文化范围内进行考察，罗伯茨认为克罗齐的历史主义是在他抛弃上帝信仰、科学的真理以及激情的自我之后重建文化基础的努力。[③] 克罗齐坚信人类是其自身历史的创造者，在反对唯意志论、非理性主义以及激进的主体性的基础上，克罗齐发展了自己的新的人文主义：历史是一个开放式的没有固定结局的发展过程，是自由个体的创造，个体通过对过去的理解而进行现实的行动。克罗齐历史主义对于解决当时由科学技术主导的西方文化中所出现的问题，具有积极的指导意义。2013 年瑞克·彼得（Rik

---

① Raffaello Piccoli, *Benedetto Croce An Introduction to His Philosophy*. London：Jonathan Cape，1922.

② M. E. Moss, *Benedetto Croce Reconsidered*. Hanover and London：University Press of New England，1987：p.33.

③ David D. Roberts, *Benedetto Croce and the Uses of Historicism*. Berkeley：University of California Press，1987：p.3.

Peter)所著的《作为思想与行动的历史——克罗齐、金蒂莱、鲁杰罗和科林伍德的哲学》(*History as Thought and Action—Philosophies of Croce，Gentile，de Ruggiero，and Collingwood*)按照提问与回答的方式，建立起了克罗齐——金蒂莱——鲁杰罗——科林伍德之间的历史对话。20 世纪前半期，第一次世界大战、法西斯主义、纳粹主义、以及西方文明的衰落，持续挑战着四位哲学家提出并解答有关历史与哲学相关的问题。今天的我们依然面对他们几位当初面临的问题：民族主义、平民主义、民主的脆弱，以及文明的冲突。他们无意提出解决这些问题的最终答案，但是却指出了在历史中如何找到解决问题的开端，因此这本著作旨在通过介绍四位思想家探索解决他们所处时代问题的方式，为我们解决当下的问题提供一种方法论参考。①

　　有关克罗齐美学思想的研究——卡尔文(Calvin G・Seerveld)的《克罗齐早期美学理论和文学批评》(*Benedetto Croce's Earlier Aesthetic Theories and Literary Criticism*)以克罗齐 1900 年发表的三篇演讲(收集在《作为表现的科学和一般语言学的美学基本命题》中)为蓝本探讨克罗齐早期的美学思想。论文主要分析克罗齐这本早期美学著作中的关键概念和命题，并将克罗齐的早期美学思想与其精神哲学关联起来进行论述，向读者展现了克罗齐早期美学的思想内核和时代意义。作者认为克罗齐的美学是对于 19 世纪末到 20 世纪初期盛极一时的艺术感觉论与道德论的一种有力回应。19 世纪 90 年代，斯宾塞主义在意大利盛极一时，作为进化论者的斯宾塞认为艺术不过是一种心理对于物理刺激的本能反应。但是后唯心论者又认为艺术是一种神圣的绝对，克罗齐对于进化的感觉论与学院派的理智主义都持反对态度，他以对精神直觉的肯定掀起了美学界的革命。1981 年乔万尼・戈拉西(Giovanni Gullace)的《〈诗与文学〉导论》(*Poetry and Literature: An Introduction to Its Criticism and History*)是对克罗齐晚年的作品《诗与文学》的译文加评论。从其早期的《美学》到晚年的《诗与文学》，克罗齐的美学思想发生了重要的变化，这一变化主要体现在他对于文学的态度从早期的排斥走向宽容，为"与诗不一致的文学"赋予了一片合法的领地②。文学进入了表现的领域，克罗齐也因此拓展了表现的内涵。1999 年由多

---

①　Rik Peters, *History as Thought and Action: The Philosophies of Croce，Gentile，de Ruggiero，and Collingwood*. UK：Rik Peters, 2013：p.18.

②　Giovanni Gullace, *Benedetto Croce's Poetry and Literature: An Introduction to Its Criticism and History*. Carbondale and Edwardsville：Southern Illinois University Press, 1981：Lv.

伦多大学出版社出版的《克罗齐遗产》(The Legacy of Benedetto Croce)是一本有关克罗齐研究的论文集，其中的论文从不同角度展现了克罗齐思想中对当今文艺批评有指导意义的闪光点，让读者重新认识克罗齐的当代价值。编者认为：了解克罗齐的关键在于理解他的批评方法，而其批评方法的核心就在于"直觉即表现"，美学表现就是语言表达，因此克罗齐的美学理论等同于语言学理论。①这一理论的深远影响在于揭示了语言表达与思维的统一。编者还指出，克罗齐认为，对一部作品的批判性阅读永远没有终结，而是一个不断在进行之中的过程，这也意味着他自己的理论也将在后人的批判中得以发展。正因为如此，在克罗齐看来，没有一种哲学或者思想是具有最终决定性的绝对真理，错误是永远不能够被克服或抹除的，因此哲学家的任务就在于不断地发现错误，消除含糊，减少错误，驱散迷雾、晦涩与困惑。美国学者欧文·白璧德(Irving Babbitt)所著的《性格与文化·论东方与西方》(Character & Culture: Essays On East And West)从新人文主义的视角对克罗齐的思想进行了尖锐的批判，他这样评价克罗齐："他将诸多外围价值同核心错误结合起来，有时是与某种似乎让人感到无所适从的根本虚无结合起来了。"②白璧德认为克罗齐的艺术自由主义追求一种纯粹自发意义上的直觉，它丢弃了艺术的一切标准，实际上是一种浪漫主义。作为美国新人文主义的领袖，白璧德与克罗齐在对文学批评的看法上存在着根本的分歧，白璧德尊崇文学的纪律与规则，这恰好与克罗齐对于文学艺术中情感与个性的自由表现形成鲜明的对立。而克罗齐的忠实信徒，美国批评家斯宾佳恩(J. E. Spingarn)则站在白璧德的反面，对克罗齐的表现论大加赞赏，认为克罗齐的表现说"把批评界内所堆积的野草枯木一齐扫尽"。③斯宾佳恩曾大力推举克罗齐的表现主义文学批评观，在 20 世纪 20 年代与白璧德在美国掀起了一场文学批评论争。美国雷纳·威莱克(R. Willek)在《西方四大批评家》中评价克罗齐的美学是"20 世纪所产生的最有影响的理论，他不仅在意大利美学界占统治地位，而且在大多数西方国家里都是如此。"④但是雷纳·威莱克对克罗齐的直觉

① Jack D'Amico, Dain A. Trafton and Massimo Verdicchio (Ed.), *The legacy of Benedetto Croce*, *Contemporary Critical Views*. London: University of Toronto Press, 1999: p.7.
② ［美］欧文·白璧德，性格与文化：论东方与西方[M].孙宜学，译.上海：上海三联书店，2010：47.
③ J. E. Spingarn, *Creative Criticism Essays on the Unity of Genius and Taste*, New York: Henry Holt and Company, 1917: p.24.
④ ［美］雷纳·威莱克.西方四大批评家[M].上海：复旦大学出版社，1983：9.

表现说也提出了批评,他认为克罗齐的直觉表现说具有很明显的激进色彩,在艺术传达方面,威莱克也表达了不同于克罗齐的观点:"我不相信克罗齐彻头彻尾的一元论唯心主义,尤其不满意他对外化和交流问题的处理。我相信,诗可以在精神活动中构成,各种可塑性的艺术需要一种外部媒介来确定它的定义,并精心构成直觉,这两者之间有清晰的区别。"①实际上,关于克罗齐对于艺术传达的否定,西方很多评论家都表达了和威莱克相同的观点。

有关克罗齐其人及其思想与西方文化的研究:美国威斯康辛大学现代历史专业学生亚科比蒂·埃蒙德埃弗雷特(Jacobitti, Edmund Everett)的博士论文《重估克罗齐与意大利文化(1893—1915)》[*Benedetto Croce and the Italian Culture*(1893 - 1915): *a Reappraisal*]探讨了克罗齐思想对于1890—1915年间意大利文化复兴方面的贡献。他认为克罗将实证主义视为"一种脱离现实的象征主义,是另一种形而上学"②,这一论点在20世纪的头几十年至关重要。克罗齐的唯心主义比实证主义有一个优势,那就是它以人为中心,而且它比任何其他哲学都更关注现实。克罗齐将他的非理性主义和感情主义区分开来,其作品中所包含的非理性主义思想对于1890—1915年代的意大利文化复兴影响深远。法比奥·里齐(Rizi, Fabio Fernando)所著《克罗齐和意大利法西斯主义》(*Benedetto Croce and Italian Fascism*)是一本有关克罗齐与意大利法西斯主义关系的著作。作者认为克罗齐关于文化与历史的论述,其实都饱含着对于现实问题的关注,也怀有对于意大利复兴时代自由传统复兴的目的,这一点在法西斯统治的年代里表现得尤为明显。③ 了解克罗齐的社会政治生涯有助于我们更好地理解他的哲学与美学思想的起源与发展,通过这本著作我们也可以走进作为一名自由主义的捍卫者与法西斯斗士的思想家的精神深处。1952年的《贝·克罗齐——人与思想者》(*Benedetto Croce, Man and Thinker*)是克罗齐生前好友塞西尔·斯普里格(Cecil Sprigge)在克罗齐逝世当年为纪念他而作的一本评传性著作,全书共五万余字,从克罗齐所生活的历史时代背景、人生际遇、与科学的邂逅、与基督哲学的纠葛以及与神学的关系来评述克罗齐的一生,探讨作为人

---

① [美]雷纳·威莱克.西方四大批评家[M].上海:复旦大学出版社,1983:20.

② Edmund Everett Jacobitti. *Benedetto Croce and the Italian Culture*(1893 - 1915). Ann Arbor, Mich.: UMI, 1972: p.5.

③ Eizi, Fabio Fernando. *Benedetto Croce and Italian Fascism*. London: University of Toronto Press,2003.

和思想者的克罗齐的生命困惑与解决方式。[1] 这些研究虽然并未触及克罗齐与中国的关系，但是它们对克罗齐思想各层面的探讨为更好地理解克罗齐美学的发展提供了借鉴与参考。

二、国内研究述评

国内有关克罗齐思想在中国的接受研究，是本书关注的重点。朱光潜作为克罗齐的主要引进者，对于克罗齐在中国的接受与传播功不可没，有关朱光潜与克罗齐美学关系的研究自然是国内学界关注的重要话题。20世纪90年代徐平的《艺术：认识的曙光——克罗齐〈美学原理〉引导》是国内首篇涉及朱光潜接受克罗齐思想的研究专著。徐平在书中指出，朱光潜是从心理学的角度来理解克罗齐美学的，他把直觉当作心理活动的低级形式，并未把握克罗齐直觉作为认知起点的真正内涵，即它与理性和经验的区分，从而确保艺术的纯粹抒情性，正因为这一误解，造成了朱光潜与克罗齐之间的思想差异。徐平将朱光潜对克罗齐的接受放在自己对克罗齐的阐述中，作为批判的对象加以研究，表明了他对当时唯物与唯心的机械划分的否定，但是有关朱光潜与克罗齐的思想关系探讨并未深入全面展开。王攸欣的《选择·接受与疏离：王国维接受叔本华、朱光潜接受克罗齐美学比较研究》无论从理论上还是实践上都较以往的研究更为深入。王攸欣将朱光潜对克罗齐美学的接受从思维方式、美学观念和诗境论三个方面具体展开，根据理论文本，详细分析了朱光潜对克罗齐美学的吸收和转化。海德格尔的理解先行结构是王攸欣解释朱光潜接受克罗齐的理论基础，他认为朱光潜作为接受者预先具有的中国文化习惯与思维方式，导致了他对克罗齐美学不可避免的文化误读。朱光潜是在弗洛伊德心理精神分析学弥漫欧洲之时接触克罗齐，对主体审美经验的认识使得他深受弗洛伊德以及谷鲁斯等现代心理学家的影响，因此朱光潜"总是试图以经验心理学成果来阐释克罗齐的理性主义论点"[2]。而深厚的传统文化修养以及由此形成的中国人特有的心理结构，使得他在理解克罗齐的过程中，总是带有中国传统诗学与美学的思想痕迹。另外，中国儒家文化的实用主义精神，也使得朱光潜在特殊年代将克罗齐的美学为我所用，

① Cecil Sprigge, *Benedetto Croce，Man and Thinker*. Bowes & Bowes, Cambridge [Eng.], 1952.

② 王攸欣.选择、接受与疏离——王国维接受叔本华 朱光潜接受克罗齐美学比较研究[M].北京：生活·读书·新知三联书店,1999：238.

而他与克罗齐美学的疏离也同样迫于现实的考虑。薛雯的《人生美学的创构——从朱光潜到克罗齐的比较研究》则打破了前人对于克罗齐和朱光潜关系的固定观点，即朱光潜被视为康德和克罗齐等非功利形式主义美学的真正继承和传播者，其非功利主义的美学观正是克罗齐"直觉即表现"的超功利美学思想在中国的嫡传。薛雯认为仅仅将朱光潜视为一个非功利的美学思想家，根本不能够解释其思想内涵中的复杂性与丰富性。朱光潜接受了克罗齐同时又超越了克罗齐，他的直觉已经不是克罗齐美学中的独立于判断、理性与功用的纯粹艺术表现，而是与后三者紧密相关，并融为一体的艺术中的一个有机组成部分，薛雯认为正是这一点奠定了朱光潜美学思想的理论和逻辑基础。薛雯用"人生美学"来概括朱光潜的美学思想，并且从这一观点出发探讨朱光潜如何借鉴、吸收并改造与扩展克罗齐的美学思想为己所用，从而创构自己的美学体系。作者从朱光潜的人生经历、兴趣志向以及特定的历史时代语境分析了朱光潜人生美学观的形成原因，并且解释了朱光潜美学思想变迁中"艺术为人生，人生艺术化"的理论核心，而这正是解释朱光潜对于其理论思想来源的克罗齐美学偏离与改造的原因所在。薛雯从朱光潜深厚复杂的思想中挖掘出一些新的理论特质，并且联系王国维、蔡元培等中国现代美学家们的思想进行横向对比分析，道出了在特定历史时期将艺术与人生密切结合是现代美学家们共同的理论诉求。薛雯还在其论著中简要提及了梁实秋、林语堂和邓以蛰对于克罗齐美学的接受，但因其著作的主体是讨论朱光潜与克罗齐，因此对克罗齐的其他接受者只是浅层论及。

夏中义的《朱光潜美学十辨》从思想史和学术史的视角，对朱光潜美学与克罗齐的关系给予了深入的剖析。夏中义认为朱光潜对克罗齐"从1927年的学术崇敬，到1935年的方法论质疑及1948年的哲学惜别，再到1958年和1964年的'遵命'式审判，以致其在晚年即20世纪80年代企图真诚修复他与克罗齐的正常关系……都与百年中国史的变动紧密相连"。[1] 社会历史的变迁牵动着朱光潜个人思想的发展，也深刻影响了他对克罗齐的接受，导致朱光潜在不同历史时期对克罗齐都有不同的理解。不仅如此，夏中义还基于对朱光潜与克罗齐著作编年史般的"地毯式"文献阅读，通过细致的文本细读与比较，提出了很多以前研究中未曾注意到的学术细节。夏中义认为朱光潜在《文艺心理学》付梓之前，主要吸收的是克罗齐1902年的《美学》思想，即对艺术直觉性和整一性的强调，而

① 夏中义.朱光潜美学十辨[M].上海：上海社会科学院出版社，2017：22.

对克罗齐《美学纲要》中艺术的抒情性强调不足，当然这也并不意味着朱光潜未曾注意到直觉的抒情性，而是因他对《美学纲要》的浅阅读所致。1935 年之后朱光潜重新认识克罗齐，并对之进行了三个方面的批评：克罗齐的机械论、对于"传达"的解释以及克罗齐的艺术价值论，夏中义认为此时的朱光潜也并未完全把握克罗齐思想本身的发展和变化，这致使他所批判的克罗齐美学依然是 1902 年的《美学》。1947 年朱光潜阅读了克罗齐为 1946 年版《大英百科全书》（第 14 版）所写的美学条目之后，终于领悟到克罗齐美学从直觉之整一到灵魂之整一的过度与发展，并意识到自己对《美学纲要》所下功夫不足，于是开始着手翻译克罗齐的《美学原理》，并由商务印书馆出版发行。夏中义基于文献深度解读而作出的精彩辨析，让学界对朱光潜与克罗齐美学的关系获得了新的认识。

2020 年苏宏斌《论克罗齐美学思想的发展过程——兼谈朱光潜对克罗齐美学的误译和误解》，是最新的克罗齐与朱光潜关系的研究。苏宏斌在文中指出，朱光潜将克罗齐 1922 年的《美学》英译本中的 intuition 翻译成"直觉"，将 expression 翻译成"表现"，是国内从一开始就将克罗齐误认为表现论者的原因。实际上，克罗齐早期的美学思想（1902 年的《美学》）与表现论并无关联，直到 1908 年《纯粹直观与艺术的抒情性》（Pure Intuition and the Lyrical Character of Art）一文强调情感在艺术活动中的重要性，才开始逐渐转变成一位表现论者。苏宏斌认为朱光潜将克罗齐的 intuition（意大利原文 intuizione）翻译成"直觉"是一种误译，原因是克罗齐《美学》中的 intuizione 实际上来自于康德的 Anschauung（直观），而克罗齐正是在康德感性直观的基础上进行了适当的改造，即他将康德直观的具体表现即感觉和知觉区分开来，强调直观并不区分实在与非实在，这样直观就和艺术是一回事了，克罗齐因此将直观纳入了纯粹美学的范围。克罗齐对康德直观的改造还体现在他对于康德时空先验形式是直观的必然属性和形式的否定，将"康德所说的先天时空形式说成是广义的语言，从而提出了直观与表达具有同一性的思想"，[①]克罗齐因此把康德所说的时间和空间形式转换成了语言和符号等表达方式。克罗齐的"表达"被朱光潜误译为"表现"（英文 expression）。1908 年克罗齐在《纯粹直觉与艺术的抒情性》中提出的纯粹直觉与表现才形成意义上的统一，但是朱光潜并未作出这个区分。苏宏斌指出，克罗齐早期的《美学》（1902 年）中的 expression 并不具有表现的含义，而只是广

---

① 苏宏斌.论克罗齐美学思想的发展过程——兼谈朱光潜对克罗齐美学的误译和误解[J].文学评论,2020(4)：40-48.

义的语言的表达,克罗齐成为一个彻底的唯心论者和表现论者是他在1908年发表了《纯粹直觉和艺术的抒情性》之后逐渐开始转变的,克罗齐的思想也是在他接受和改造康德和黑格尔的过程中逐步发展的。而朱光潜接受克罗齐是在20世纪二三十年代,此时的克罗齐思想基本完成了转变而得以定型,因此朱光潜对克罗齐的理解无疑是将克罗齐后期对艺术抒情的理解代入到了他对克罗齐前期的美学观的接受中。苏宏斌与夏中义在朱光潜接受克罗齐直觉表现的"抒情"性上表达了不同的观点,但是他们都注意到克罗齐美学本身的发展变化给朱光潜接受带来的误解与困惑,二者的研究恰恰证明了朱光潜与克罗齐美学之间的复杂纠葛值得进一步深入探讨。

另外,宛小平和张泽鸿的《朱光潜美学思想研究》和《边缘整合:朱光潜和中西美学家的思想关系》、殷国明的《20世纪中西文艺理论交流史论》、徐行言和程金城的《表现主义与20世纪中国文学》、阎国忠的《朱光潜美学及其理论体系》、曹谦的《多元理论视野下的朱光潜美学》以及钱念孙的《朱光潜与中西文化》都不同程度地涉及了朱光潜对克罗齐美学的接受研究,但因这些文献的研究重点在于朱光潜整体美学思想的形成,以及朱光潜与西方诸多理论家之间的关系,朱光潜对罗齐美学的接受不是其讨论的重点,因此在此不做赘述。探讨朱光潜与克罗齐思想关系的期刊论文更是屡见不鲜,在此不再一一陈述。

有关林语堂对克罗齐的接受,散见于一些期刊论文与研究生论文的相关章节。薛文的《从"直觉说"到"性灵说"——林语堂与克罗齐美学思想的比较》一文中指出,林语堂从社会学的视角来理解和接受克罗齐的直觉表现论,他将克罗齐的直觉表现与中国传统文化中的性灵相互比附,并赋予了性灵以改造人性与社会现实的意义,因而与克罗齐纯粹精神意象的直觉拉开距离。薛文还认为林语堂在接受克罗齐思想基础上建立的近情文学观,是对克罗齐美学的发展与丰富。陈平原的《林语堂的审美观与东西文化》则从林语堂思想发展史的角度,讨论了林语堂如何接近、选择以至接受克罗齐表现主义的过程。殷国明的《宜西并不戾于中——关于克罗齐的中国化》则将林语堂对克罗齐的接受放在30年代的中国文学论争中,通过林语堂对克罗齐表现主义选择和取舍,论证了林语堂文学观中的中西文化互补性思考。陶侃的《林语堂与表现主义美学》与赵怀俊的《林语堂的"表现性灵说"与克罗齐的"表现说"》都通过文本细读的方法再现了林语堂的性灵与克罗齐直觉的异同。有关克罗齐美学的其他接受者如邓以蛰和滕固,已有的研究少之又少,在此不做讨论。

三、问题与不足

综观国内有关克罗齐美学在中国的接受研究，主要体现为以下几个方面的不足：① 现有克罗齐的接受研究在考察克罗齐美学时，有些研究停留于克罗齐美学本身，并未将克罗齐的美学置于其心灵哲学的整体框架中考察，尤其对克罗齐美学思想前后期的变化未能给与足够的关注。克罗齐美学的建构基于其历史观，其直觉即表现与批评及创造等论点都渗透着他的历史主义，而目前的克罗齐美学接受研究中，对克罗齐直觉表现论与批评观中的历史观有所忽略。② 在现有朱光潜对克罗齐美学的接受研究中，有些是借用朱光潜的观点来解释克罗齐的理论，缺乏对两者的美学思想从文化与哲学渊源上作深入的对比分析。尤其是对克罗齐美学中的具体概念在翻译与接受中的演变与异化，概念意义的增补和缺省导致的克罗齐理论的变形，缺乏细致深入的辨析。克罗齐美学思想在接受的过程中牵动的中西两种文化与思维方式的碰撞和融合，对中国现代文艺美学产生了哪些影响，以及对当下的中西文论交流有何启示，这些问题在以往的研究中都还欠深入探讨。③ 大部分克罗齐美学的接受研究都集中于朱光潜，对于克罗齐的其他接受者的研究，都比较零散与肤浅。有关林语堂与克罗齐的思想关系，大都在比较其性灵论与克罗齐表现论的异同。实际上，林语堂对克罗齐的接受，需要放在 20 世纪二三十年代中西文化交流的大背景下来讨论。林语堂对克罗齐的接受是在与梁实秋的文学论争中凸显其意义的，而二者的论争又牵涉到美国新人文主义者白璧德与克罗齐的信徒斯宾佳恩在美国的论争，因此只有将这些思想关系放在 20 世纪二三十年代跨文化语境的大背景下来讨论，才能更清晰地展现林语堂与克罗齐的思想关系。④ 对于克罗齐在中国的接受研究，有些还停留于就理论谈理论，没有跳出理论的层面，从具体的历史与生活场景出发，细致考察理论接受的历史文化大背景与接受条件，深入接受者的生活现实与人生际遇去分析其接受克罗齐美学时的心境、动机与接受过程中对克罗齐思想的吸收与改造的关联。⑤ 克罗齐在中国思想界和学术界的意义，需要从多方面作综合考察，而不能单从某一个接受者来予以评估，而将克罗齐放在一个整体或者某一特殊时段的历史语境中，来考察其美学在中国的翻译、传播、接受与影响的综合研究，迄今为止仅一篇硕士论文，而其讨论也相当粗浅。⑥ 克罗齐在中国的接受研究，和其文本的翻译是紧密相关的，克罗齐文本翻译何以发生，文本翻译中的具体方法与概念阐释与其思想接受有何关联，目前这方面几乎是克罗齐研究中的空白。基于以往研究中的问题与不足,本书将以 1919—1949 年为时间起止点,基于对克罗齐美学所有接受史料的对比分析,从传播、翻译和接受三个层面综合考察克罗齐美学的中国之旅,并进而探讨克罗齐美学对中国现代文艺美学建构的影响,以及对当代文艺美学发展与中西文论交流的意义。

第三节　研究方法与内容

为了深入地了解克罗齐思想在现代中国的具体传播路径,客观地描述克罗齐思想与中国审美现代性发生、发展过程中的诸多联系,以辨析克罗齐理论旅行的有效性与有限性,从而反思性地提炼出中国现代文论建构的一些学理问题,本书在认真梳理国内外相关研究的学术史的基础上,特拟定相关研究设想与具体研究内容如下:

第一,整个研究与中国现代历史文化语境的衔接。克罗齐思想的翻译、传播诞生于 20 世纪以来中国最为复杂的历史文化语境之中,因此对其传播路径考察和反思性研究,需要建立在对历史文化语境的知识论维度之上,也就是需要结合具体的细节史料,充分考察克罗齐思想为何进入中国,通过怎样的传播路径在中国文化登陆,译前传播如何影响和决定了克罗齐著作汉译本的产生,及其思想后来的深入接受与广泛传播。本书基于对各大民国资料数据库,以及民国期刊原刊,民国历史、文学、哲学和美学论著以及多部全集的穷尽式的搜罗,制作了一步翔实的克罗齐思想在中国 1919—1949 年间的传播与接受年表(见附录二)。本书基于年表中所呈现的史料,从翻译、传播与接受三个层面呈现克罗齐的中国之旅。

第二,为了更立体地、丰富地呈现克罗齐美学在中国的翻译、传播与接受的全貌,文本细读与比较的方法是必经之路,即通过详细而深入的文本分析和比较,描述与阐释在中国现代审美经验发生发展的语境中,克罗齐初入中国,其思想的哪些层面引起了中国学界的关注;译前传播和文本翻译中对于克罗齐思想的解读,引起了哪些文化的冲突与融合;克罗齐的接受者分别从不同视角,吸收了克罗齐思想的哪些层面,又对之进行了怎样的扬弃与改造。而且,克罗齐思想的传播与接受研究,还在于考察克罗齐思想本身与接受者视域中的克罗齐思想之间的关系,而对于关系的考察更离不开文本的比较分析。

为了在克罗齐思想的中国之旅的历程里反思性地探求中国文论建构的理论问题，需要探寻克罗齐思想在跨文化流动与传播中的改造与变形等诸多现象，本书将结合比较研究的方法，在文本细读的基础上，对克罗齐美学原文文本与其思想的接受文本作深层的对比分析，并对相关具体概念作词源学的考察，且对之进行跨文化的比较阐释，以期在中西文论的互鉴与交流中探寻中国文论建设的学理问题。

具体研究内容分布如下：

本书一共分三部分七章来展开克罗齐于 1919—1949 年间在中国的翻译、传播与接受面貌：① 克罗齐思想在中国的译前传播；② 克罗齐文本的翻译状况；③ 克罗齐美学的接受与影响。三者相互承接，互动发展。译前传播影响与决定了文本翻译的发生，文本翻译的状况引导并制约克罗齐美学的深入接受与传播，当然，翻译、传播与接受又并非绝对地按照先后次第顺序发生发展，而是相互交织、互相影响的。

第一章从整体上呈现克罗齐美学中的基本命题，这些理论命题是克罗齐思想与中国现代文艺美学发生深度关联的关节。故此，在展开克罗齐美学中国之旅的研究之前，需要对其美学思想作一个简要的述评，并借此强调与突出克罗齐美学对西方古典美学的扬弃，对现代美学的开拓性意义。第二章基于对具体史料文本的梳理与分析，讨论克罗齐思想在中国的译前传播，即在克罗齐文本被正式翻译成中文得以出版之前，其人其思想片段被引进被介绍以及被评论的历史剪影。这一章结合克罗齐思想进入中国的思想文化语境，追溯克罗齐思想从意大利发生，经欧、美、日本到达中国的具体行踪，以及在这一过程中其思想大致的传播状况，从而展开对克罗齐思想在中国译前传播的具体图景，以追问克罗齐在中国得以进一步广泛而深入传播的可能及其原因，从而为接下来的具体接受研究作铺垫。第三章则转向对克罗齐美学跨语际传播的关注，即结合克罗齐文本翻译，探究文本汉译为何发生，译者根据受众接受的需要采取了哪些翻译策略，这些策略又如何影响了克罗齐美学的传播与接受。并通过文本的英汉对比分析，探讨克罗齐美学中的主要概念在翻译中的跨文化变形，以及不同翻译背后所隐含的文化冲突与融合。

为了更为综合地展现克罗齐思想传播的面貌，接下来从具体的接受个案出发，在充分尊重学术史发展的基础上，结合不同的接受层面，探讨对于克罗齐美学接受的具体过程。由于不同的接受者对克罗齐的接受层面错综复杂，本书无法将之通约成一个整体,故分而述之,以追求克罗齐美学在现代中国之接受过程的客观面貌。第四章着眼于具体的关键词如"直觉""意象"与"表现"在朱光潜情感美学中的变异,通过词源意义的追溯与概念旅行中意义的流变,从微观层面分析朱光潜对克罗齐美概念的接受与改造,以及朱光潜对克罗齐文艺批评观的拓展。第五章探索林语堂对克罗齐的接受过程,由于林语堂与克罗齐思想产生的关联性是与梁实秋关于文学纪律与表现的论争交织在一起的,因此该章将从正反两方面来探讨克罗齐在中国文学批评界的接受,以展现克罗齐思想在中国现代文学批评语境发展中运动生成性的面向,以期对其接受过程作动力学的把握。第六章则从书画论的角度探索克罗齐思想脉络的影响,本章将选择两个典型个案对这一层面做出梳理与阐释:邓以蛰与滕固。这一章将具体结合邓以蛰与滕固基于中国传统文化的本位来吸收克罗齐美学的特殊意义,以观测二者对传统审美经验的现代改造过程。第七章为本书的结论章,由于克罗齐在现代中国的旅程曲折而复杂,故本书根据其客观面貌总结如下:首先,克罗齐美学在中国1919—1949 年间的深入接受,带动了中国传统美学向现代转化的深入展开,这不仅体现在克罗齐艺术独立论和美的本质论对中国现代美学建构的理论引导,即克罗齐美学在知识论方面的意义,还体现在克罗齐美学的理论表述方式对中国现代美学建构的方法论意义,即克罗齐的接受者们运用克罗齐理论的逻辑建构和言说方式,展开了对中国现代美学建构的实践。其次,克罗齐美学中的直觉即表现与创造即批评的论点,启发了中国现代学人对文学批评的现代性思考,他们开始从文学外部研究逐渐转向对文学内部规律的关注,展开了立足于文学本体的审美主义批评,有效地拓展了中国现代文学批评实践的空间。最后,通过对克罗齐美学中国之旅中所呈现的中西文化冲突与融合,探讨其背后深层次的中西文化与思维差异,进而总结其对当代中西文艺理论交流的启示。这也是本书的意义所在,即本书并非仅仅对克罗齐美学在中国的旅行作一个简单的历史勾勒与呈现,而是要通过传播、翻译和接受中所凸显的文化排异与亲和,对中西文艺理论的交流作反思性的考察,并将这一反思延续到当下,从而为当代中国本土文论的建构提供借鉴和参考。

第一章
艺术之维：克罗齐美学的四重奏

　　17 世纪初，西方思想界开始了从本体论向认识论的转向，即从过去探求世界的本体转向对人之认识能力的探讨。在此之前，人们的思想在"自然和超自然之间、在此岸世界和彼岸世界之间摇摆不定，从未真正专注于精神概念、批评和那个抽象的统一"①。二元对立思维下的哲学停留于自然抑或是超自然本体两极的探讨，并未给主体留一席之地，人的心灵未能进入哲学探讨的范围。17 世纪的认识论哲学基于对宗教神学和经院哲学的批判，以人为中心，人的主体价值开始受到尊重，人的心灵活动的个别性、主动性以及历史与现实性都被纳入哲学研究的范围。认识论哲学分为理性派和经验派，但是二者在反形而上学方面并不彻底，无论是理性派还是经验派，最后都暗中保留了对于上帝或者经验之外的神秘实体的依赖。康德哲学对形而上学的批判则较为彻底，他将哲学的焦点从经验派与理性派对人的认识途径的探讨转向对人自身认识能力的探索，彻底摆脱了人的认识对上帝的依赖，使思想和哲学从上帝的掌控下解放出来而获得独立，从此，"人为自然界立法"代替了"上帝创世"。康德哲学开启了西方哲学史上哥白尼式的思想转变。克罗齐的心灵哲学正是对康德哲学的继承与发展。克罗齐美学是其心灵哲学的开端，在"人为自然界立法"的基础上，克罗齐美学将康德的感性认识改造为直觉认识，并将康德的心灵综合引入直觉的机制，以意象先验代替时空先验，使得"情感表现与美学科学成为可能"②。克罗齐的美学因其对直觉表现的强调，被称为表现主义美学。表现主义美学不仅挣脱了西方美学模仿再现论的传统思维模式，还打破了理性主义一统天下的美学格局。克罗齐美学立足于主体心灵活动，以心灵直觉为核心，将美学研究的对象从自在客体和形而上存在、自为主体的审美能力，转向主客体关系中主体的情感表现与价值批

---

①　[意]贝内德托·克罗齐.美学纲要[M].田时纲,译.北京：社会科学文献出版社,2016：61.
②　张敏.克罗齐美学论稿[M].北京：中国社会科学出版社,2002：3.

评，推动了西方美学"从认识论向价值论的转型"①。克罗齐美学既不关心抽象超验的形而上概念，也不关注物理与生理的形而下现象，因而与西方形而上学和实证主义彻底划清了界限。

第一节 艺术的独立

艺术的独立，是克罗齐美学思想得以展开的前提。只有在艺术独立的基础上，纯粹的直觉即表现才有言说的可能。那么，艺术独立何以可能？克罗齐在其心灵哲学中，创立了一个"两度四阶"②的心灵循环发展模式，这一模式确保感性认识从理性中获得独立，为感性认识划出了一片独立的领地。所谓"两度"，即认识活动与实践活动，而"复合"或者"四阶"则是指认识活动和实践活动分别又包含直觉与概念，经济与道德各两个阶段。直觉——概念——经济——道德四个阶段，前者独立于后者，后者包含前者。心灵活动的四个阶段向下包容，向上发展，首尾衔接，呈螺旋式上升。发展的动力，来自心灵活动内在自发的需求。克罗齐对心灵活动不同阶段的划分显然是对康德将认识能力划分为纯粹理性、实践理性、判断力三个阶段的改造，即他的直觉和概念对应于康德的纯粹理性，经济和道德对应于康德的实践理性，四种活动分别对应于美、真、益、善四种价值。与此同时，克罗齐汲取了黑格尔"具体的共相"即"相反者的同一"的概念以及由这个概念演变的辩证法，他应用这一辩证法来阐明其哲学中的美、真、益、善的演化以及四者的反面丑、伪、害、恶。克罗齐心灵发展的每一个阶段都可以独立存在，真实而具体。每一种心灵活动都包含着正反两种价值，在正反两种价值的演变中，克罗齐借鉴了黑格尔的三段论辩证法，即每一种心灵活动中的正反两种价值只有经过正——反——合的辩证发展才变得具体而真实。克罗齐认为，黑格尔将对立概念和相异概念的混同是"一种根本的错误"③。克罗齐用概念之间的相异取代对立，克服了黑格尔三段论演变的绝对性与机械性，他将心灵活动的不

---

① 张敏.克罗齐与西方美学现代转型——试论克罗齐学说在美学史上的意义[J].上海大学学报(社会科学版)，2007(6)：24-29.
② 两度四阶的提法，是朱光潜对克罗齐哲学中有关心灵活动观点的概括，学界一直沿用这一提法。
③ ［意］克罗齐著.黑格尔哲学中活的东西和死的东西[M].王衍孔，译.北京：商务印书馆，1959：56.

同阶段视为具体独立而又相互关联与层层包孕的循环发展,使得消失在黑格尔绝对理念中的艺术,获得了独立而真实的地位。"克罗齐关于心灵活动螺旋式发展的辩证观念,把心灵活动的主体结构从普遍联系与辩证发展两个方面提高到前所未有的有机统一的高度,既是对心灵功能机械并列说(Kant)的否定与超越,又是对精神理念直线发展说(Hegel)的否定与超越。或许可以说,这是一种'从主体的方面理解实践'的重要思想成果,是现存所有主客二分的本体论哲学所不可企及的立足于主体性和知识论探讨的价值论哲学尝试。"①克罗齐反对被人称之为新黑格尔主义者,而他真正倾心的恰恰是康德的"人为自然界立法"的主体心灵哲学。他曾在《自传》中说道:"我下定决心,清除掉抽象玄奥的超验思想的每一痕迹,不论他们以'历史哲学'的面目,还是以后来兴起的'进化论'的形式出现,我会坚决捍卫康德伦理学的价值。"②克罗齐力图摆脱超验论与形而上学,他的心灵哲学正是黑格尔绝对理念体系的彻底颠覆。在克罗齐的心灵哲学中,历史是人的心灵活动,而不是所谓的超验实体或者绝对精神。从康德出发的克罗齐也超越了康德,正如卡里特(Carritt, E. F.)所说:"如果我们能用自己的语言来表达康德似乎一直在努力追求但又总是不敢最终推出的结论,那么这个结论就是:审美活动是对个别本身的直觉,它超越或避开了科学和历史存在的概念,而且这个个别说到底就是我们自己的心灵状态。"③克罗齐的心灵哲学是一种基于生命本身的人本主义哲学,具有更多的人文关怀与生命的亲和力。

心灵活动二度四阶的发展循环演变,使艺术拥有了一片独立的领地,那么艺术独立的理论依据是什么? 克罗齐汲取了维柯关于感性知识与理性知识的区分。维柯对感性知识的重视基于他对笛卡尔理性主义的对抗,他在《论我们时代的研究方法》的演讲中,首次提出了"真理即创造"的原则。维柯认为:"我们能证明几何真理,因为我们创造了它们;而如果说我们能够证明物理真理,那就是我们曾创造了它们。"④在维柯看来,理性并不能解释一切,包括理性在内的人性也是在人类自身漫长的发展历程中逐渐形成的。原始时代的人并不具备笛卡尔所

①　张敏.克罗齐美学论稿[M].北京:中国社会科学出版社,2002:170.
②　Croce・B, *An Autobiography*[M]. (R. G. Collingwood, trans. from the Italian). Oxford: The Clarendon Press, 1929: p.92.
③　[英]埃德加・卡里特.走向表现主义的美学[M].苏晓黎,等译.北京:光明日报出版社,1990:91.
④　维柯.维柯论人文教育[M].张小勇,译.桂林:广西师范大学出版社,2005:131.

说的理性，他们看待世界和自身都基于一种强烈的情感与想象。因此，笛卡尔的"我思"并不能构成"我的存在"，而"我思"恰恰是建立在人的肉体和心灵基础之上的。"诗性智慧"是维柯《新科学》中的一个重要概念，它的本意是创造，创造包含着人类的情感与想象。"智慧是从缪斯女神（Muse）开始的"，①在维柯看来，情感与想象是理智产生的前提。也就是说，正是诗性智慧，开启了人类观念发展的历史。在维柯的启发下，克罗齐将感性知识作为认知的起点，并将之与理性知识严格区分开来，认为前者是一种基于个别与殊相的知识，后者则是在前者基础上发展起来的有关共相与普遍的知识，前者独立于后者，后者依赖并包含前者。不仅如此，"审美的事实在某种意义上是唯一可独立的，其余三者多少有所依傍。不过逻辑认识依傍最少，道德意志依傍最多。"②作为心灵直觉的艺术以情感体验为材料，以精神意象为形式，依靠心灵的先验综合活动自成一个世界，这个世界完全独立于逻辑理念的世界，因为它并不生成任何普遍的知识形式，只是一些具体而个别的意象。这样一来，作为直觉形式的情感就完全挣脱了理念的控制，而作为心灵直觉的艺术也就因此获得了完全的独立。然而，克罗齐并不反对理性，他给与理性以足够的尊重和应有的地位，肯定人类知识的普遍必然性。在克罗齐的心灵哲学中，理性虽然无法控制直觉，却是直觉发展的必然结果，直觉包含在理性之中。不仅如此，直觉中也含有理性成分，但是"混化在直觉品里的概念，就其以混化而言，已不复是概念，因为它们已失去独立与自主；它们本是概念，现在已经成为直觉品的单纯因素了"③。克罗齐的直觉不仅独立于逻辑理念，也可以吸收与改造逻辑理念知识，克罗齐赋予人的情感以能动的内涵。

克罗齐之所以要让艺术获得独立，其目的在于反对形而上学、理性主义与科学实证主义对艺术的禁锢。克罗齐反对形而上学的坚定立场，来自于他从小对宗教神学的怀疑，同时也得益于维柯思想对他的精神滋养。形而上学在西方是神学的变种，在宗教神学的笼罩下，一切艺术都沦为神学的奴婢，而在笛卡尔主义盛行的启蒙时代，理性主义又演变为另一种形而上学，理性的光辉彻底压制了人的一切情感与内心表达。在笛卡尔所建立的理性世界里，感性被贬低为源于动物性的骚动，"只有当诗被理性的功能把人从逻辑狂乱（folle du logis）的任性

---

① 维柯.新科学（上册）[M].朱光潜，译，北京：商务印书馆，1997：173.

② Benedetto Croce. *Aesthetic as Science of Expression and General Linguistic*. （Douglas Anslie，trans.），London：Macmillan and Co. Limited，1922：p.61.

③ Benedetto Croce, *Aesthetic as Science of Expression and General Linguistic*. （Douglas Anslie，trans.），London：Macmillan and Co. Limited，1922：p.2.

中挽救出来的功能所制约时，他才承认诗。说到底，他不过是宽容诗，他只准备不拒绝'一个哲学家在良心不受冒犯的前提下可以允许的东西'。"①笛卡尔建立在数理基础上的哲学彻底排除了研究诗和艺术的可能性。莱布尼兹虽然为笛卡尔等所厌恶的幻想设置了一定的位置，认识到了人类的幻想既区别于娱乐和感性的激动（莱布尼兹称之为明晰性），又不是理性的（莱布尼兹称之为不明确性），但他们最终都倾向于理性的明确认识。换言之，艺术最终需要得到理性的认可才具有明确性。鲍姆嘉通虽然最早提出"美学"的名称，也颇具洞见性地认识到美学的研究对象是和理性区分开来的感性事实。但是，"在鲍姆嘉通的美学里，除了标题和最初的定义之外，其余的都是陈旧的和一般的东西……他的美学同古代的修辞学等同起来，把修辞领域同审美领域等同起来，把辩证法的领域同逻辑领域等同起来。"②维柯真正将诗从理性的桎梏下解放出来，所以克罗齐说他是"发现了美学科学的革命者"③。他的《新科学》在克罗齐看来就是美学，或者说是至少给与美学以独特地位的心灵哲学。康德把握了维柯的核心问题，他意识到在知性活动之前确实存在一些东西，这些东西不是单纯的感性材料，又和知性区别开来，康德称之为纯粹直观。纯粹直观是感觉经过心灵的先验综合作用后进入心灵的一种形式。但他依然用时间与空间等先验理性范畴去解释纯粹直观，因此康德的艺术，并不是独立于理性概念的纯粹美，而是以概念为前提的依存美。康德说："要想从中寻求一个理想的那种美，必定不是什么流动的美，而是由一个有客观合目的性的概念固定了的美，因而必定不属于一个完全纯粹的鉴赏判断的客体，而是属于一个部分智性化了的鉴赏判断的客体。"④克罗齐认为：康德"实际上并没有逃脱出鲍姆嘉通主义，没有从理性主义的禁锢中脱离出来，也根本不可能脱离出来。在康德的{美学}体系里，在他的精神哲学里，缺少一个深刻的概念：幻想"⑤。在康德关于人的认识能力（知、情、意）的分类中，维柯最为重视的幻想和想象却被置之度外。康德也提及想象力，但是他所说的想象力是复合了知性要素的想象力，并非纯粹创造性的想象力。正因为如此，克罗齐认为康德虽然在审美问题上倾向于感觉论，但是后来却和理性主义者一样，成了感觉论的敌对者。在黑格尔精心建构的理性王国里，一切艺术、宗教和哲学都被安

① ［意］克罗齐.美学的历史[M].王天清，译.北京：商务印书馆，2016：52.
② ［意］克罗齐.美学的历史[M].王天清，译.北京：商务印书馆，2016：67.
③ ［意］克罗齐.美学的历史[M].王天清，译.北京：商务印书馆，2016：69.
④ ［德］康德.判断力批判[M].邓晓芒，译.北京：人民出版社，2010：69.
⑤ ［意］克罗齐.美学的历史[M].王天清，译.北京：商务印书馆，2016：128.

排在绝对精神的范围之内，黑格尔虽然"像他的先驱者康德、席勒、谢林和佐尔格一样，尽管断然否定艺术表现抽象的概念，却没有抛开艺术的具体概念或理念"①。黑格尔断定艺术是理念的感性显现，艺术的内容是理念，而感性和想象的形式只不过是艺术的形式，理念借助于形式得以显现，想象的形式则借助于理念之光得以精神化，所以艺术从根本上来讲依然是理性的，它最终不得不消失在绝对精神之中。

现代科学主义对于艺术而言是另一种意义上的形而上学。由于一直关注历史细节，克罗齐拒绝用科学方法来研究艺术。在克罗齐眼里，科学不过是一种人为的精心设计与纪律安排，它并没有资格进入哲学，还不能被称为一种知识。对事物的判断并不基于通常所谓的科学的术语和分类，而是首先基于人的直觉对事物独特性的把握。我们经常求助于一些所谓的科学术语，如抽象的字眼、丰富的范例、类型等，以使我们的经验服从于现成的范畴，但在哲学里，这些词汇都被意志的悬疑所放逐。克罗齐引导人们通过对事物的直觉，去获得一种独创性的思想。正因为如此，克罗齐对于当时流行一时的实证主义美学给予了无情的抨击。克罗齐反对将艺术置于一切自然科学研究范围之内的实证主义美学与自然主义美学。近代美学家们试图用生理学、物理学、病理学、社会学、以及语言学等领域的研究成果来剖析艺术现象，终究还是牵强附会地将美与美的外在因素生拉硬扯联系在一起，并未触及到艺术本身。克罗齐以为，艺术的全部意义在于它产生于人的情感，存在于人的生活之中，使人获得精神的自由与解放。他曾经说："如果我们看到欧洲大战在各方面所引起的大量亟待解决的问题……我们就会体会到，哲学家有责任从神学和形而上学的圈子里跳出来。"②他并不像一般哲学家那样只热衷于生产冰冷无情的思想片段，而是对人类生命和人性予以温情的关怀。克罗齐的美学是人类文明的一面镜子，他不只做抽象的思辨，更关注人类文明发展中的具体问题。

第二节　直觉即表现

克罗齐在其心灵哲学中，为艺术开辟了一片独立的领地。那么，艺术是什

---

① ［意］克罗齐.美学的历史[M].王天清，译.北京：商务印书馆，2016：151.
② ［意］贝内德托·克罗齐(Benedetto Croce).历史学的理论和历史[M].田时纲，译.北京：中国人民大学出版社，2012：96.

么？这是克罗齐美学的核心问题，同时也是理解克罗齐美学的关键。克罗齐探讨艺术是什么的问题，是从艺术不是什么开始的。在克罗齐的心灵哲学中，真正的实在是精神，而不是物质。克罗齐首先否定的，正是以往美学史中将艺术误认为物理事实的观点。在克罗齐眼里，"唯物主义者的物质本身就是一个超物质原则，因此，物理事实由于其内在逻辑及普遍认同，表明它自身并不是一个实在，而是一种为了科学的目的、我们理性的一种建构。"①如果从物理事实去探寻艺术，将一无所获，就像很多人从诗歌的词语和句子去演绎诗歌，从雕像的材料和尺寸去讨论雕塑艺术一样。艺术不是道德活动，由于艺术的诞生并非源于意志，因此它无关道德，一个意象本身并不应该受道德的赞扬或谴责。克罗齐否定了历史上所有有关艺术引导人们向善除恶的论调。艺术不是功利的活动，因为功利总是以达到感官快感为目的，艺术形式本身带给人的快乐，不带有任何形式之外的目的。艺术也不是概念的认识，艺术只涉及个别的意象。艺术不是神话，宗教和哲学，因为它们都是对实在的解释和认识(即普遍和共相)，而艺术是个体的心灵活动。艺术当然也不是数学和自然科学，它们涉及的逻辑推理与实证和艺术是水火不相容的。所以克罗齐说："欧洲历史上自然科学和数学繁荣的时代(如18世纪的理性主义时代)，恰恰是诗歌贫乏和颓势的时代。"②克罗齐对德·桑克蒂斯(Francesco De Sanctis)有关艺术的实质是"有生命的东西，是形式"③的观点给予高度肯定，在桑克蒂斯的基础上，克罗齐建立了"艺术即直觉，直觉即表现"的表现主义。

要理解克罗齐直觉的真正内涵，需要对"直觉"概念在西方美学中的意义演变作一个历史的梳理。在西方以理性为主导的历史长河中，直觉所代表的感性意义长久被压抑、贬低甚至被驱逐出理性的王国，其内涵逐渐偏离原始的感性内涵而演变成为一种理性的认知能力。夏夫兹博里(Shattesbury)、哈奇森(Hutcheson)等从审美和美感的视角对直觉进行了新的阐释，真正开启了直觉的情感与审美感性意义。夏夫兹博里关注到理性和经验以外的第三种力量，即直觉感悟性，并将之解释为人的"内在感官"④，认为它是具有揭示审美世界的真正深度的力量，这是对人的经验和理性之外的情感的肯定。哈奇森在夏夫兹博里观点的基础上将

① ［意］贝内德托·克罗齐.美学纲要[M].田时纲，译.北京：社会科学文献出版社，2016：8.
② ［意］贝内德托·克罗齐.美学纲要[M].田时纲，译.北京：社会科学文献出版社，2016：13.
③ ［意］克罗齐.美学的历史[M].王天清，译.北京：商务印书馆，2016：204.
④ 蒋孔阳、朱立元.西方美学通史(第3卷)[M].上海：上海文艺出版社，1999：172.

直觉进一步推向深入："我们对事物之美有一种自然的知觉能力和感觉能力，它是先于一切习惯、教育或榜样而存在的。"①这种自然的知觉和感觉能力被哈奇森称为"内感觉"，内感觉"一接触对象立刻便在我们心中唤起美的观念并直接引起审美快感"②。康德认为情感能力（判断力）是连接知性和理性之间的纽带，它以情感为对象，并且不借助于概念判断，因此是一种直观（Anschauung）的能力，即鉴赏判断。康德说："鉴赏判断并不是认识判断，因而不是逻辑上的，而是感性的〈审美的〉。"③但是康德的直观是时间和空间两个知性范畴的先验综合，因而并未完全脱离与理性的关联，克罗齐的直觉在康德直观的基础上发展而来。

克罗齐直觉的活动形式是心灵综合，心灵综合使得杂乱无章与混沌无序的感觉质料具有整一而有序的形式，心灵综合是艺术意象生成的关键，是一种主动的创造活动，是人从被动感受走向主动赋形，克服兽性的标志。克罗齐的心灵综合受到了康德先验综合的影响，但是又与康德的先验综合区分开来。克罗齐指出："直觉在一个艺术作品中所见出的不是时间和空间，而是特征，个别的相貌。"④直觉是一种个人的独特活动，它只是体现个别的特征和面相，它是确定而具体的，而不是普遍的和一般的。而"空间和时间并不是单纯而原始的作用，而是很复杂的理智建立品"⑤。克罗齐并不认为时间和空间是直觉的必然存在形式，有时候直觉有时间而无空间（如诗歌），有些直觉有空间而无时间（如绘画），而有些既不具备时间性也不具备空间性。对心灵综合中时空先验形式的否定，使克罗齐的直觉与理智主义完全脱离开来。克罗齐将康德的时空先验代之以艺术先验（或叫审美先验、意象先验），并将先验综合的原理扩展到直觉认识的感性领域，有效地克服了康德直观中的理性主义。克罗齐这样来解释艺术先验："这种 priori 的东西从来是本身就具备的，它只不过是存在于它所制造的单个产品当中；正如艺术的 a priori，诗和美的 a priori，并不是作为思想而在任何超凡入圣的、可以感觉到的、本身就值得鉴赏的空间当中存在，这种 a priori 只不过存在于

① 哈奇森.论美[C]//缪灵珠美学译文集(第2卷).北京：中国人民大学出版社,1987：79-80.
② 彭立勋.哈奇生的直觉美学思想[J].江西社会科学,2006(2)：217-222.
③ ［德］康德.判断力批判(上卷)[M].邓晓芒，译.北京：人民出版社,2002：37-38.
④ Benedetto Croce. *Aesthetic as Science of Expression and General Linguistic*. (Douglas Anslie, trans.), London：Macmillan and Co. Limited，1922：p.5.
⑤ Benedetto Croce. *Aesthetic as Science of Expression and General Linguistic*. (Douglas Anslie, trans.), London：Macmillan and Co. Limited，1922：p.5.

艺术本身所塑造的无穷无尽的诗歌、艺术、美的作品中罢了。"①艺术先验就是直觉形式，在克罗齐的心灵哲学中，以直觉形式存在的艺术先验来自于心灵循环即人类文化的积淀，内在于人的经验，存在于文化历史的传统之中。

直觉的过程是一种心灵综合(即心灵赋形)，那么心灵综合的质料来源于哪里？克罗齐说："在直觉中，我们不把自己认成经验的主体，拿来和外面的实在界相对立，我们只把我们的印象化为对象(外射我们的印象)，无论那印象是否是关于实在。"②可见，直觉的质料不是自然界的物，而是心灵在自然物质的刺激下所产生的感觉印象(sensation)。"没有物质，心灵的活动就不能脱离它的抽象状态而变成具体的实在的活动，不能成为这一个或那一个心灵的内容，这一个或那一个的直觉品。"③根据上下文，这里的物质实际上就是感觉印象(质料)，克罗齐称之为无形式的物质(formless matter)，无形式的物质只有经过心灵综合才能成为有形式的意象。克罗齐还提到"作为单纯的物质而言，心灵不可能认识它"④，这单纯的物质很可能带有康德的物自体(ting-in-itself)痕迹，他曾在《自传》中承认其《美学》的第一版(1902年)"保留了自然主义的痕迹，或者说是康德主义的痕迹，它不时地再次唤起自然的幽灵"⑤，可见此时的克罗齐并未完全否认物质的存在而走向彻底的唯心主义。因此，克罗齐直觉的质料有着丰富的来源，它们不仅仅包括康德感性认识的两个来源，即认知因素和感觉因素，还包括克罗齐心灵哲学中四个发展阶段所积淀的、通过心灵循环发展而重新回到新的直觉之前的感性形态。克罗齐后期《美学纲要》中因为对抒情的强调，其直觉的质料则完全摆脱了与物质世界的关联，而成为了纯粹的情感材料。

在直觉质料的基础上，主体心灵综合生成的是审美意象，克罗齐称之为表现。克罗齐将直觉等同于表现。一般人认为：画家、诗人和平常人没什么两样，他们的头脑中都直觉到了同样的形式，而差别在于画家和诗人比普通人多了几

① ［意］贝内代托·克罗齐著.美学或艺术和语言哲学[M].黄文捷，译.天津：百花文艺出版社，2009：13.

② Benedetto Croce. *Aesthetic as Science of Expression and General Linguistic*. (Douglas Anslie, trans.), London：Macmillan and Co. Limited，1922：p.4.

③ Benedetto Croce. *Aesthetic as Science of Expression and General Linguistic*. (Douglas Anslie, trans.), London：Macmillan and Co. Limited，1922：p.6.

④ Benedetto Croce. *Aesthetic as Science of Expression and General Linguistic*. (Douglas Anslie, trans.), London：Macmillan and Co. Limited，1922：p.6.

⑤ Croce·B, *An Autobiography*. (R.G. Collingwood, trans. from the Italian). Oxford, The Clarendon Press，1929：p.95.

分表达的技巧。克罗齐认为这种观点是极端错误的。普通人之所以不能够表现出来，是因为他们根本没有直觉，在他们的脑海里充其量只是一些印象、感受、感觉、冲动或者情绪之类的东西，而有了直觉就有了表现的形式，"直觉是表现，而且只是表现（没有多于表现的，却也没有少于表现的）。"①克罗齐在《美学的核心》一文中说道："直觉之所以为直觉，因为通过本身行动，它也就是表现。一种没有获得表现的形象，也就是说，它不是言语、歌曲、图案、绘画、雕刻、建筑，甚至不是喃喃私语的言语，至少也不是在自己心中轻轻吟唱的歌曲，不是自己在想象中所看到的并由其自身来对整个灵魂和肌体施以色彩的图案和颜色，这种形象是根本不存在的。"②将直觉等同于表现，克罗齐克服了超验论与不可知论借助于上帝或冥冥之灵来弥合两者之间的过渡。

克罗齐并非一开始就是一个彻底的表现主义者，其后期美学因为对抒情的强调，才逐步彻底摆脱了自然主义的影响。在1908年的《纯粹直觉与艺术的抒情性》一文中，克罗齐提出了纯粹直觉（pure intuition）③，此时克罗齐开始将抒情原则看作是美学的基本原则和艺术的灵魂，他认为"任何真正的艺术创造都是纯粹直觉，但仅当它是纯粹抒情的条件下才成立"④。其原因在于，唯有富于活力的情感，才能够将杂乱无章的情感质料综合成一个有机的整体，并对之赋予完整的形式。他反复强调："抒情原则是意象综合的内在依据。其作用就是连贯完整地把握情感。抒情原则给与直觉以连贯性和完整性；直觉之所以是连贯的和完整的，就因为它表现了情感，而且直觉只能来自情感，基于情感。"⑤没有表现的情感是盲目的情感，没有情感的表现是空洞的表现。当诗人将抒情元素与讽喻的、说教的和哲学的成分混合在一起时，直觉和表现就不可能达到这种完美的契

---

① Benedetto Croce. *Aesthetic as Science of Expression and General Linguistic*. (Douglas Anslie, trans.), London: Macmillan and Co. Limited, 1922: p.11.

② ［意］贝内代托·克罗齐著.美学或艺术和语言哲学［M］.黄文捷,译.天津：百花文艺出版社,2009：16.

③ 1908年克罗齐在《纯粹直觉与艺术的抒情性》中提出纯粹直觉以前，其美学还没有完全摆脱自然主义的影响，正如他在《自我评论》中所说："我的思想从这里发展进步，从《美学》到《逻辑学》第一版，再到《实践哲学》和《逻辑学》第二版（或更像重写），到《美学纲要》和论《历史学的理论和历史》的著作，以及后来发表的其他著作，这一思想从未停滞。限于主要东西，那种进步的成功在于越来越彻底地消灭自然主义，越来越强调精神统一性，美学中对直观概念的深化，现在已形成的抒情性概念。"克罗齐的纯粹直觉观是随着他逐渐转变为一个彻底的唯心论者而逐步确立的。

④ Benedetto Croce. The Character of Totality of Artistic Expression (Douglas Anslie, trans.). *The English review*,1918: p.475－488.

⑤ Giacomo Borbone. *Symbolic Form and Pure Intuition: Cassirer and Croce on the Nature of Art*. Linguistic and Philosophical Investigations，2018(17)：p.29－49.

合，那种个体的纯粹直觉就不可能形成。所以，艺术只能是纯粹抒情的，艺术意象也只能是一种纯粹抒情的意象。贾科莫·波（Giacomo Borbone）在论述克罗齐的艺术观时说：克罗齐美学中直觉的一个重要特征就是直觉和表现的统一，能够直觉到的同时也被表现出来。当直觉和表现的契合达到完美，那么就达到了克罗齐所说的纯粹直觉，这是一种个别的直觉，也正是克罗齐认为艺术之所以是抒情的原因之所在。

第三节　批评即创造

　　克罗齐的批评观建立在直觉即表现论的基础之上，他以艺术的抒情本性为依据，肯定艺术批评即人本批评，反对形式批评。由于学界一直将克罗齐的直觉形式等同于意义上的艺术形式，因此克罗齐长期被误认为"为艺术而艺术"的形式主义者。克罗齐对西方文艺史上各种形式的批评观通通进行了批判。首先是指导式的批评，这类批评家以为自己掌握了艺术的特点和规律，对艺术家的作品发号施令，希望借助艺术家实现自己的某种艺术理想和艺术观念。克罗齐反对这种立法式的批评："任何批评家也不能凭借无形的形而上学，败坏、击败，甚至轻微损害真正的艺术家。"①另一种是判官式的批评，这一类批评家的主要责任在于指出艺术作品中美在何处和丑在何处。但是克罗齐认为艺术作品的美丑判断，除了艺术家自己和民众，完全不关批评家的事。因为所谓美即是成功的表现，是一种纯粹心灵直觉的生发流露，而所谓丑即是一种掺杂了偏见与功利的失败的表现。艺术家在创作之时，就有了自己的艺术判断，无须批评家越俎代庖。而且，历史上的判官式批评家对于作品美丑的评判大都根据民众的反应而左右摇摆，他们并没有自己的真实判断。最后一类是诠释性的批评，这类批评家力图"提供图画完成时期及表现内容的信息，解释诗歌的语言形式、历史影射、事实及观念的前提……让艺术在鉴赏者和读者心灵中自发地活动，从而他们的心灵将根据内在趣味作出判断"②。但是克罗齐认为，这样的解释引导工作与其说是批评，不如谓之导解或诠释。

　　根据克罗齐的意见，只有遵从艺术的抒情本性，将艺术看作情感的直觉表

---

① ［意］贝内德托·克罗齐.美学纲要[M].田时纲，译.北京：社会科学文献出版社,2016：45.
② ［意］贝内德托·克罗齐.美学纲要[M].田时纲，译.北京：社会科学文献出版社,2016：48.

现，着眼于心灵内部而非外部，才能有效地克服以上三种批评的形式化倾向。克罗齐认为整个艺术批评可以浓缩为一个极其简短的命题，即"有艺术作品 A"或"没有艺术作品 A"。这一命题中首先包含了一个主题，即艺术作品 A 的直觉，另外这一命题还包含一个艺术范畴，即对"艺术"的定义。是否真正把握了艺术的定义，决定了批评的真实性。克罗齐认为，基于道德主义、快感主义、理智主义、形式主义、心理主义或者自然主义等来定义艺术的批评都不是真正的批评，因为它们并未从艺术的本质内涵上去定义艺术，而是将艺术附属于艺术外在的诸多因素。克罗齐将所有这些批评界定为伪审美批评和伪历史批评，这类批评"都把批评重新降低至批评以下，前者把批评限于纯粹的艺术趣味及享用，后者把批评限于纯粹的注释研究或为再造想象作材料准备"①。这两种伪批评都憎恨艺术的概念，或者将艺术概念与道德目的论或快感论等混合在一起。所以克罗齐认为，真正的艺术批评，是在艺术即直觉的基础上，对艺术再造所做的逻辑综合判断。

克罗齐的艺术批评分为三个步骤。第一步是注释考证，即对艺术作品所生成的语境进行历史材料的搜集整理与考证，为艺术重现提供必要的物质基础。第二步是艺术重现，批评家将自己摆在艺术家的观点上，借助于艺术家所提供的物理符号，将艺术家原来的表现程序再走一遍。克罗齐眼里的批评也是一种心灵活动，批评家的鉴赏力和艺术家的天才具有相同的性质，艺术重现在艺术批评中，实际上就是艺术鉴赏。克罗齐说："批评和认识某事物是美的判断，与创造美是统一的，他们之间唯一的分别在于情境的不同，一个是审美的创造，一个是审美的再造。"②所以他说："要判断但丁，我们必须要将自己提升到但丁的水平。"③在判断和批评作品的那一刻，批评家和诗人的心灵高度契合，即创造力和鉴赏力本质上是一致的。在批评与创作的过程中，克罗齐指出批评家要让自己的心灵处于一种纯粹的境界，才能对表现品的美作出客观判断。

克罗齐的艺术重现遭到了反驳，原因在于一般认为艺术的再造因为物理传达（物理刺激物）和再造者心理状况的差别而根本不可能实现。克罗齐的回答是：物理的和心理的差别并不是本质上的差别。现在的自我与过去的自我，以

---

① ［意］贝内德托·克罗齐.美学纲要[M].田时纲，译.北京：社会科学文献出版社，2016：53.

② Benedetto Croce. *Aesthetic as Science of Expression and General Linguistic*. (Douglas Anslie, trans.), London：Macmillan and Co. Limited，1922：p.120.

③ Benedetto Croce. *Aesthetic as Science of Expression and General Linguistic*. (Douglas Anslie, trans.), London：Macmillan and Co. Limited，1922：p.121.

及自我与他人的交流既然是可能的，那么，批评家将自己摆在原作者创作的情境中，艺术再造就可以发生。凭借传统文献资料和记忆的帮助，以及不断改进的史料研究方法，完全可以还原创作者当时的历史语境，从而使鉴赏者拥有和创作者尽可能相似的心情状态。艺术重现之所以可能，是因为艺术作为一种情感的先验综合，它包含着一种审美先验的普遍性，这种普遍性就是共同的人性。艺术家和鉴赏者或批评家的人性是相通的，他们所处共同的文化造就了对于生活共通的体验、理解与表达，这种心灵上的相通为审美的重现提供了可能。当然克罗齐所说的重现也只是一种相对的重现。

艺术批评的第三步，是克罗齐在自己早期批评观点上的补充与发展。他认为批评在审美再造的基础上还需要对艺术重现作逻辑综合，即思考与评价。克罗齐有意识地通过逻辑综合搭建起了从心灵直觉到知觉过渡的桥梁。要对艺术重现作审美逻辑判断，需要运用逻辑先验。所谓逻辑先验，就是"艺术批评据以展开的原则，艺术批评据以发展的规律"[1]。逻辑先验存在于具体的艺术批评活动中，而非来自外在设定的标准和原则。克罗齐认为有关艺术的概念、区分和否定"都有各自的历史，都是历经数百年逐渐形成的，我们把他们作为一种多样的、艰难的、缓慢的劳动成果来把握"[2]。先验逻辑综合的目的在于对于原来艺术作品的保存与超越，尽可能完备地保存艺术作品中的情感意象，而在此基础之上，又要通过逻辑的审美判断，让重现的艺术意象焕发思想的光辉。克罗齐一直强调艺术与生活的联系，他认为艺术家不必是深刻的思想家或者道德模范和英雄人物，但是"应当积极投身于思想与行动的世界，正是通过直接的切身体验，或通过对他人的恻隐之心，让他能栩栩如生地表现丰富多彩的人间戏剧"[3]。在这里克罗齐强调的是艺术家对"思维的实践生活"与"心灵的具体生活"的参与，而艺术批评以艺术作品为对象，批评家也应当以思维与心灵的生活感悟为基础。艺术批评的对象既然是一种情感直觉，而这种情感直觉是人的心灵活动的基础和起点，那么艺术批评实际就是对生活的关注和个性的阐释，以促进心灵的完善与发展。对情感直觉作逻辑判断，就是对于个性的认识。在克罗齐的心灵哲学中，个性认识是概念认识的基础，两者共同组成认识活动，认识活动又成为心灵实践

① ［意］克罗齐.美学或艺术和语言哲学[M].黄文捷，译.北京：中国社会科学出版社，1992：185.

② ［意］贝内德托•克罗齐.美学纲要[M].田时纲，译.北京：社会科学文献出版社，2016：101.

③ ［意］贝内德托•克罗齐.美学纲要[M].田时纲，译.北京：社会科学文献出版社，2016：99.

活动的基础，如此向上发展。因此艺术批评（个性认识）成为心灵循环活动中的重要一环。

然而，克罗齐将艺术定义为抒情直觉，视艺术批评为审美直觉的再造而否定一切外在的标准，这也导致其批评观的狭隘。克罗齐竭力避免形而上学，却不知不觉滑向了直觉即表现的形而上学。艺术以及艺术批评不应只局限于情感直觉的心灵形式，同样也应该有赖于情感直觉的对象化形式，克罗齐批评观的局限性在他晚年的思想中得到了改进。1936年的《诗与文学》是克罗齐的思想从纯粹诗学向文学发展的标志。其中克罗齐最重要的思想变化，是他对文学由排斥走向宽容和肯定，最终为与纯诗（艺术）不一样的文学开辟了一片合法领地。[1] 克罗齐将文学意象与外在世界关联起来，承认了文学是同纯诗或艺术既相联系又有区别的美学范畴，文学虽然不完全属于纯诗或艺术，但却是与之相关联的语言作品，因此它是"非诗的表现与诗的表现的和谐"。文学因此使人类从心灵走向文明，与社会生活取得和谐。而被克罗齐一直排除在美学意象之外的修辞手段和语言技巧因此成为文学将人的心灵与文明世界连接的手段。克罗齐的文学意象，是作为精神图景的纯诗意象与外在修辞传达的完美结合。

第四节　艺术、批评与历史的统一

在克罗齐的美学观和艺术批评观中，始终贯穿着他的历史观。克罗齐将自己的历史观称为"绝对历史主义"，其历史观基于"精神即历史"的唯心主义一元论，即精神乃是唯一的实在。克罗齐反对黑格尔"历史的哲学"的说法，黑格尔将历史分为史事和事理，在克罗齐看来依然没有摆脱心物对立的二元论。克罗齐认为不存在史事和事理的分别，因为一切思想的判断都是由主词（即个别形象或直觉）与宾词（即概念所生的普遍性或意义）构成。如"拿破仑是欧洲征服者"这一判断，就是事与理的融合，即历史就是史事与事理的融合，因此历史就是思想生展，除此之外没有别的历史。克罗齐曾说："我们现在所发展的哲学证明，没有所谓外在于精神的东西，因此也并不存在与精神对立的另一元。一切所谓永恒的机械的自然，不过是概念的，或者说是精神本身创造出来的概念而已，精神需

---

① Giovanni Gullace. *Croce's Peotr Benedetto y and Literature*, *An Introduction to Its Criticism and History*. Southern Illinois University Press，Carbondale and Edwardsville，1981：p.69.

要时就创造它,不需要时就取消它。"①克罗齐断言历史是活动着的思想本身,"精神每时每刻都是历史的创造者,也是全部以前历史的结果。因此,精神含有其全部历史,历史又同精神一致。"②

在精神及历史的基础上,克罗齐还提出"一切历史都是当代史"。克罗齐说:"显然只有现在生活的兴趣才能促使我们探究一个过去的事实;由于过去的事实同现在生活的兴趣相联系,因此,它不符合过去的兴趣而适应现在的兴趣。"③基于现实的思考和需求,我们思考并重构过去的事实,它们对我们产生意义,成为历史,否则历史就只是声音和其他符号组成的物而已。历史是真实的生命过程,前一刻的生命演变成现一刻的生命,而此刻的生命又包含和超越了前一刻的生命,并预示着下一刻的生命,如此发展,不断丰富,因此一切历史都是"当代的",没有过去的历史。正是精神的发展变化所造就的新形式,为历史提出了新的问题,同时也为之寻求新的解答,历史因此在精神的不断变化发展中得以发展。"一切历史都是当代史"强调历史事实与当代思想的关联,一件过去的事实只有被当代人思想时它才是历史的事实,历史即是对于历史的认知。进一步而言,一切有关历史的证据和论述都内在于人的精神,文献只是精神创造的辅助,历史学家要对过去的史料赋予一种深深的同情。一切历史都是当代思想的历史,实际上就否定了一切企图在历史资料和事实背后找寻某种外在目的和原因的历史决定论和自然历史主义。克罗齐说,"由于我们实际地思考,我们没有感到需要求助于原因的外在联系(历史决定论)和超验目的的同样外在联系(历史哲学)。被具体思考的事实没有自身之外的原因和目的,它只存在于自身之中,并同其实在的量或质的实在一致。"④克罗齐否定了一切形式的历史二元论,历史只存在于人的思想的一元当中,思想是活的生命存在。

克罗齐的历史观实质是一种人本主义的历史观,即他坚定地捍卫历史中的人性。他说,"当思想从超世俗的奇思妙想和盲目的自然必要性的奴役中挣脱,

---

① Benedetto Croce. *Logic as the Science of the Pure Concept*. (Douglas Anslie, trans.), London：Macmillan & Co., Limited, St. Martin's Street, 1917：p.176.
② ［意］贝内德托·克罗齐(Benedetto Croce).历史学的理论和历史[M].田时纲,译.北京：中国人民大学出版社,2012：12.
③ ［意］贝内德托·克罗齐(Benedetto Croce).历史学的理论和历史[M].田时纲,译.北京：中国人民大学出版社,2012：4.
④ ［意］贝内德托·克罗齐(Benedetto Croce).历史学的理论和历史[M].田时纲,译.北京：中国人民大学出版社,2012：44.

从超验性和伪内在性(它也是一种超验性)的统治下解放出来,思想就把历史理解为人类的作品,看作人类智慧和意志的产物。这样,它就进入我们称作人本主义的历史形式。"①人本主义的历史观认为历史不是自然的或者超世俗的上帝的作品,而是实实在在的生活着的个人,即永恒个性化与精神化的作品,"真正的历史是作为普遍的个别的,作为个别的普遍的历史。"②克罗齐的哲学和历史学是统一的,它们旨在建立一种新的思维方式,以此反对传统的形而上学。在克罗齐看来,没有一个所谓一般的哲学问题,哲学就是一种历史和历史的方法论,它重视直觉能力、批判能力以及差异与个性。哲学家就是历史中的个人,是历史的主体又是历史的客体,他所研究的哲学问题和人类生活条件密不可分。总之,"一种图解的僭越的哲学是符合'基本问题'的哲学;一种更丰富、更多样、更灵活的哲学应当符合作为方法论的哲学。后种哲学认为,不仅把握内在、超验、世界和另一世界的问题是哲学,而且一切有益于增加指导性概念的遗产和对真实历史的理解,利于建构我们生活其中的思想实在的也都是哲学。"③

历史与精神的一致,是克罗齐直觉即表现与艺术批评的理论基础。克罗齐的美学始终关注人的内在精神与个性表现,在克罗齐眼里,艺术和历史都是富有生命的东西,闪耀着精神的光辉。正因为如此,艺术和历史都是对个别事物的认识,历史就是艺术;不同的是,历史是对于真实事物的直觉,而艺术则是对于可能事物的直觉,克罗齐以此反对实证主义将艺术和历史纳入自然科学的轨道。克罗齐艺术鉴赏中的艺术重现,实际上是艺术精神在历史中的复活。艺术鉴赏者通过对原作品文献材料和创作场景的复原,企图再现原作者的艺术情感与精神,因此在这一点上,艺术和历史是同一的,或者说艺术鉴赏和艺术批评的途径便是历史的方法。克罗齐的历史判断是基于个别事件、变化或者一个进行中的过程的事实判断,而审美判断(或审美批评)同样也是基于个别事物的价值判断,在克罗齐看来,事实判断和价值判断都是确定概念以外的个别事物的意义和价值,"所有的历史就是批评,所有的批评也就是历史。设问名为《神曲》的事实是什么,就是设问《神曲》的价值是什么,也即表达一个批

---

① [意]贝内德托·克罗齐(Benedetto Croce).历史学的理论和历史[M].田时纲,译.北京：中国人民大学出版社,2012：55.
② [意]贝内德托·克罗齐(Benedetto Croce).历史学的理论和历史[M].田时纲,译.北京：中国人民大学出版社,2012：62.
③ [意]贝内德托·克罗齐(Benedetto Croce).历史学的理论和历史[M].田时纲,译.北京：中国人民大学出版社,2012：96.

评判断。"①因此，艺术批评作为审美判断，实际上只能以历史的方式存在，也就是说，"真正完整的批评是对已经发生事实的平静历史叙述；历史是唯一真正能对人类事实施加影响的批评。人类事实不可能是非事实，由于它们业已发生，精神凭借理解而不能用其他方式把握它们。"②历史与批评的同一是克罗齐艺术批评理论的基础，这使得克罗齐的艺术批评不是基于形而上理念的评判和对于存在问题的解答，而是立足于生活，对人的心灵活动的特征、意义和价值的解释。实际上，对艺术作品的批评，本来就要将它置于一定的历史语境中加以考察，而审美对象本身就是一种历史的存在，任何一件艺术作品，"只要从事历史的具体的分析，必然回到美学的观点；只要进行真正的深入的艺术分析，必然走向历史的观点。艺术批评体现为一种社会实践，追求对象的进步与完美。批评方法体现为历史的具体的艺术分析，批评标准是美学和历史的观点。"③

克罗齐的历史观和其艺术观存在着同样的局限，他高估了精神在历史中的意义，而忽视了物质力量在历史进程中的作用。克罗齐以为把握了精神也就把握了全部的历史，不仅抹杀了物质元素对于历史的重要性，同时他也排除了人的潜意识和无意识等非理性思想因素在历史中所扮演的角色。克罗齐所要和能够在历史中复活的思想，其实不过是理性与逻辑的思想。而他偏偏又坚定地反对理性形而上主义，这就不可避免地陷入自我矛盾与悖论。克罗齐否定了德国历史主义中自然与历史的对立，而将自然完全化为历史之中，并将哲学也包含在历史之中，他将世界历史化从而精神化的做法，将他所谓的"绝对历史主义"陷入了一种相对主义的局限，而相对主义恰恰是克罗齐反对的。

克罗齐以直觉作为心灵认识的开端，并将之与逻辑、经济和道德认识分离而独立，就是要将艺术从所有外在的桎梏中解放出来，直指人性的独立与精神的解放。克罗齐称自己的美学为"历史学的方法论"，就是要和形而上学的玄学划清界限，其艺术与艺术批评的对象并不超越人类的历史范围。他的理论始终立足于人的生活，因而他关心的只是人。正因为如此，克罗齐美学得到了 20 世纪初期处于古今之交的中国现代知识分子的垂青，成为中国现代学人批判传统文以载道的文艺观，以及建构现代美学与文学批评的借鉴与参考。克罗齐美学进入

① Benedetto Croce. *Logic as the Science of the Pure Concept*. (Douglas Anslie, trans.), London：Macmillan & Co., Limited, St. Martin's Street, 1917：p.294.
② ［意］贝内德托·克罗齐.美学纲要［M］.田时纲，译.北京：社会科学文献出版社,2016：101.
③ 张敏.克罗齐美学论稿［M］.北京：中国社会科学出版社,2002：256.

中国，取道于欧、美与日本，因此欧美世界对克罗齐的解读也影响着克罗齐美学在中国的传播与接受。克罗齐思想如何进入中国，其美学在中国的译前传播如何导致了《美学》与《美学纲要》汉译的发生，以及克罗齐美学思想在接受的过程中发生了怎样的理论变形，又对中国文艺美学产生了怎样的影响，这将是本书接下来逐一探索的内容。

第二章
译前传播：克罗齐美学的
初识与交汇

　　赛义德在《理论的旅行》(Traveling Theory)一文中概括了理论旅行的四个阶段："首先，有一个起点，或类似起点的一个发轫环境，使观念得以发生或进入话语。第二，有一段得以穿行的距离，一个穿越各种文本压力的通道，使观念从前面的时空点移向后面的时空点，重新凸显出来。第三，有一些条件，不妨称之为接纳条件或作为接纳所不可避免之一部分的抵制条件。正是这些条件才使被移植的理论或观念无论显得多么异样，也能得到引进或容忍。第四，完全(或部分)地被容纳(或吸收)的观念因其在新时空的新位置和新用法而受到一定程度的改造。"①理论旅行的起点或发轫环境实际是某种理论思想在新的文化着陆的契机，而接纳或抵制的条件则是指理论在异域文化语境里是否具有继续生存的需要。20世纪20年代前后，正值我国译介西方现代派文艺思潮的高峰，尼采、叔本华、伯格森、弗洛伊德等西方现代文艺美学思想中对主体生命情感与个性解放的高扬，与克罗齐基于心灵哲学的表现主义有着内在的一致性，克罗齐思想正是在这一译介高潮中进入中国。而且，西方"美学"概念的引入及中国现代美学的发生，又为克罗齐美学在中国提供了传播与接受的土壤。克罗齐美学对古典美学的超越和对主体感性的关注，正好迎合了中国现代美学的理论需求。

　　理论译本的生成是中西文艺理论交流中至关重要的环节，但它并不是通常所认为的理论旅行的起点与开端。翻译发生之前某种理论思想在目的语文化中的传播，即"译前传播"②，决定了翻译的发生。翻译内容的取舍、翻译策略的选

---

　　①　赛义德.理论的旅行[M]//赛义德自选集.北京：中国社会科学出版社,1999：138-139.
　　②　"很多信息是传播在先，翻译在后，传播先于翻译。往往不仅仅是翻译影响传播，而是传播影响翻译，甚至成为翻译的基础。"见徐玉凤,殷国明."译传学"刍议：关于一种跨文化视野中的新认识[J].江南大学学报,2016(1)：99.

择、译本读者群的预设以及译本出版媒介的选择，都有赖于译前传播作出的铺垫。因此，有关克罗齐思想译前传播状态的考察，对解释克罗齐著作的翻译为何发生，以及翻译发生之后的文本接受，具有重要意义。克罗齐思想是一个庞大的体系，涵盖哲学、美学、政治学和历史学等多个方面。译前传播的史料证明，在现代中国，克罗齐的美学思想相较于其心灵哲学更受到中国知识分子的垂青。但是在克罗齐思想被引介的初期，由于引进者各自的动机与目的不同，以及各自对于克罗齐思想的获取渠道与认知的差异，因此克罗齐思想的介绍就不可能集中于某个单一的层面。译前传播大多数情况下是零散而片段式的，因而读者对克罗齐思想的了解也是模糊与肤浅的。译前传播实际上是目的语受众对克罗齐思想的了解与筛选的过程，这个过程促成了克罗齐思想的某一方面继续深入传播与接受的可能。而译本的生成，能够将克罗齐思想早期的片段与零散介绍得以整合与固定，之后围绕克罗齐文本所发生的评述、争论、阐释和改造才有发生的依据。因此，本书认为有必要对克罗齐思想的译前传播史料作细致爬梳与分析，考察译前传播状态中隐含的深入接受的可能性与必要性，并论证克罗齐美学得以广泛传播与深入接受的文化内在动因。

第一节 情感涌动与中国现代美学的初绽

美学的英文是 aesthetics，本义为感性学。作为一种审美观念系统，每个民族都有自己的美学思想，但是"美学"作为一门现代意义的学科，则由德国哲学家鲍姆嘉通于 1750 年创立。美学在中国并不像西方那样具有内源性，即是一个自身文化自发的、自然而然的生成过程，而是以欧美文化和学术为参照，经历了一个外源的启发、后发与转译的酝酿过程，而最重要的，当然是对本土文化的拓展、激活与重生。"美学"概念以及"美学"学科在中国的出现，是一个西方—日本—中国之间跨文化互动与交融的过程。有学者如刘悦笛就根据史料猜测"美学"与"审美"等概念既不是日本人也不是中国人首创，而是首先出自英国传教士罗存德与德国传教士花之安，后来传到日本被日本学者借用，而后又经中国学者引进到中国。① 1866 年英国传教士罗存德编撰的《英华字典》中的"美学"词条解释，

---

① 刘悦笛.美学的传入与本土创见的历史[J].文艺研究，2006(2)：13-19.

应该是有关"美学"的最早概念,他将西语中的 Aesthetics 翻译为"佳美之理"和"审美之理"。而另一位德国传教士花之安的《教化义》一书中首次正式使用了"美学"一词,这在罗德存的基础上更进了一步,使得"佳美之理"和"审美之理"有了确切的学术定位。美学作为学科的概念最早被引进到日本的是日本学者西周,他将美学译为"善美学""佳趣论"和"美妙学",在不同的翻译语词中游移不定。日本学者对于 aesthetics 的翻译还有"艳丽之学"和"审美学"等。而日本明治 16 年(1883 年)出版的中江兆民的《维氏美学》中所使用的"美学"一词,后来逐渐得到广泛认可,作为 aesthetics 的确定翻译被固定并流传开来,"美学"二字在中日交流过程中传入中国。"美学"概念在中国正式得以固定之前,与"审美学""美术"等词语有过一段模糊不清、相互混淆的时期。王国维在他的《哲学小辞典》(1902)中第一次对"美学"的概念给予了说明:"美学、审美学:aesthetics。美学者,论事物之美之原理也。"①他将美学等同于审美学。汪荣宝在叶澜编辑的《新尔雅》以及 1915 年出版的《辞源》中都使用"审美学"的译名。"美学"与"审美学"是有区别的,李泽厚就认为"审美学"的译名比"美学"更加贴近 aesthetics 的原意,原因是"'审美学'是研究人类认识美、感知美的科学"②。除了在"美学"和"审美学"之间混淆,aesthetics 在近代也时常被冠以"美术"之名。王国维的译作《心理学》末尾的心理学术语中西对照表中将 aesthetic theory 和"美丽之学理"对应,而 aesthetic sense 则与"美术的感觉"③相对应。1917 年 7 月制定的《国立武昌高等师范学校本学年教授程序报告》里有关美学课程的说明中就将"美学"等同于"美术",同一年《北京大学文、理、法科本、预科改定课程一览》中美学科目名目下的实际教学内容也是美术史。1919 年刊登于《东方杂志》的论文《什么叫美术》将美术和美学区分开来,确定了美术的英文是 fine art,与 aesthetics 区别开来,它与寻常艺术 art 不同,有一定的范围,就是图画、雕塑、建筑三种,才能称为美术,美术是让人产生美感的艺术。"美学"概念在中国的最终确立有赖于一系列标志性美学事件的展开。1920 年刘仁航的《近世美学》是中国历史上第一部美学译著,吕澂的《美学浅说》、陈望道的《美学概论》以及范寿康的《美学概论》都在五四之后相继出版,不仅将"美学"一词以学科名固定下来,还

① 王国维.哲学小辞典[M].上海:教育世界出版所,1902:1.
② 李泽厚.美学四讲[M].北京:生活·读书·新知三联书店,2004:8.
③ 元良勇次郎著.心理学.王国维,译.[M]//王国维全集:第 17 卷,杭州:浙江教育出版社,2009:462.

各自"建构起了自己的美学原理体系，可以被视为美学'在中国'的学科创建的最终完成，同时也标志着'中国的'美学原理开始出场"①。

学界一般把中国近代美学的正式开端规定在 20 世纪初年的王国维那里。②王国维首先针对中国学术偏向政治伦理和实用功利的状况，提出了"艺术独立"的观念。他认为中国美术不发达的原因在于中国美术历来"无独立之价值"，历代诗人"多托于忠君爱国，劝善惩恶之意以自解免"③，而且国人"乏抽象之力者，则用其实而不知其名，其实亦遂漠然无所依，而不能为吾人研究之对象"④。要想艺术获得独立，首先就需要引进和创立新的学术语词，这也是王国维引进"美学"的初衷。王国维意识到了两千多年来传统儒家的"一尊"与"道统"对学术思想发展所造成的严重危害性，他指出哲学与艺术应该以追求人类普遍的真理为自身的目的，这种真理具有超越性，它是从一切具体形而下的经验实践中抽绎出来的形而上的意义，即他所谓的"纯粹之美学"。"王国维的美学思想是中国美学理论从自发状态走向自觉的标志，从此中国人开始自觉地建设美学学科的独立体系。"⑤王国维受康德哲学的影响，对美与美学有独到的见解，他认为自律性与非功利性是审美的基本特性。"美之性质，可爱玩而不可利用者是已。虽物之美时，有时亦足供吾人之利用，但人之视为美时，决不计及其可利用之点。"⑥美既然脱离了一切功利的性质，"故一切美，皆形式之美也。"⑦王国维的审美无功利思想在当时具有划时代的意义，它不仅促使了文艺美学从道德政治的附庸中获得解放，而且也为后来克罗齐的表现主义美学进入中国提供了思想土壤。但是，王国维的纯粹美学观并非纯粹的形而上思辨，而是带有浓厚的生命关怀与人生观照。在叔本华的唯意志论启发下，他对康德的"审美无功利"给予了独特的中国式解读。王国维的"纯粹之知识者"⑧虽然超越了物质的欲望，但是它依然指向人生苦痛的摆脱和生命的救赎，因此其纯粹美学是一种超越功利的功利说。王国维美学的人生指向影响了后来中国现代美学和文艺批评者们的思想建构，他们在接受克罗齐美学思想的时候，总是不忘美学与现实的关联。

---

① 刘悦笛，李修建.当代中国美学研究(1949—2019)[M].北京：中国社会科学出版社,2019：25.
② 聂振斌.中国近代美学思想史[M].北京：中国社会科学出版社,1991：55.
③ 王国维.论哲学家与美术家之天职[J].教育世界,1905(99)：1-4.
④ 王国维.论新学语之输入[J].教育世界,1905(96)：1-5.
⑤ 聂振斌.中国近代美学思想史[M].中国社会科学出版社,1991：56.
⑥ 王国维.古雅之在美学上的位置[J].教育世界,1907(144)：1-7.
⑦ 王国维.古雅之在美学上的位置[J].教育世界,1907(144)：1-7.
⑧ 王国维.红楼梦批评[M].杭州：浙江古籍出版社,2012：5.

在讨论审美自律的基础上,上世纪之初的美学思想家梁启超、王国维和鲁迅等在明末清初性灵论文学观的启发下,深入到个体情感与文学本体的研究,为克罗齐的表现主义美学在中国的接受奠定了思想基础,也引导后来的接受者们对克罗齐美学以"情"为导向的阐释。梁启超认识到美学的启蒙意义,其后期美学思想"张扬了人性的情感因素,把美提高到人生命的内容加以认识,其思想的现代性已隐约地显示出来"①。梁启超视情感为一切动作的原动力,认为理智只能引导人判断即将采取的行动是否合理,而情感则从心理上激发人去采取实际行动。不仅如此,情感还是"宇宙间一种大秘密","我们想入到生命之奥,把我的生命和宇宙和众生迸合为一,除却通过情感这一个关门,别无他路。"②梁启超肯定情感是人的生命本能,但同时又具有现实的超越动物本能的理性意义。情感是"现在"的,它是人的生命在特定时期的活动体现,但是它又超越了现在,将人从此时此地的活动中引向更高的境界。梁启超强调情感在艺术中的位置,并通过情感来揭示艺术的本质,"艺术的权威,是把那霎时间便过去的情感捉住,令他随时可以再现,是把艺术家自己个性的情感,打进别人的情阀里头,在若干期间内占领了他心的位置。"③梁启超将艺术视为个体生命情感的表现,继承了中国古典美学思想中抒情言志的传统,他认为艺术抒情的首要原则是真实,作品里"情感越发真,越发神圣"④,情感真实是艺术的基础,但是并非所有的情感都是善的美的,情感也有恶的丑的,因此艺术家要"修养自己的情感,极力往高洁诚挚的方面,向上提携,向里体验"⑤。梁启超对艺术情感的理解受到了西方康德的人性论以及伯格森生命哲学的影响,并融合了中国传统儒家对生命理性与责任的强调。

王国维受康德美学思想的影响,将审美活动视为区别于认知实践与道德实践的情感活动,它以情感的愉悦为表征,既不诉诸于现实与自然世界的理性把握,也不寻求世俗欲念的满足。在王国维看来,审美完全超越了现实功利的目的,"美之性质,一言以蔽之曰,可爱玩而不可利用者是也。"⑥王国维还吸收了叔

① 朱存明.情感与启蒙[M].北京：西苑出版社,2000：65.
② 梁启超.论情感与情感教育[M]//饮冰室专集：第二册.转引自中国美学史资料选编(下).北京：中华书局,1981：417.
③ 梁启超.论情感与情感教育[M]//饮冰室专集：第二册.转引自中国美学史资料选编(下).北京：中华书局,1981：417-418.
④ 刘梦溪主编,夏晓虹编校.梁启超卷[M].石家庄：河北教育出版社,1996：616.
⑤ 刘梦溪主编,夏晓虹编校.梁启超卷[M].石家庄：河北教育出版社,1996：617.
⑥ 王国维.古雅之在美学上之位置[M]//王国维文集：第三卷.中国文史出版社,1997：31.

本华对文学情感本质的认识，他的《红楼梦评论》在叔本华情感论的启发下探讨了生命意志与人类命运的深层情感问题。王国维的境界论中，情感是一个核心元素。在对文学本质的讨论中，王国维视"情"与"景"为文学原质的两个方面，"景"以描写自然与人生事态为主，属客观的，而"情"则是人对于自然与人生事态的精神态度，属主观的，它沟通了审美主体与客体之间的关系。正是因为有了情感，文学艺术的境界才构成了一副生命活力的图景。同样，鲁迅也强调文学中的情感力量的启蒙意义，在《摩罗诗力说》中就直言"一切美术之本质，皆在使观听之人，为之兴感怡说"①，"兴感怡说"即相信文学是一种纯粹情感的活动。他对伯格森的生命哲学与弗洛伊德的无意识表示高度赞同，称赞他们"寻出生命的根柢，即用以解释文艺"②。鲁迅想借助文艺写情感之力，来唤起民众的觉醒，从而达到改造国民性的目的。梁启超、王国维以及鲁迅等人对文学的情感本体的肯定，已经和传统中国文学中的情感论有所不同，它们逐渐远离了传统言志抒情文学中道德教育的层面，走向了对个体感性生命的重视与个体情感的张扬。而且，梁启超、王国维以及鲁迅等借助西方哲学与美学思想，对文学情感理论的学理基础进行了重构。传统的文学情感论都是作家和评论者根据自身的文学经验和体悟而得出的一种感悟，缺乏系统的论证与学理的解释，克罗齐美学的引入恰好帮助现代知识分子开启了这一转变。文学与情感之间的关联开始成为中国文艺美学研究的对象，并逐渐成为中国古典文论走向现代性的表征。

"美学"在中国的发生，以及现代中国学者对审美情感的思考与探讨，为克罗齐进入中国提供了思想土壤，也凸显了克罗齐在中国传播与接受的可能与必要。作为一种超越古典传统的西方现代美学思想，克罗齐美学中的艺术独立论与情感表现主义恰恰迎合了从传统向现代转型的过程中，中国现代美学建构的学术需求，它不仅为中国现代美学建构者们提供了摆脱"文以载道"传统的理论依据，也成为他们重新认识传统美学思想的他者参照。

第二节　西东流转与译前回想

1892 年克罗齐以意大利文发表第一部作品《1799 年那不勒斯革命》，之后的

---

① 鲁迅.坟·摩罗诗力说[M]//鲁迅全集：第一卷.北京：人民文学出版社，1956：203.
② 鲁迅.《苦闷的象征》引言[M]//鲁迅全集：第十卷.人民文学出版社：1998：232.

几部著作都围绕其出生地那不勒斯的历史展开。1893 年他在彭塔亚纳学院宣读论文《艺术普遍概念下的历史》，标志其历史理论研究的开始。克罗齐对文学批评的关注始于其 1895 年《文学批评及其在意大利的条件》与《关于文学批评》两篇论文的发表。1900 年，克罗齐在彭塔尼亚学院学报上发表美学论文《作为表现的科学和一般语言学的美学概念》，标志其美学研究的起步。1902 年，他将这篇论文加以扩展和深化，充实成一本完整的美学著作《作为表现的科学和一般语言学的美学》(*Estetica come scienza dell'espressione e Linguistica generale*)由意大利拉泰尔扎(Laterza)出版社出版，这也是克罗齐的第一部美学著作。该著作出版之后，克罗齐的学生金蒂雷(Gentile G.)于 1903 年为该书撰写书评，发表于意大利文学杂志 *Giornale Storico della Letteratura Italiana*。金蒂雷是克罗齐的学生，和克罗齐同为意大利新唯心论的代表人物，他为克罗齐思想的传播起到了不可忽视的作用。1907 年，瓦尔特(Walter B.)在美国哥伦比亚哲学系双周刊杂志《哲学、心理学和科学方法期刊》(*The Journal of Philosophy, Psychology and Scientific Methods*)1907 年第 4 卷 10 期上发表《作为表现科学的克罗齐美学》(Benedetto Croces Aesthetik als Wissenschaft des Ausdrucks)，此时克罗齐思想的传播语言还仅限于意大利语。第一个将克罗齐的著作翻译成英文的译者是道格拉斯·安士莱(Douglas Ainslie)，苏格兰诗人，翻译家和批评家，他对克罗齐著作的英译使得克罗齐的思想得以在英语世界广泛流传。道格拉斯·安士莱在《美学纲要》的译者序中谈及，他在 1909 年访问那不勒斯时，读完《美学》一书，便"十分清楚地看到了它的极端重要性"，"尽管它在 1901 年就已出版，但在用英语的地区，还根本没有人注意到它。"[①]正因为意识到克罗齐思想的价值，道格拉斯·安士莱翻译了《作为表现的科学和一般语言学的美学》第一版的部分内容，非完整版于 1909 年出版。英文译本的问世，立即引起了广泛关注。1909 年，英国《旁观者》(*Spectator*)周刊和法语杂志《形而上学与伦理杂志》(*Revue de Metaphysique et de Morale*)，以及意大利语杂志《意大利文学史报》(*Giornale Storico della Letteratura Italiana*)都刊载了有关克罗齐《作为表现的科学和一般语言学的美学》的评述。1912 年，为庆祝美国得克萨斯州休斯敦赖斯学院的成立，克罗齐亲自撰写了《美学纲要》一书，对美学的主要问题作了完整的论述，并由道格拉斯·安士莱译成英语，后来又翻译成多种语言。克罗齐在

---

① 克罗齐.美学纲要[M].韩邦凯、罗芃,译.北京：外国文学出版社,1983：200.

这本书的法译本里补上了两篇 1912 年以后发表的论文，一篇意在帮助学者们研究美学的发展，另一篇是为了深入阐述如何理解艺术的无限性或普遍性的内在特性，也涉及鉴别完美艺术和多少有些浪漫或者颓废的艺术的标准。① 1913 年，英国牛津哲学家和历史学家科林伍德翻译了克罗齐的著作《维柯的哲学》(*La Filosofia di Giambattista Vico*)，打破了道格拉斯·安士莱独揽克罗齐作品英译的局面，同时也意味着克罗齐思想更加广泛与深入的传播。1917 年伦敦麦克米伦(Macmillan)公司出版的英国哲学家威尔顿·卡尔(H. Willdon Carr)的著作《克罗齐哲学·艺术与历史问题》(*The Philosophy of Benedetto Croce. The Problem of Art and History*)被认为是系统而完整地展现克罗齐哲学总体轮廓的作品。卡尔虽然没有翻译克罗齐的著作，但他却是英语世界第一个用英文介绍克罗齐的哲学家。这部作品于 1927 年重版，书中对克罗齐理论的清晰阐述与解读为读者理解克罗齐扫除了诸多障碍。1922 年，科林伍德翻译了《作为表现的科学和一般语言学的美学》第二版，由于道格拉斯·安士莱在此之前翻译过该著作第一版的部分内容，为了避免法律侵权，该译本最终以道格拉斯·安士莱之名出版发行。继《美学原理》和《美学纲要》之后，道格拉斯·安士莱陆续翻译了克罗齐的其他作品。从 1909 年道格拉斯·安士莱的英文本问世之日起，克罗齐的思想经由欧美学术界和思想界的评议、讨论和争辩得以广泛而深入的传播，并在欧美哲学界、美学界以及文学批评领域影响深远。根据英文数据库搜索到的资料，1949 年以前有关克罗齐哲学、美学和文学批评思想的评论和研究论文大部分发表于英、美、澳等权威学术杂志，如英国的《旁观者》(*Spectator*)周刊，牛津大学出版社出版发行的世界上最古老、最重要的哲学权威杂志《一元论者》(*The Monist*)，美国历史最悠久的文学期刊《塞沃尼评论》(*Sewanee Review*)等，以及《爱尔兰季刊评论研究》(*Studies: An Irish Quarterly Review*)，《澳大利亚哲学期刊》(*Australasian Journal of Philosophy*)等。另外，欧美学术界频繁召开学术会议讨论克罗齐思想，会议成果在各种论文集和协会杂志出版，如英国亚里士多德协会(Aristotelian Society)的会议论文集[*Proceedings of the Aristotelian Society (Hardback)*]，英国 Mind 协会的杂志 *Mind*，美国历史协会的官方期刊《美国历史评论》杂志(*The American Historical Review*)。克罗齐思想的相关论文出现于这些学术权威杂志，表明克罗齐思想的研究已经引起欧

---

① 克罗齐.美学纲要[M].韩邦凯、罗芃，译.北京：外国文学出版社，1983：330-331.

美学界的足够重视。

克罗齐的著作在英国引起广泛反响。作为20世纪三四十年代英国"最伟大的艺术哲学家",科林伍德在英国批评界和哲学界的影响也促进了学术界和思想界对克罗齐思想的深入认识。柯林伍德在翻译和接受克罗齐历史学与美学基础上发展自己的历史观和美学观,其思想和克罗齐一脉相承。克罗齐和科林伍德被并称为表现主义美学的奠基人,因此学界通常将表现主义美学称为"克罗齐—科林伍德的表现说"。与克罗齐一样,柯林伍德也主张艺术表现情感,将情感视为艺术创作的动力。在克罗齐美学的基础上,科林伍德给与情感更细致的分析与规定。情感在他看来首先是一种个性化的表现,情感表现不同于情感描述,情感描述是一种概念化的活动,而情感表现不涉及概念;情感表现也不是唤起情感,它并无外在的欲求,而是对情感的探寻;情感表现更不是情感选择和情感暴露,艺术的情感表现是坦率而自由的。科林伍德还强调情感的社会性,他认为艺术家个性化的情感必须与普通人的情感获得沟通,走出封闭隔离的状态从而获得与社会的关联。科林伍德的情感还是一种意识化的情感,他认为处于心理水平的情感只是一种低级阶段的情感,而意识化的情感是在心理情感的基础上,经过艺术加工之后的结果。关于情感如何表现,科林伍德用想象代替了克罗齐的直觉,直觉即表现被改造成想象即表现。科林伍德说:"真正艺术的作品不是看见的,也不是听到的,而是想象的某种东西。"①情感的意识化过程就是感觉变为想象的过程,科林伍德说:"意识不是我们平常所说的意识,在他这里,意识不与客观世界相对,不涉及事物及事物之间的关系,也不根据种种概念进行概括性思考,它只面对感觉,只有这种感觉,至于这种感觉是否与外在事物相符则与它无关。"②科林伍德的意识过程似乎是克罗齐所说的心灵综合,但又不仅如此,它还掺杂了使感觉变为想象的思维与意志。想象即表现既突出了想象对感觉的独立,又将克罗齐的心灵综合具体化。由此可见,科林伍德对克罗齐的先验直觉并不满意,在他眼里艺术不只是一种认识,而是与感觉、思维、意志和情感关联的想象性经验。科林伍德的想象即表现将艺术创作与艺术心理有机结合,有效地扭转了克罗齐将直觉绝对化的倾向。

克罗齐被引进到美国,主要得力于其思想信徒斯宾佳恩(J. E. Spingarn)。

① 科林伍德.艺术原理[M].王至元、陈华中,译.北京：中国社会科学出版社,1985：134.
② 张法.西方当代美学史——现代、后现代、全球化的交响演进(1900至今)[M].北京：北京师范大学出版社,2020：68.

斯宾佳恩早在 1899 年就和克罗齐获得了通信联系，并首次撰文简要评述克罗齐 1900 年的论文《作为表现的科学和一般语言学的美学的基本命题》，1902 年撰文全面评述了克罗齐的《美学》。作为新任命的哥伦比亚大学比较文学教授，斯宾佳恩 1910 年在哥伦比亚大学题为"新的批评"的演讲中明确声称自己是克罗齐主义者。斯宾佳恩赞赏克罗齐的自由主义美学思想，反对艺术批评中的道德判断，固定体裁、修辞和规则论，以及从种族、环境或时代等方面来解释文学艺术的批评观。作为克罗齐的信徒，斯宾佳恩一直致力于传播克罗齐思想，1919 年他协助成立的出版社霍考特·布雷斯公司（Harcourt，Brace and Company）为传播克罗齐的思想起了关键作用。克罗齐虽然在欧洲大陆名声大震，但是在美国的声誉却远不及弗洛伊德以及那些为理解自然世界的科学探索提供文化解释的哲学家们。斯宾佳恩努力纠正并阻止美国学界将克罗齐归为浪漫放纵派以及为艺术而艺术的唯美派代表的误解，并因宣扬克罗齐的表现主义与新人文主义，于 20 世纪二三十年代在美国学界掀起了有关文学表现与文学纪律的论争。

美国新人文主义思想家白璧德和保罗·艾尔默·穆尔（Paul Elmer More）对克罗齐的激进历史主义颇感紧张，担忧克罗齐的历史主义会消解西方文化传统的价值中心。穆尔说："克罗齐是令人不安的现代趋势的核心人物，这种趋势消解了人是有自由意志的负责任的动物的人本主义观念。"[①]在白璧德看来，克罗齐提出了一种浪漫的"在纯粹的自发性和不受约束的表现意义上对直觉的崇拜"，并将艺术贬低为"一种不受约束的抒情的流泄物，而不受任何永恒的判断中心的约束"[②]。在白璧德眼里，克罗齐所采用的黑格尔的发展的理念，实际上是一种浪漫主义在哲学上的极端表现。他认为克罗齐未能在众多事物中找到一个标准，因此在变化中强加标准，其结果是界限的弱化或消除，他不仅否定了文学艺术流派的有效性，而且最终将宗教与哲学与历史等同起来。作为新人文主义的领袖，白璧德面对美国社会的物欲横流与道德沦丧，希望复活古代的人文主义精神，以此解救现代人的精神危机，重建"人的法则"，以之代替现代社会"物的法则"。白璧德的人文主义基于亚里士多德的古典主义，他认为现代人失去了亚里

---

① David D. Roberts. "Croce In America: Influence, Misunderstanding and Neglect." *Historicism and Fascism in Modern Italy*, University of Toronto Press, 2007：p.16.

② Irving Babbitt. "Croce and the Philosophy of Flux." *Spanish Character and Other Essays* (Fredrik Manchester, Rachel Giese, William F. Giese, ed.). Boston：Houghton Mifflin, 1940：p.66 - 72.

士多德所说的"内心一致的原则"才导致精神危机，而白璧德人文主义的核心就是要恢复这种高于人的一般自我的内在一致原则，①以此实现道德的节制以及理性与欲望的均衡。他强调人类道德、理性、意志的重要，抵制欲望的无限扩张与生命情感的冲动，追求和谐、健康与均衡的美好人生。白璧德人文主义的最高境界是合度的中庸之道，即人在"一"(宇宙的绝对和中心标准)和"多"(宇宙中变动不居的个别现象)之间保持平衡，反对情感的自然主义与功利的自然主义，他将矛头指向西方以培根为代表的科学主义与以卢梭为代表的浪漫主义，二者在他看来，都是不加约束的才智与情感的放纵。要克服这一切，需要"一"对"多"的约束与限制。白璧德非常强调文学的纪律，他之所以对古典文学推崇有加，就在于古典主义作品中具有的这种均衡。

除了白璧德，克罗齐的美学在美国还因为与实用主义哲学家杜威的分歧而得以进一步传播。克罗齐与杜威的最大分歧在于，克罗齐将美学视为一种认识的活动，这一点却遭到杜威的极力反对。在杜威看来，审美并不涉及知识认知，而是一种心理经验活动。但是杜威并没有认识到，克罗齐的审美认知并不以追求真知为目的，它只关涉形象的创造。杜威认为克罗齐将精神看作唯一真实的存在，将艺术作为心灵活动的起点，割裂了人类作为有机体与其生存环境之间的联系，从而撕裂了人类经验的整体性。杜威强调艺术不能超越人的生活，必须始终扎根于生活，因此对于克罗齐的艺术无关物质传达、功利、逻辑与道德的观点表示了根本的反对。对于杜威来说，艺术创作作为一种生活活动，它的存在就离不开现实物质的媒介，艺术表现必须借助于媒介。作为生活一部分的艺术，必因被欣赏而给人带来愉悦的感官享受。杜威一直强调艺术是一种道德教化的方式，他甚至认为"艺术比道德更具道德性"②，艺术为人与人、人与自然以及人与自我建立起沟通的桥梁，艺术的道德作用就在于促进这种沟通。在艺术与科学的关系上，杜威更是表达了和克罗齐迥然不同的立场，他认为艺术与科学都来自于人的生活经验，它们之间没有本质的区别，艺术的实现需要借助于逻辑思维，而科学也不只是一种推理与实证，更是一种创造。杜威的美学思想更符合当时西方社会的科学主义潮流，而克罗齐"精致的唯心主义"在当时遭受误解就在所难免。1903 年美国自然主义美学家乔治·桑塔亚那(George Santayana)发表于《比较文学杂志》的对克罗齐《美学》的评论文章，将克罗齐的美学与"为艺术而艺

---

① ［美］欧文·白璧德.卢梭与浪漫主义[M].孙宜学，译.石家庄：河北教育出版社，2003：151.
② ［美］杜威.艺术即经验[M].高建平，译.北京：商务印书馆，2005：386.

术"的唯美主义相提并论，并将其归为黑格尔主义者，①这一误解引导了杜威对克罗齐的认识。由于杜威当时的影响力远远超过克罗齐，加上当时英语国家对克罗齐的思想缺乏充分与深入的了解，杜威对克罗齐的误读在英美世界得到了广泛的流传，这一影响甚至波及英美之外的世界。

克罗齐思想进入中国的第一条路径是从欧洲经由美国抵达中国。"克楼池"(Croce)的名字首次出现在中国，是在 1919 年张菘年翻译的罗曼罗兰的《精神独立宣言》中。1920 刘伯明的《关于美之几种学说》，是国内首篇引介克罗齐美学的论文。刘伯明曾经于 1911～1915 年留学美国，那时克罗齐的思想早已在美国传播开来。除刘伯明之外，在白璧德与斯宾佳恩的文学论争中，一批留美的中国学生因为追随白璧德而将其新人文主义译介到国内，作为新人文主义对立面的斯宾佳恩和克罗齐的表现主义也由梁实秋、林语堂等人带入中国。另外，杜威的自由主义被胡适等引进中国以及杜威来华演讲，也从反面促进了克罗齐思想在中国的传播。引进克罗齐思想的另外一条路线是从欧美经日本到中国。1920 年留学日本的滕固在中国发表了《柯洛斯美学上的新学说》一文，根据他与王统照的书信可知，他对克罗齐的介绍是根据克罗齐《美学》的英文版，可见在此之前克罗齐思想早已在日本传播。日本涕沼直翻译的《美的哲学》于 1921 年在日本出版。除滕固之外，留学日本的吕澂等人也是在日本接触到克罗齐思想的英译本或者日译本后，将克罗齐的哲学与美学思想引入中国。引进克罗齐的另外一条路线是直接从欧洲到中国。朱光潜是译介并研究克罗齐的重要学者，他在英国留学期间阅读了克罗齐著作原著以及英文译本，并撰写了多篇论文将克罗齐其人及其思想介绍到中国。因此，勾勒克罗齐经欧、美、日到中国的传播路线，有助于我们对于克罗齐理论思想的时空流动形成一个大致的轮廓，从而更加清晰地了解进入中国的克罗齐，曾经在何时何地停留，经历了怎样的理论变迁，然后又因何种原因与中国学人相遇再出发，最终抵达中国，开启了在中国的传播之旅。一般观点认为，克罗齐思想在中国的接受与传播开始于其文本的汉译，其实不然。傅东华翻译的克罗齐《美学》全译本于 1931 年在中国面世之前，有关克罗齐思想的大致介绍已经散见于当时的西洋哲学史和美学史论著，美学概论和艺术哲学以及文艺批评论著中。有关克罗齐哲学、美学与文学批评思想介绍的专

---

① ［美］乔治·H·道格拉斯.杜威与克罗齐相互关系的再考察［M］//西方学者眼中的西方现代美学.王鲁湘等，编译.北京：北京大学出版社，1987：354.

文,也零星发表在多种杂志与期刊。另外,对于克罗齐其人及其思想的提及,也出现在当时有关政治、经济、社会、历史、文化与教育的相关论文中。引进之初,Benedetto Croce 被不同引进者翻译成不同的中文名:克楼池(张东荪,1919)、柯岱斯(刘伯明,1920)、科罗切(陶恭履,1920)、柯洛斯(滕若渠,1921)、葛洛士(张舍我,1921)、科罗西(三无,1921)、克罗西(陈正汉,1922;瞿世英,1927)、克罗采(郭沫若,1923)、克洛霄(徐志摩,1925)、科罗齐(吴宓,1926)、克罗伊兼(胡梦华,1926)、克洛棲(华林一,1926)、克洛秋(华林一,1927)、克鲁徹(田汉,1927)、克罗齐(朱孟实,1927)、格罗遮(徐庆誉,1928)、柯罗采(张东荪,1928)、克洛企/克鲁企(张东荪,1929)、格罗起(谢颂羔,1929)、克鲁弃哀(吕澂,1930),后来学界普遍使用的中文译名"克罗齐"是根据朱光潜的翻译而来。

第三节　文化滤镜下的克罗齐思想初影

根据搜集到的史料可知,1931 年克罗齐的作品首次被译成中文(傅东华的译本《美学原论》)之前,其思想的不同层面已经在中国哲学、美学以及文艺批评界多次被提及与引介,内容涉及克罗齐的心灵哲学、美学、文艺批评以及历史观。由于史料的零散性,本小节将根据这些史料中所涉及的克罗齐思想的内容,分历史与哲学、美学以及文艺批评几个方面呈现克罗齐思想在中国的译前传播图景。

一、克罗齐历史哲思的初识

1919 年,张崧年翻译的罗曼·罗兰的《精神独立宣言》先后发表于《新青年》1919 年第 7 卷第 1 期和《新潮》1919 年第 2 卷第 2 期,张崧年在译文之后对《精神独立宣言》的各国签名人一一作了介绍,其中包括"克楼池":"Benedetto Croce,克楼池生一八六六,新黑格尔派的哲学家,艺术批评家。他对哲学最重要的贡献是其美术学说与历史哲学。他的著作译英文的已很多。欲得其学的梗概,可看 Carr, H. W, *Philosophy of Benedetto Croce: the Problem of Art & History*. 1918。"[①]这是克罗齐在中国学界的首次登场。《精神独立宣言》原为法国人道主义作家罗曼·罗兰所作,他在文中悲愤地指出知识分子用知识、理性和艺术为战争服务,

---

① 精神独立宣言(Declaration d'independanee de l'esprit)[J].张崧年,译.新青年,1919,(7)1: 30 - 48.(张崧年的同一篇译文发表于《新潮》(附录)1919 年第 2 卷第 2 期：175 - 195 页。)

不惜让人类身陷囹圄的悲惨命运,在他看来只有让自由永恒的"精神"从"妥协"、"耻辱"和"奴役"中解放出来,成为人类历史进程中的主宰,人才能挽救自己,真正地回到人自身。罗曼·罗兰对"精神"力量的重视,力图以之与技术崇拜的氛围相抗衡,这一点恰恰与克罗齐思想同气相求。克罗齐思想对于精神独立的强调,正是其思想在沉溺于科技理性的现代中国,被一批重视生命感性的知识分子引进中国学术界的重要动因。1921 年刊载于《东方杂志》的《文明进步之原动力及物质文明与精神文明之关系》一文,论及人类文明进步与人类精神活动的关系,文中对克罗齐"文明进步的原动力乃人类精神的活动"的观点予以肯定,并对之加以阐述:"文明进步之原动力不外乎人类精神之活动,而其精神活动之各方面又皆于各种文明有非常之贡献,固不待言矣。然若更进而彻底的探求文明进步之原动力时,则得谓为深结于人类中心之'愿望'与'要求',也即此种'愿望'或'要求'为欲实现自己之目的而刺激吾人之生活,促进吾人之努力,于是文明生焉。"[①]人的精神活动之所以为进步的原动力,不仅在于人类精神中对于进步的渴求和意愿,还在于生成实现意愿的进步动力。这一点正是克罗齐历史观的核心,他认为一切历史都是精神史,人的精神活动是历史发展进步的动力。1925年冯友兰在《对于哲学及哲学史之一见》中谈及哲学的统一时也简要提及克罗齐的精神史观:"人们虽然为了方便起见对于哲学进行各种类别的分支,实际上哲学内部具有整一性,即具有某种一以贯之的核心思想。"[②]克罗齐认为哲学内部的整一性在于人类精神的整一性,精神与历史和哲学是统一的。20 世纪初期的中国,笼罩在浓厚的理性至上、科学救国的氛围中,人的生命感性被压抑与掩盖,这引起一批现代知识分子的深度担忧与焦虑,他们认为科学知识并不能解决全部的人生问题,人的生命情感不能用逻辑理性的方法来肢解与分析,他们努力寻求感性从理性中挣脱,归还人的生命自由,而克罗齐对于人之生命感性的重视,成为他与中国学人相连接的主动脉。

有关克罗齐哲学的简单介绍,散见于各种西方哲学史和西方哲学概论的著作与论文中,这些介绍零散而简单,且大都取自欧美的二手文献,因此只触及克罗齐哲学的概要。1926 年中国的英文报刊《华北日报》(*The North-China Daily News*)刊登了一篇介绍克罗齐哲学的专文《现代世界中的哲学:克罗齐及

---

① 三无.文明进步之原动力及物质文明与精神文明之关系[J].东方杂志,1921,18(17):19-29.

② 冯友兰.对于哲学及哲学史之一见[J].太平洋(上海),1925,(4)10:1-13.

其任务》①(Philosophy in the Modern World,Croce on Its Tasks)，这是克罗齐在剑桥第六届国际哲学大会上的发言。克罗齐认为形而上学和系统论的哲学观，都试图一劳永逸地合并严密知识系统里的基本真实，这种哲学观点显然已经过时。对于现代哲学而言，实在不是一种静态的事实，而是一个持续的过程，其中的神圣与神秘性在于宇宙中存在着多种具有生气的创造力。哲学从来不承认神学或宗教中的神的启示，因为它是无法交流的。克罗齐认为现代哲学的任务在于考察历史的价值，从而丰富和深化人类意识，以帮助现代社会摆脱宗教危机。现代需要新的哲学家，他们要能够抓住历史与科学的问题，从而密切参与他所处时代的道德和政治生活。现代的哲学家不同于以往只为寻求永恒实在的纯粹哲学家，而首先必须是一个人。克罗齐哲学以人的精神生长对抗传统哲学的形而上学与神学至上，体现了深刻的现代人文关怀。克罗齐心灵哲学中的人本主义，与20世纪早期以张君劢等为代表的人生观派学者引进的伯格森、倭伊铿等的生命哲学具有内在的一致性，他们对形而上传统的反叛，对人之价值的重视，刚好迎合了古今之交现代知识分子主张解放人之精神的心理需求。

张崧年在《对于西洋文明态度的讨论：文明或文化》一文中不同意胡适的物质与精神二分法，在他看来，"精神的、物质的，根本原来无分别。"②谈及唯物主义，他引用了柯罗采(Croce)的观点，即唯物史观实际上是唯实史观，唯物主义是对人之精神力量的否定。文中并未对克罗齐的历史观展开论述，但是已触及到克罗齐历史观的核心，即一切历史其实都是精神的历史，并不存在什么唯物的历史。张崧年借助克罗齐一切历史都是精神史的观点，对胡适的实证主义进行了批评。1927年瞿世英的《现代哲学》是一本有关19世纪末期到20世纪初期欧美各国现代哲学思想的纲要式哲学通俗读本。作者将现代哲学分为实在论、实验论和唯心论三种趋势，其中包含对以克罗西(Croce)和琴谛尔(Gentile)为代表的意大利现代新唯心论的专门章节。书中指出克罗西的哲学是心灵的哲学，探求的是人类心灵生活的四个方面：美、真、用、善。对于克罗西来说，"一个人的心灵思想之外无思想。从反面来说，即思想之实在外无实在，因为假定外界实在亦不过是另外一思想的行为。"③作者指出克罗西作为新唯心论的主要代表，将

① Philosophy in the Modern World, Croce on Its Tasks. *The North-China Daily News* (1864-1951)，1926年11月16日005版.

② 张崧年.对于西洋文明态度的讨论：文明或文化[J].东方杂志,1926,23(24)：85-92.

③ 瞿世英.现代哲学[M].北京：北京中华书局,1927：77-81.

人的心灵和直觉提高到了哲学本体的地位。在 1928 年《现代哲学》中的"意大利现代哲学"一节，瞿世英对克罗西赋予了高度的评价，认为克罗西的哲学是意大利对于新文化思想的伟大贡献，"意大利新唯心论不但是意大利人文主义的最新的表现，并且是公认的现代唯心论的代表。"①瞿世英指出了克罗西新唯心论的理论来源是黑格尔和维柯，而维柯的影响主要体现在克罗西的美学方面。之所以将克罗西的哲学称为唯心论，其原因在于他将"心"视为唯一的实在。克罗西的心灵哲学建立在心与实在同一的基础之上，而他又将心（实在）等同为历史，因此克罗西除了其心灵哲学之外，又为人类贡献了一种新的历史学。瞿世英除了对克罗西心灵生活的四个方面作了简要介绍之外，还着重提及克罗西的"美"与物质无关，是一种纯粹的心灵活动，其"直觉是感觉的先验综合"②。瞿世英在克罗齐哲学与历史学的基础上，已触及克罗齐美学的核心，但是并未展开论述。

　　1928 年张东荪翻译的《现代哲学引论》为英国约德（Joad C. E. M.）所著，张东荪在译引中提及翻译此书的理由之一，在于这本书是对于近三十年来欧美哲学主潮的概览，是真正意义上的"现代"哲学思想家的介绍文本。全书五章，涉及欧美现代哲学的重要流派：实在论、罗素的哲学、新唯心论、实用主义以及伯格森哲学。原著作者在引言中认为意大利新唯心论对于自英国唯心论者卜赖德雷的唯心论以来"显获新意"，因此独辟一章进行介绍。书中柯罗采（Croce）的照片与伯格森、罗素等哲学家的照片并列被刊登。作者认为"以柯罗采和甄提勒（Gentile）为代表的意大利'新唯心论（或新理想主义）'的一派哲学思想可算是现代哲学全部发展中之最有意义且最创开的，正如其确然是现代哲学中最新出的一般。"③有关柯罗采的学说，书中仅详细论述了他"心灵为唯一实在"的论点，突出了柯罗采唯心论的"新"在于他摒弃了黑格尔学说中盘踞在所有个体心灵经验之上的静止的绝对精神，在黑格尔那里，个体心之经验为用，绝对精神为体，而克罗齐则视个体心灵的经验为体用的综合与统一，"自己创造，是心之体用性质，所以心创造其所解释，又解释其所创造。"④张东荪认识到了克罗齐哲学中的心灵对黑格尔绝对精神的消解，否定了一切心灵之外的哲学本体，将精神等同于历史与哲学，属于真正的人本主义哲学。

---

① 瞿世英.现代哲学[M].文化学社：1928：77 - 78.
② 瞿世英.现代哲学[M].文化学社：1928：80.
③ ［英］约德(Joad, C. E. M.).现代哲学引论[M].张东荪，译.上海：商务印书馆,1928：52 - 56.
④ ［英］约德(Joad, C. E. M.).现代哲学引论[M].张东荪，译.上海：商务印书馆,1928：56.

1929 年谢颂羔的《西洋哲学 ABC》是根据威尔·杜兰(Will Durant)的《哲学故事》而撰写的一部西方哲学家的简明读本。书中涉及的大都是近世欧美各国哲学家及其人生哲学。作者在开篇就表明哲学的功用和科学一样，都为探求真理，"哲学是从事物的本身、整个的研究，而以人生为它探讨和论争的归宿"，"哲学是将思想整理成一个系统，使一切的思想能够适应到实用的人生上去。"①谢颂羔认为格罗起(Croce)的哲学思想"与伯格森相反，不主灵活，而主固定；凡事均加以严格的、确定的界说"②。很显然，谢颂羔对克罗齐哲学中的逻辑思辨建构不以为然，克罗齐哲学虽然重视人的主体心灵地位，但是相比伯格森的生命哲学而言，这种抽象的思辨哲学对于关注人生现实改造的中国现代学人而言显得陌生而疏远。

陈正谟在《现代哲学思潮》③中以达尔文为起点，对进化论、实证主义、新唯心论，唯物论以及实用主义等现代哲学思想分别作了纲要式介绍。其中专辟一节"意大利之新唯心论"展开对克罗齐主观唯心论思想的阐述。他将 Croce 翻译成克罗西，并将克罗西和其学生琴谛尔(Giovanni Gentile)纳入黑格尔之流派，认为其思想又带有意大利本土色彩。陈正谟总结了克氏哲学的经验基石："经验是一种自觉自创的活动，实际上就是一种精神或者心的活动，为唯一确切的实在。"④陈正谟认识到克罗西的经验不同于物质世界的经验，是一种纯粹的精神活动，它将经验对象与经验者区分开来。接着，陈正谟对克罗西的经验活动做了简短的说明：心的活动分为理论的与实践的两种，前者属于知识方面，后者属于道德方面。对于知识方面而言，又分为直觉和概念，直觉活动是探索美的活动，而概念活动则是在直觉的基础上展开。克罗齐否认感觉的对象或者独立的感觉依据的存在，直觉的依据是主体心中的影像，如此克罗西就否定了直觉与外在世界的关联，也就认可了美术活动完全只是一种心的活动，"美术家所表现之事物乃其自己心中所构成之直觉。"⑤概念在直觉的基础上产生，概念是精神的，不带有任何外界事物种类的性质。克罗西区分了真概念与伪概念，在他看来，一切伪概念不过是物质世界的类名而已，离开其代表的个体则无独立之存在，这种概念

---

① 谢颂羔.西洋这些 ABC[M].上海：ABC 丛书社，1928：73.
② 谢颂羔.西洋这些 ABC[M].上海：ABC 丛书社，1928：73.
③ 根据《现代哲学思潮》一书胡适所作的"跋"中所言"此书留在我家中凡两年有余"，我们可以得知陈正谟的这本著作实际上在 1931 年之前就已完成。
④ 陈正谟.现代哲学思潮[M].北京：商务印书馆，1933：123.
⑤ 陈正谟.现代哲学思潮[M].北京：商务印书馆，1933：124.

只能应用于具体专门的科学之中，只能概括科学的具体范围之内的抽象，这与哲学的真概念是完全不同的，克罗西的真概念具有全体实在范围内的确定性。陈正谟指出，克罗西为了阐发其哲学中的纯概念，限定了其经验并非个人的经验，而是超越个人经验之外的经验，即全体心曾具有的普遍化的经验，这种普遍化的经验正是克罗西主观唯心主义的基石。陈正谟认为克氏的思想核心是视心或者经验为唯一的实在，所以他不能逃出主观唯心论之外。由此可见陈正谟是站在对"主观唯心论"批判的立场介绍克罗齐的。

　　五四新文化运动之后至 20 世纪 40 年代，中国知识界基于国情的现状，从社会改造与国民思想启蒙的立场出发，对西方现代哲学流派做了大量的译介工作，现代西方的科学主义哲学、人本主义哲学，以及马克思主义哲学都在中国现代哲学史上留下了各自的身影。20 世纪初期欧美哲学的主潮是科学实证主义哲学与人本主义哲学，克罗齐的新唯心论也是当时哲学新思潮的一支。从以上史料来看，有关克罗齐心灵哲学的介绍大都突出其"唯心"的特点而淡化了其人本特色，而且在欧美学界的影响下，将之列为新黑格尔派哲学，因而并未引起当时学者的浓厚兴趣，对克罗齐哲学思想也因此并未展开深入论述。陈旭麓曾经说过："哲学体现了特定的时代精神，当一个民族处于深重忧患之中的时候，外来的精致思辨是不容易找到生根之地的……人生论、社会论之作远胜过于形而上学的知识论。"①杜威与罗素哲学的科学实证性及其对政治、社会与教育的关注，正好符合当时社会大众立足现实，摒弃空谈与掌握科学方法的时代需要，而且其哲学的分析与实证方法也为当时的民众提供了很好的行动参考。伯格森的生命哲学与倭伊铿的人生哲学强调生命的创化与人生的改造，恰恰与中国传统道学对生命情感的压抑形成鲜明对比，为民众寻求个性解放、摆脱传统束缚提供了精神支撑。相比之下，作为西方新唯心论代表的克罗齐心灵哲学，因其对于实证论的反对，对心灵和直觉的张扬与对物质世界的疏离，对当时处于迷茫彷徨的大众来说缺乏现实的指导意义。所以，虽然克罗齐的心灵哲学在西方哲学界具有反传统的现代意义，却在 20 世纪 20 年代的中国遭受冷落。从以上对克罗齐哲学思想的介绍中可以看出，克罗齐的唯心论哲学仅仅作为西方现代哲学中的一个组成部分在中国登陆，它对于当时中国思想界变革现实的理论需求并未显出多少实用价值，因此，所有有关克罗齐哲学思想的介绍都仅是一笔带过。尽管如此，克

---

① 　陈旭麓.近代中国社会的新陈代谢［M］.北京：生活·读书·新知三联书店，2017：208.

罗齐哲学中对生命情感的重视依然进入了中国学界的视野。克罗齐对历史当代性的阐述，以及对文艺美学独立地位的强调都成为 30 年代中国学者接受克罗齐美学的前提。克罗齐的心灵哲学虽然在 20 世纪之初的特殊语境下没有引起强烈的回应，但是因为这时期在中国哲学界的引介，为后期在美学与文艺批评界的传播奠定了基础。

二、克罗齐美学的登陆

克罗齐进入中国之时，正值中国现代美学的发端期，西方美学家叔本华、尼采、康德等纷纷被译介到中国，克罗齐美学作为西方现代美学也随之被引进，有关克罗齐美的引介主要见于文艺美学相关期刊论文及美学史和美学概论的论著中。

1920 年刘伯明在《学艺》杂志第 2 卷第 8 期上发表了《关于美之几种学说》，这篇文章于 1921 年再次刊登在《东方杂志》第 18 卷第 2 号上，这是中国最早介绍克罗齐美学思想的论文。刘伯明在文中对西方美学的发展进程作了全面介绍。他按照西方美学流派来梳理人类美学发展演变的历史，并对各派理论作了精微的阐述：柏拉图的快乐道德说，亚里士多德的实在模型说，康德的主智说，叔本华的主情说，柯蓰斯(Croce)的表现说。对于表现说，刘伯明给予了很高的评价，认为柯蓰斯的学说远远超越了前代哲学家的学说。柯蓰斯认为美的存在根于一种觉知(intuition)，即人的精神活动，"美之本体在于表示(expresssion)"[①]，这里的表示即表现之意，因此，美不涉物质、概念和理性。声音、文字、色彩没有经过情感融入之前，都不能称之为美，而一旦带有人的性情，美便产生了。因此审美对象只有渗透了人的性情，才能呈现各种姿态的美，固美不能用科学的标准来衡量。文中触及克罗齐表现说的核心论点：美即表现，表现必须融入人的情感，与各种物质的手段无关。刘伯明之后，滕固以"滕若渠"的名字于 1921 年在《东方杂志》第 18 卷第 8 号上发表了《柯洛斯美学上的新学说》，这是国内最早介绍克罗齐美学思想的专文(《柯洛斯美学上的新学说》收录于 1925 年由商务印书馆出版、东方杂志社编的《美与人生》一书第 35—42 页)。滕固 1921 年 1 月考入东京私立东洋大学，攻读艺术学与历史学，他在 1920 年 12 月 19 号和 1921 年 1 月 6 号给王统照先生的书信中提及克罗齐《美学纲要》著作，并表达了对中国美学理论欠

---

① 刘伯明.关于美之几种学说[J].学艺，1920，2(8)：18 - 24.

缺的担忧，以及引进西方美学理论的急切愿望。由此推知，克罗齐的著作在当时已经传播到了日本。从已掌握的史料和滕固著作年表来看，克罗齐是滕固学术生涯中引介的首位西方美学家，而《柯洛斯美学上的新学说》是滕固进入东洋大学后，在国内杂志发表的第一篇文章，也是国内学界介绍克罗齐美学思想的首篇专文。文章简明扼要地介绍了柯洛斯美学的哲学基础及其美学的核心思想。滕固认为柯洛斯学说的根底就是"表现"二字，表现和直观（滕固将 Intuition 翻译成直观）不可分离，是柯洛斯学说的根本。在滕固看来，柯洛斯有关直观和概念关系的学说恰恰超越前人，代表了一种新的发展方向，因为"表现"二字突出了艺术中作为抒情本体的人的重要性，这也是以往美学思想所不及之处。滕固敏锐地抓住了克罗齐美学的两大特质："一面是论理学和心理学精密的特色，一面是富于诗人的洞察即抒情性。"①中国文艺美学思想要从传统走向现代，首先要让主体的审美情感走出道德的束缚，而美学要具备现代特质，又必须借助于精密的逻辑论证框架，克罗齐美学在这两方面恰恰极具借鉴价值。1922 年滕固在上海美专发表的暑期学校演讲稿《文化之曙》，借助克罗齐"直观的创造是艺术的生命"②的观点，突出了艺术在文化建设中的基础地位，他认为直观的艺术是一切科学、道德、学术的前提，而这也正是克罗齐所坚持的。刘伯明与滕固对克罗齐的简要解读，传达了克罗齐美学的核心论点：美之本体在于表现，表现与直观统一，表现中渗透了人的情感。这一点在中国现代美学建构的初期，给予当时的学人对于美学的讨论以极大的启发，他们开始以一种新的眼光思考美是什么，逐渐将美与情感表现连接，与道德意志相分离。

　　吕澂 1923 年的《美学浅说》、1924 年的《晚近美学思潮》以及 1931 的《现代美学思潮》中谈及西方美学史时，认为克鲁弃哀（Croce）的美学属于"纯粹心理学的美学"③，并将克罗齐与德国的利普斯（Lipps），格罗斯（Groose）相提并论。1926 年黄忏华的《美学史略》也将克鲁弃哀（Croce）④的美学与利普斯和格罗斯等列为从美之经验的内省出发的"纯粹心理学的美学"⑤。吕澂认为克鲁弃哀学说的精华本在历史的研究，但是他从心理学来解释美，他将美的态度解释为"'具

　　①　滕若渠.柯洛斯美学上的新学说[J].东方杂志,1921,118(8)：71-75.
　　②　滕固.滕固论艺[M].上海：上海书画出版社,2012：17-22.
　　③　吕澂.美学浅说[M].商务印书馆,1923：18.
　　④　吕澂与黄忏华著作后面参考文献列出的都是意大利原文 1902 年的 *Estetica*，很有可能吕澂对于克罗齐名字的翻译也来自于意大利原文的发音。
　　⑤　黄忏华.美学略史[M].商务印书馆,1926：38.

体事象的直观认识'和'精神表现的认识'的一种统一"①也属独创。吕澂和黄忏华都将克罗齐美学与现代心理学美学关联，实际上是对克罗齐美学的误解。由此也可以猜测，这些零散的克罗齐美学介绍因取材于欧、美、日等国家的二手资料，对克罗齐的解读也各不相同，因此误读就在所难免。1925年商务印书馆出版李石岑的《美育之原理》，书后的附录收录了李石岑与吕澂的通信。信中吕澂引用克罗齐的美学思想与李石岑讨论美育问题。吕澂认为克罗齐在对待美的态度上是主张直观而排斥情感的，原因是他并不了解情感为何物，吕澂将克罗齐的直观视为一种无意识的先天认知能力，与情感割裂开来，这显然是对克罗早期《美学》思想的肤浅解读，②因为克罗齐早期《美学》中突出了直觉的重要，但是并未着力强调直觉的抒情性质，由此可以推测吕澂当时还未接触到克罗齐《美学纲要》中对艺术抒情的讨论。吕澂批判了"Croce 之以直观为美的活动之本质，仅许其始终于内乃得纯粹矣"③。他并不同意克罗齐将直观局限于精神的领域的观点，认为美之观照对象的形成，有待于"表出"，但是"Croce 亦尝以构成观照对象之作用为表现，而谓其与观照不可两离，故俱止于内"④。吕澂所说的"表出"不仅仅限于传达，他认为只要是有所表白于外，都属于表出，这是他不同意克罗齐之处。因此在他看来美感的态度"不止于内，而是更广"。但是吕澂对于克罗齐将美感直观是一般直观的前提（即艺术是知识的前提）的观点表示赞赏，他回到人生哲学的基调，认为知识的行为仅适于机械的人生，因此主张以美的态度成就美的人生。范寿康在其《美学概论》和1930年的《艺术之本质》中谈及克罗采(Croce)的直观时表达了和吕澂不同的观点，他认为克罗采的直观实际上也是基于知识和经验的直观，而并非一种无意识的纯粹直观。因为在他看来，在纯粹直观中突然出现的完美无缺的作品，在现实中是不存在的，"所谓天才，仔细考察起来，实在未有不利过去经验的，我们一披艺术史，我们就可见得其有伟大的理智及深邃的感情之天才方能创造真正不朽的杰作。"⑤直观与创作都离不开艺术主体的知识和经验。范寿康重视艺术观照，强调主体的生命"没入"对象的深处，与对象的生命协调共振，这和克罗齐基于精神一元论的直觉相去甚远，更多则是带

① 吕澄.现代美学思潮[M].商务印书馆,1931：50.
② 这一点从吕澂著作后面参考文献列出的克罗齐1902年的 *Estetica* 可知。
③ 李石岑.美育之原理[M].上海：商务印书馆,1925：86 - 87.
④ 李石岑.美育之原理[M].上海：商务印书馆,1925：86 - 87.
⑤ 范寿康编.美学概论[M].商务印书馆,1927：24.

有伯格森直观的影响。

1926 年邓以蛰的《戏剧与道德的进化》一文从人类学的视角分析了真与美产生的根源与关系："官能感情没有失去直觉力的时期,宇宙间一切诚然都是美的。"①邓以蛰和克罗齐的认识是一致的,即情感直觉独立于理智,美和真是分开的,而"真和善只能算美的儿辈了"②。在吸收克罗齐"诗与历史同一"的观点的的基础上,邓以蛰提出了"境遇"③论,即诗和历史,都有一定的境遇的起因,并且以新的境遇为目的,可以说境遇伴随诗和历史发展的始终,历史是人类行为造成的,而境遇是启发行为的力量。邓以蛰的"境遇"论将诗歌与人生紧密结合,不仅使诗歌超越了纯粹情感的抒发,也超越了纯粹玄理的思辨,是情感、哲理与实际人生的统一。在《从林风眠的画论到中西画的区别》中邓以蛰阐述了克罗齐表现论的创作机制,纠正了世人对艺术的偏见和误解。他认为艺术贵在创造,不是因为它模仿自然,而是因为它包含了一个内在心灵的赋形过程："造一幅画,写一篇文的程序,正同宇宙间的事物,在哲学家的脑中,融化着渐渐的脱出一个新的见解一样。哲学家与艺术家所用的体裁,虽都是外界的自然中所包含的现象,但把它造成一个知识、一篇文、一幅画,那就已经脱离了自然,自身成就了一个整东西,永远可以独立存在,理想的实现,是如此的。"④邓以蛰对克罗齐的认识在当时比一般人要深刻得多,他触及了克罗齐直觉中心灵综合的精神特质,也认识到心灵综合对于整一的艺术形象生成的意义。但是,他认为艺术的材料取自自然界,这与克罗齐的观点有所区别,克罗齐的艺术从发生到结束的整个过程都是一种精神活动,和自然世界是分离的。

1928 年徐庆誉的《美的哲学》在讨论美的性质时,引用了格罗遮(Benedetto Croce)在其《美学纲要》(*The Essence of Aesthetic*)中"美术是幻想或直觉(Art is vision or intuition)"⑤的观点。徐庆誉在克罗齐关于美术不是什么的观点上展开论述,首先美术不是物质的事实,虽然音乐、绘画、诗歌等离不开物质的传达手段,但是这些物质手段只是媒介,并不是美术,因为它们都不足以解释精神界的问题。美术不是功利的享乐,因为审美体验中很多时候都是痛苦的,而这种痛苦恰恰就是美。美术不是道德的行为,幻想与直觉超越现实之上,不能以道德的

①　邓以蛰.戏剧与道德的进化[J].晨报副刊：剧刊,1926(4)：5-6.
②　邓以蛰.戏剧与道德的进化[J].晨报副刊：剧刊,1926(4)：5-6.
③　邓以蛰.诗与历史[J].晨报副刊：诗刊,1926(2)：17-20.
④　邓以蛰.从林风眠的画论到中西画的区别[J].现代评论,1926,(3)67：13-16.
⑤　徐庆誉.美的哲学[M].世界学会,1928：24.

规律评论美术的价值。美术并不起源于善的意志,道德的缺乏并不会贬损美术的价值。关于这一点,徐庆誉认为美术虽然不能以道德为准绳,但是对于道德的影响却不能忽略,"美术为吾人理想的写真,亦即美术家自身人格的代表,道德的观念与浪漫的精神不但不相水火,且有调和的必要。"①克罗齐认为美术与科学是决然分开的,而徐庆誉则并不完全同意,因为在他看来,美术有时候也需要科学的知识与科学的方法,这些对于美的传达上的作用不可忽视。很多建筑与绘画中就用到了科学的方法。关于美的性质,徐庆誉认为,美是人类精神活动的表现,而这一精神活动,包含了知、情、意三方面的全部表现,若仅仅以知或者情来概括美的性质是不全面的。"总之,美是精神的产物,和生命的本体,非物质,亦非现象;超乎'时''空'之上,而不受制于'时''空',介乎'物'Object'我'Subject之间,而又统一其'物''我'。"②在美与人生的关系上,徐庆誉强调艺术对人生的意义,美术和宗教一样,将盲目与机械的物质人生理想化,使人在纷繁复杂的世界中认识人生的真意和渗透宇宙的本体。

1927年还在英国留学的朱光潜在《谈多元宇宙:给一个中学生的十二封信之六》中首次谈及克罗齐的美学:"意大利美学泰斗克罗齐并且说美和善是绝对不能混为一谈的。"③他提及克罗齐美术独立的观点,但是并未详述。1927年他在《欧洲近代三大批评学者》(三)中对克罗齐生平和其思想首次进行了综合介绍,这篇文章是朱光潜将克罗齐思想全面引进中国的序幕。文章开头对克罗齐的生平与学术生涯做了简短的介绍,头一次让国人对克罗齐其人有了比较全面的了解。朱光潜这样评介克罗齐:"你读过他以后,你的脑子决不至于仍旧在种种沿袭的学说之下躲懒,他的书是最能刺激思想的。"④由此,不仅可见克罗齐在当时欧洲文艺批评界的革命性意义,同时也体现朱光潜引介克罗齐,为国内文艺批评界解放传统思想的良苦用心。朱光潜开篇说道:"文艺为作者人格与时代精神的产品,所以要研究文艺,不能不了解哲学和历史。历来批评学者大半仅就文艺而言文艺,对于文艺背面的历史与哲学不甚注意,所以往往失之偏狭。"⑤而克罗齐刚好克服了这一偏狭,因为其文艺批评思想建立在美学之上,而美学思想又

———————————

① 徐庆誉.美的哲学[M].世界学会,1928:29.
② 徐庆誉.美的哲学[M].世界学会,1928:31.
③ 朱孟实.谈多元宇宙:给一个中学生的十二封信之六[J].一般(上海 1926),1927,(2)4,487‐491.
④ 朱孟实.欧洲近代三大批评学者(三)——克罗齐[J].东方杂志,1927,(24)15:63‐73.
⑤ 朱孟实.欧洲近代三大批评学者(三)——克罗齐[J].东方杂志,1927,(24)15:63‐73.

从其哲学与历史研究中得来。因此文章首先追溯了克罗齐表现主义文学批评观的美学思想根源，即"美术即直觉"（Art is intuition），克罗齐的"美术即直觉"强调文艺活动的精神特质，是对由来已久的美学上的唯物观、享乐观、道德观和概念观的颠覆，同时也打破了传统文论中有关文学种类、内容与形式、表现与传达以及诗与散文的分类。其中关于克罗齐的"美术即直觉"，是朱光潜这篇论文的重点之一，朱光潜从美术与物质、道德、理智即功利等方面的关系展开了论述，突出了美术创作中"情感"的支配作用，还讨论艺术中内容与形式、直觉与表现、诗与散文以及艺术的分类等克罗齐美学中的基本论点，朱光潜的介绍相比其他史料，显得更加全面与综合，使得克罗齐其人及其美学的基本论点得以清晰的呈现。

1930 年再生在《表现与观照》一文中讨论了艺术表现与观照的关系，他认为作为艺术，无论哪一种艺术，主观情感的表现与客观的观照缺一不可："所以表现即是观照。倘使只高调着感情，没有去观照的知慧，吾们便同野人或野兽一样，不过狂号高啸作无意味之绝叫耳。诗人与一般人，艺术家与一般人之差，就是在这一点。前者能表现，后者不能。"①作者所谓的观照，就是一种理智的认知能力，正因为强调认知在艺术中的不可或缺，因此他对克罗齐的表现与理智分离的观点产生了误解："所以有表现，有艺术之地，必有客观的观照，意大利的美学者克洛采（Croce）说，无认识（观照）者无表现，无表现者无认识。我们不能够写不知的，而知道即是艺术上的观照之意。故观照与表现是同义之字，即与艺术是相等的。"②对于克罗齐的美学理论，也有明确持批判态度的，1928 年冯乃超就在《艺术与社会生活》一文中指出："艺术是人类意识的发达，社会构成的变革的手段。但是，这个见解若没有严正的革命理论和科学的人生观作基础，仍不过是一条空文的宪法，抽象的理论。"③冯乃超倡导为人生的艺术，坚持艺术的现实批判与改造意义，这与克罗齐的艺术观是背道而驰的。

从以上有关克罗齐美学观的译前史料来看，传播者们对克罗齐美学的认识还相当粗浅，基本停留于克罗齐"直觉即表现"中对于情感的重视，以及艺术与道德、艺术与传达和艺术与论理之关系的浅层表达。对克罗齐美学中的直觉、表现、传达等重要概念的认识各有差异，而对克罗齐直觉的理解，经常与其他西方

① 再生.表现与观照[J].金屋月刊,1930,(1)11：1-7.
② 再生.表现与观照[J].金屋月刊,1930,(1)11：1-7.
③ 冯乃超.艺术与社会生活[J].文化批判（创刊号）,1928(1)：3-13.

思想家如康德、伯格森等的直观相混淆，并且将克罗齐的美学与西方现代心理美学混为一谈，这些也是克罗齐初入中国时难以避免的。20 世纪初期，中国现代知识分子已经开始认识到艺术是以"美"为特征的"美术"，进而开始思考"美"是什么，"美"与主体情感的关系，以及"审美"的心理过程等问题，这些问题恰恰是中国现代美学从萌芽到形成的过渡时期中的重要话题，克罗齐美学观的进入，启发了现代学者对这些问题的深入思考。

三、克罗齐文艺批评观的传入

1924 年滕固在《文艺批评的素养》一文中借鉴克罗齐"批评、鉴赏即创造"的观点批评当时中国文艺界的批评现象："有些批评家在阅读文艺作品之前就带有一种偏见，做出不带反省的批评，这样的批评并未接触到批评的意识，同时也是不具备批评的道德。"①他以为批评家应该具有"创作的精神，在作品中发现自己，这才是真正的批评家"②。文章一半篇幅译自克罗齐著作的英文版，滕固借克罗齐立足于艺术本体的批评观，深刻批判了当时中国文艺批评中带有道德与意识形态偏见的批评作风，他坚持批评也是一种创造，并认为创造精神是文艺批评家必须具备的素养。1926 年胡梦华在《小说月报》第 17 卷第 10 期上发表了《表现的鉴赏论——克罗伊兼的学说》，从鉴赏论的角度详细介绍了克罗伊兼（Croce）"直觉即表现"的文艺批评观，这是国内首次系统地介绍克罗齐批评观的论文。作者通过批判判断派、历史派和印象派从作品外部来判断作品优劣的做法，来突出克罗兼伊表现主义批评观的进步性。文中指出："凡是表现即为艺术，艺术即为表现是表现派的口号，也是表现派文艺批评家克罗兼伊的学说纲要。"③西方历史上以前的各种文艺派别似乎也承认"艺术即表现"，但是这种表现是附属于理念、人格、种族、时代或者人生某种幻变的感觉，却不承认"表现即艺术"，因此他们所谓的表现或源于概念、感觉、而非真正的直觉（intuition），这是与克罗兼伊学说的不同之处。克罗兼伊的表现是源于真实的直觉（intuition），而非经验的直观，这种直觉是一种精神上的活动，所以基于直觉的艺术美并不是文字颜色节奏之类的物质美，而是一种精神和情感之美，甚至是一种人性之美。文章从文学规律、文学分类、悲喜剧、文学体裁、道德判断、历史判断、种族与时代判

---

①　滕固.文艺批评的素养[J].狮吼,1924(2)：1-4.
②　滕固.文艺批评的素养[J].狮吼,1924(2)：1-4.
③　胡梦华.表现的鉴赏论——克罗伊兼的学说[J].小说月报,1926,17(10)：91-102.

断、文学进化观以及自古以来天才和鉴赏分开的观念等十个方面,具体论述了克罗兼伊表现主义批评观对于以往所有批评观念的颠覆与超越。胡梦华其实是想通过"表现的鉴赏论"来表达他对文学批评的态度。他曾经在另一篇文章《文艺的批评论》中认为,中国文学之所以不能在世界文学中占有重要地位,主要原因还在于文艺批评的缺乏。文艺批评能够匡正创作,帮助读者提高欣赏力。他认为当时国人创作质量较高(主要指白话文创作),但欣赏力薄弱,所以文学批评的建设迫在眉睫。但是胡梦华将克罗齐的表现说与德国表现主义混为一谈,这一点正好说明译前传播的引介者对克罗齐思想的认识还十分模糊。

1927 年,朱光潜在《东方杂志》连续发表三篇文章,介绍欧洲近代三大批评学者：圣伯夫(Sainte Beuve)、阿诺德(Matthew Arnold)以及克罗齐。前文已经讨论过这篇论文前半部分对克罗齐美学思想的介绍,后半部分涉及克罗齐的文艺批评观。克罗齐反对历史上作为指导者、裁判者和诠释者的文学批评者,这三种工作只是批评工作的准备而非批评本身。"美术是抒情的直觉,是意象的表现,是灵感的活动。批评家应该设身处地,领会到诗人作诗时的直觉意象及灵感。"[1]在克罗齐看来,批评是创造的复演,离不开直觉的作用。文学批评所要坚持的是美学的而非伦理的标准。克罗齐的表现主义批评观坚持文学的独立性和批评者作为创造者的主体性,为中国现代文学批评理论的建立提供了一种"美学批评"的样本。1927 年田汉编的《文学概论》一书讨论了文学的本质、文学的特性、以及文学的要素等问题,田汉坚持认为文学与科学不同,科学"教人以知识,文学动人以情感"[2]。文学的特性在于表现悠久性、普遍性与个性。在论及文学的形式时,田汉提到克鲁徹(Benedetto Croce)"以哲学的眼光解释艺术的形式"[3],内容与形式在克罗齐看来譬如精神与肉体的关系不可分离。但是在克罗齐有关语言与哲学和艺术同一的观点上,田汉表达了不同的意见,在田汉的理解中,语言只是表达思想的一种媒介物,因此文学艺术没有了语言作为表达的媒介,就不成为文学,"不用文字写出来,任何有价值的感情、想象、情调、思想都不能算文学。"[4]所以他认为文学是"用文字写出来的表现"[5]。1931 年曹百川的《文学概论》中论及文学的内容与形式时,也引用克罗齐的观点："实质产生形式,

---

① 朱孟实.欧洲近代三大批评学者(三)——克罗齐[J].东方杂志,1927,(24)15：63-73.
② 田汉编.文学概论[M].中华书局,1927：8.
③ 田汉编.文学概论[M].中华书局,1927：31.
④ 田汉编.文学概论[M].中华书局,1927：44.
⑤ 田汉编.文学概论[M].中华书局,1927：44.

形式不能离实质而独存,近代美学家视形式与实质为不可分离之物。"①由此可见,克罗齐的艺术表现论,启发了当时的学者从文学外部转向文学内部,开始了对文学本体的思考。

当时除了直接引介克罗齐思想的相关论文,还有通过克罗齐的信徒斯宾佳恩的思想,间接介绍克罗齐表现主义批评观的译文。1922年郑振铎的《论散文诗》②在为新的文体散文诗的合法地位进行辩护时,引用了斯宾佳恩的《散文与韵文》一文作为理论依据,这是斯宾佳恩的名字首次出现在中国。斯宾佳恩的《散文与韵文》③1928年由李濂翻译成中文,1928年郑振铎又在《文学的统一观》④中提及斯宾佳恩所著《文艺复兴时代的批评文学》,并在《关于文学原理的重要书籍介绍》⑤中重点介绍了斯宾佳恩的两本著作《创造的批评论》和《文艺复兴时代的文学批评史》,他认为这两本著作很有价值。在郑振铎的不断推介下,随着国内对西方文学理论的渴求,1923年开始相继出现若干有关斯宾佳恩表现主义批评观的译文,分别是1923年赵景深翻译的《文学的艺术底表现论》⑥(这篇译文是斯宾佳恩在哥伦比亚大学的演讲稿 The New Criticism 一文的节译);1925年候圣麟翻译的斯宾佳恩的《文学批评上的七大谬见》⑦,1927年华林一翻译的《表现主义的文学批评》(The New Criticism)一文,这篇译文还收录于1929年由文学评论社出版,谢冰弦主编的《近代文学》第241—276页。斯宾佳恩是克罗齐在美国的信徒,其文学批评观来自克罗齐。他在演讲中这样说道:"这表现的学说,这以文学为一种表现的艺术的观念,是百年来批评家所共同承认之点。但是这观念曾受过多少的荒谬思想,多少的繁复制度,多少的庞杂混淆所覆蔽!单纯的承认这个原则,就是等于扫灭这些种种症结积弊。没有人看到这点能比一位现代意大利的思想家及批评家 Benedetto Croce 较为真切,或者像他的透彻爽利阐释其中的因果关系。"⑧华林一深感当时中国的文学批评还很幼稚,他批评当时文学批评的做法:以某种原理先入为主,然后利用各种文学材料去符合

---

① 曹百川.文学概论[M].商务印书馆,1931:79.
② 西谛.散文与诗[J].文学旬刊,1922(24):1-2.
③ [美]斯宾佳恩.散文与韵文[J].李濂、李振东,译.北新,1928,2(12):1323-1334.
④ 郑振铎.文学的统一观[J].小说月报,1922,13(8):9-18.
⑤ 西谛.关于文学原理的重要书籍介绍[J].小说月报,1923,14(1):9.
⑥ Joel Elias Spingarn 著.文学的艺术底表现论[J].赵景深,译.文学旬刊,1923(77):0-1.
⑦ Spingarn, I. E. zhuangbility 著.文学批评上的七大谬见[J].圣麟译.京报副刊,1925(54):1-4.
⑧ 林语堂辑译.新的文评[M].北新书局,1930:15.

原理，先抱有某种成见，然后搜集证据，从而否定其他意见，无论是国粹主义者和反国粹主义者都有此弊病。而要改变此种状况，华林一建议参照西方的文学批评，但是最值得参考的不是亚里士多德，而是斯宾佳恩的表现主义批评。华林一概括了中国现代文学批评应该面临的几个关键问题：作者竭力想表现的是什么？他怎样表现？他的作品于我有什么印象？我怎样才能完善地表现这个印象？表现主义的批评观恰好提供了这些问题的最佳答案。但是华林一在译序中说到："表现主义之行于西洋尽有年矣，而国人亦有为之介绍……去年复见章克标德国之表现主义戏剧，然表现主义的文学批评，尤未有人介绍，故特选斯滨加（J.E.Spingarn）之新的文学批评（The New Criticism）一文以饷国人。"①可见华林一将德国表现主义思潮与斯宾佳恩的表现主义文学批评并未严格加以区分，似有相互混淆之嫌。1928 年林语堂在节译克罗齐《表现的科学》之前，先翻译了斯宾佳恩的 The New Criticism，以《新的文评》之名发表。他在《新的文评》译序中说道："Spingarn 所代表的是表现主义的文评，就文论文，不加以任何外来的标准纪律，也不拿他与性质、宗旨、作者目的及发生时地皆不同的他种艺术作品平衡的比较。""表现主义之所以能打破一切桎梏，推翻一切典型，因为表现派认为文章（及一切美术作品）不能脱离个性，只是个性自然不可抑制的表现。"②林语堂意识到打破文学的纪律与标准，对于中国现代文学从传统走向现代至关重要，这正是他译介克罗齐与斯宾佳恩表现主义批评观的初衷。

1928 年 10 月北新书局出版了刘大杰的《表现主义文学》一书。这是 20 世纪前半叶唯一一本由中国人自己编著、较为完整的表现主义文艺理论专著。但是该著作所侧重的是欧洲表现主义文艺思潮，其作品主要介绍西方表现主义文学创作，其中包括戏剧、诗歌等，对克罗齐的提及仅一笔带过。表现主义文艺思潮的理论基础来源于表现主义美学对非理性直觉的强调，二者之间有着内在的一致性。表现主义文艺思潮进入中国，也对克罗齐的表现主义美学在中国的传播与接受奠定了基础。当时的学界对"表现主义"一词的理解还十分笼统，对西方表现主义的文艺思潮和克罗齐的表现主义美学并未作学理上的区分，但是基本抓住了二者重视主观情感与精神表现的共同特征。郭沫若的文学观就受到这种泛表现主义的影响，其中掺杂着他对克罗齐表现主义的吸收。郭沫若于 1923 年在《创造周报》第 22 期上发表《天才与教育》一文，文中借克罗采（Croce）的天

---

① 华林一.表现主义的文学批评论[J].《东方杂志》,1926,(23)8：75－89.
② 林语堂.新的文评序言[J].语丝,1929,(5)30：4－15.

才观抨击了当时中国文艺创作中对"利"的追求，对"直观的美"的忽视。郭沫若认为文艺创作忘了文艺是一种远离现实的直观表现，导致了当时中国教育中文艺美感教育极度缺乏，因此中国的小说界"没有半个托尔斯泰，诗歌界没有半个博德莱尔，戏剧界没有半个易卜生"①。他在 1920 年 1 月 18 日致宗白华的信中曾经七次提到"直觉"一词，并将诗解读为主观的元素（直觉、情调与想象）与客观表达（文字）的结合："诗＝（直觉＋情调＋想象）＋（适当的文字）"②。关于直觉与想象，郭沫若这样解释："我想诗人的心境譬如一湾清澈的海水，没有风的时候，便静止着如像一张明镜，宇宙万物的印象都活动在里面。这风便是直觉，灵感，这起了的波浪便是涨着的情调。这活动着的印象便是想象。这些东西，我想来便是诗的本体。只要把它写了出来，它急速本相兼备。"③郭沫若将直觉等同于灵感，正是直觉，使得心灵中万物印象成为活的具有情调的想象，从而综合成为诗。郭沫若认为，直觉、情调与想象是诗的本体，而适当的文字只是表达的形式而已，"直觉是诗歌细胞的核，情绪是原形质，想象是染色体，至于诗歌的形式只是细胞膜，这是从细胞质中分泌出来的东西。"④郭沫若特别突出了情感对于诗歌的重要："诗人的利器是纯粹的直观，诗人是感情的宠儿，美的化身。"⑤在至宗白华的信中他还说道："理智要扩充，直觉也不忍放弃。诗的本质在于抒情，抒情的文字便不采诗形，也不成其为诗。情绪的色彩便是诗。"⑥郭沫若对直觉的理解，除了克罗齐，还带有伯格森生命哲学的影响，他不仅将诗歌视为一种情感的表现，还是一种生命的创造："艺术家是要在一切死的东西里看出生命来，一切平板的东西里看出节奏来。"⑦借此他批评当时中国文艺界的假道学家，以为追求诗歌的外衣，而忽视诗歌的内在律。其实诗歌无论新旧，穿什么衣裳，哪怕是不穿衣裳，也是美的。这也是他批判旧体诗为讲求格律而忽略情感，同时提倡自

---

① 郭沫若在文中说道："我想我们的诗只要是我们心中的诗意诗境底纯真的表现，生命源泉中流出来的 Strain，心琴上弹出来的 Melody，生之颤动，灵的喊叫，那便是真诗，好诗，……我每逢遇着这样的诗，无论是新体的或旧体的，今人的或古人的，我国的或外国的，我总恨不得连书带纸地把它吞咽下去，我总恨不得连筋带骨地把它融下去。……我想诗这样东西倒可以用个算式来表示它了：诗＝（直觉＋情调＋想象）＋（适当的文字）。"见郭沫若.天才与教育［J］.创造周报，1923（22）：0 - 5.

② 郭沫若.论诗三札［M］//沫若文集：第 10 卷.北京：人民文学出版社，1959：206.
③ 郭沫若.论诗三札［M］//沫若文集：第 10 卷.北京：人民文学出版社，1959：205.
④ 郭沫若.论诗三札［M］//沫若文集：第 10 卷.北京：人民文学出版社，1959：212.
⑤ 郭沫若.论诗三札［M］//沫若文集：第 10 卷.北京：人民文学出版社，1959：208.
⑥ 郭沫若.论诗三札［M］//沫若文集：第 10 卷.北京：人民文学出版社，1959：212.
⑦ 郭沫若.论诗三札［M］//沫若文集：第 10 卷.北京：人民文学出版社，1959：226.

由诗体的一种表达。在艺术的非功利性上，郭沫若也表现了与克罗齐同样的态度，他在《艺术的评价》中反对托尔斯泰的文艺功利观，他认为："艺术家的目的只在乎如何能真挚地表现出自己的感情，并不一定在乎能使人得到共感与否。"①他在《文艺之社会使命》中针对当时"为艺术的艺术与为人生的艺术"之争，发表了自己的观点。他认为，"艺术本身是无所谓目的的"。"有人说文艺是有目的的，那也是文艺发生之后必然的事实"②。但是，他不否认，艺术对人类的贡献是伟大的，艺术作品诞生之后，因为其中承载的真挚情感，会感化读者，于是乎产生巨大的力量，这种力量无论对于人生还是对于社会乃至革命，都不可忽视。郭沫若对克罗齐的认识，与他对伯格森和德国表现主义交织在一起，他并未深入理解克罗齐的直觉，仅借用直觉的情感表现之力来阐发自己的艺术观。

对于克罗齐文学批评观的引进，除了专文介绍之外，也不乏在引进其他文艺批评思想时对克罗齐的点到与提及。徐志摩的《丹农雪乌》介绍意大利著名诗人丹农雪乌及其诗歌时提到"克洛謇（Croce）不仅是现代哲学界的一位大师，他的文艺评衡学理与方法，也集成了十九世纪评衡学的精髓，他这几年只是踞生在评衡的大交椅上，在他的天平上，重新评定历代与各国不朽作品的价值。"③张舍我在《小说中情节之次序》中提到葛洛士（Benedetto Croce）的思想自由发表论，作者是站在反对的立场提及克罗齐，因为文中主张小说的结构布局技巧对表达情感的重要意义，而 Croce 恰恰是"情感自由论"④的倡导者。现代文学批评中对西方浪漫主义、生命主义以及表现主义的引介，存在着相互混淆的模糊理解。

克罗齐的批评观建立在其美学思想的基础之上，启发了中国现代知识分子跳出传统文学批评中的标准与原则，从文学外部转向文学内部，立足于文学本身重新认识文学。五四之前王国维、梁启超等近代知识分子在西方康德、叔本华思想的启发之下，对"文学"这一概念做出了新的界定。文学从过去的"泛文学""杂文学"转变为现代的"美文学"，"美文学"的概念是建立在对"美"的自觉认识基础之上的。克罗齐美学对于情感与直觉的重视，也启发了五四之后的文学研究开始从文学工具论向文学本体论转移。以上史料对克罗齐美学与批评观的介绍虽然并不深刻和具体，但是在 20 世纪初期对于"美""美学"与"文学批评"的讨论中

---

① 郭沫若.艺术的评价[M]//沫若文集：第 10 卷.北京：人民文学出版社，1959：81.
② 郭沫若.文艺之社会使命[M]//沫若文集：第 10 卷.北京：人民文学出版社，1959：84.
③ 徐志摩.丹农雪乌（二）[J].晨报副刊，1925（5）：4 - 6.
④ 张舍予.小说中情节之次序[J].自由谈，1921（4）：14.

具有导向的意义，即克罗齐的"直觉即表现""批评即创造"等观点对传统文学艺术附属于道德政治形成了强烈的对比和冲击，它让读者跳出既有的思维模式，引发对文学艺术新的思考：文学、艺术是否应该具有独立性？文学的审美本质特征如何？文艺批评究竟该从作品的外部还是内部来评判？这些问题在克罗齐思想传播的早期并非一定能够得以解决，但是随着克罗齐思想和其他西方文艺批评思想的进入，会将这些问题引向深入和具体，从而最终促成文艺批评理论的现代建构。

综观克罗齐思想在中国的译前传播，可以总结以下几个明显的特征。首先，克罗齐原著的中文译本出现之前，传播者们了解克罗齐的渠道多样而复杂。克罗齐思想在 20 世纪 20 年代已经风靡欧美，其著作已被翻译成多国文字出版传播。根据译前传播史料的内容可以推测，译前传播者大都留学欧美和日本，他们通过传播到不同国家的有关克罗齐的二手资料接近克罗齐，并未对克罗齐思想有深入的认识与探究。传播者们接触克罗齐思想的渠道，除了克罗齐著作的译本，还来自于西方哲学和美学史著作，抑或有关克罗齐思想的评论和作品的书评，也可能是一次学术讲座或讨论中对克罗齐的提及等，甚至仅仅是一段简短的有关克罗齐的介绍，这就造成了各自对克罗齐思想不同侧面的随意性解读和误读。其次，克罗齐思想以其超越古典的现代性而吸引中国引进者，在西方各种反传统的现代思想鱼贯而入的年代，中国知识分子来不及考察与思考克罗齐理论发生的文化与社会语境，它在西方文化语境里所面对和要解决的时代难题，以及其思想发生与发展的内在逻辑，便匆忙将之介绍给中国受众，这无疑会造成对克罗齐思想的误解与歪曲。从上文提及的史料可知，译前传播中对于克罗齐的不同解读，都印刻着传播者自身文化背景的烙印，而且由于各自不同的传播动机与目的，他们在解读克罗齐思想的过程中，尽可能让克罗齐接近自己所要表达的某种观点与意愿，而不能也无法客观真实地再现克罗齐思想本身，对于克罗齐思想的解读带有很强的主观随意性与不确定性。因此这些传播片段都只能触及克罗齐思想的概况，有时甚至与罗齐思想本身相去甚远。而且，在译前传播中，克罗齐的思想总是与西方其他理论交织混杂在一起，传播者对这些理论的边界认识模糊，比如将克罗齐的直觉与伯格森的直觉混为一谈，将克罗齐的美学与移情论等现代心理学相提并论，而且对克罗齐的表现主义与德国表现主义思潮也未作区分。克罗齐思想与西方表现主义文艺思潮、伯格森的生命哲学以及西方现代心理美学等,因它们对生命意识与主体情感的重视,使得早期克罗齐的传播者们在这些理论之间交叉混杂,以至他们对克罗齐美学同一概念生发出完全不同的解读。再次,早期克罗齐思想的传播媒介,除了西方哲学和美学史著作与译著,以及哲学简明读本与美学概论论著之外,主要依靠当时各种杂志和学刊,这些刊物大都充当了西学东渐的桥梁。从以上克罗齐思想引介的文本发表情况来看,承担克罗齐思想译前传播的杂志主要有:《学艺》《东方杂志》《创造周报》《小说月报》《晨报副刊》《现代评论》《时事新报·学灯》《雨丝》《自由谈》《美育》等。根据本书制作的史料年谱"克罗齐思想在中国的传播与接受年表"显示,在克罗齐思想译前传播的近 50 篇论文中,《东方杂志》共刊登了 17 篇,因此它所发挥的作用是别的刊物无法替代的。《东方杂志》是中外科学知识的传播与中西文化交流的重头刊物,1920—1928 年期间,《东方杂志》的办刊重点在于"新文艺的输入"①,这一时期《东方杂志》主要侧重于浪漫主义、现代主义、表现主义、唯美主义等西方文艺思潮以及文学作品的引进,克罗齐正是在这样的传播语境下进入中国。《东方杂志》在克罗齐思想的译前传播方面充当了主要的传播载体。从以上史料梳理可见,重点介绍克罗齐的论文都刊登在《东方杂志》,国内首篇提及克罗齐思想的刘伯明的《关于美之几种学说》于 1920 年首先刊登于《学艺》之后,又于次年转载刊登于《东方杂志》,这一点充分说明克罗齐思想在当时已经引起了中国学界的足够关注与重视。除了刊登克罗齐思想相关的论文,以上这些杂志分别与学校或出版社、学术团体共同构建了多位一体的公共文化空间,促进了克罗齐与其他西方思想的进一步传播。如以上提及的《美育》与上海师范专科学校和中华美育会,《东方杂志》《小说月报》与商务印书馆,《创造周报》与创造社以及《雨丝》与雨丝社等。

　　克罗齐思想的译前传播,是中国文化对克罗齐思想的筛选,通过译前传播的试探,可以得知克罗齐美学思想(包含其文艺批评观)有深入传播的必要与可能。译前传播不仅促成了克罗齐美学文本翻译的生成,而且也为翻译之后克罗齐美学译本的进一步深入接受奠定了基础,这个基础便是读者对克罗齐思想的初步理解与认知。译前的传播虽然是零散、片段而肤浅的,但是在和中国传统美学思想,以及其他西方文艺美学思想比较碰撞的过程中,读者逐渐形成了对克罗齐的理论的初步判断与理解,这构成了后期克罗齐文本翻译的前提。从译前传播的

---

① 坚瓠.本志的二十周年纪念[J].东方杂志,1924,21(1):1-2.

史料来看，克罗齐哲学因其精致的逻辑思辨性在 20 世纪之初的中国并未获得足够的青睐，有关克罗齐心灵哲学的讨论也未曾展开。其美学思想则获得了广泛的关注，学者们已经在克罗齐的美学思想的启发下，展开了对于美、美感和审美经验，文学的本质以及文学批评的任务和方法、文学创作的机制以及艺术本体等问题的具体探索。译前传播中对于克罗齐思想的阐述，并未进入克罗齐美学理论的深处，但是其传播的广泛度足以证明克罗齐美学已经成为中国现代美学与文学批评理论建构的借鉴之必要。译前传播为克罗齐理论融入中国文化提供了生存的土壤，正是译前传播，促成了克罗齐文本翻译在中国的发生。克罗齐思想中诸多概念的界定与理论的廓清，都有赖于文本的翻译。关于克罗齐美学著作在中国的翻译，将在下一章深入讨论。

第三章
文本翻译：克罗齐美学的
跨语际阐释

在 20 世纪 70 年代开始的"泛文化"①学术研究浪潮冲击下，翻译研究学派的文化意识不断提高，他们意识到仅从语言角度来探讨翻译问题的局限性，因而开始自觉地突破语言的桎梏，将翻译现象放置到大的社会文化语境中来讨论。1990 年，巴斯奈特(Susan Bassanett)和勒弗菲尔(Andre Lefevere)在其合著的《翻译、历史与文化》一书中提出了"翻译的文化转向"②，主张翻译研究从语言层面转向语言之外的文化阐释功能。传统语言学翻译研究范式仅仅局限于语言符号之间的转换，与翻译相关的历史、文化、社会以及传播等问题得不到合理的解释，对于诗歌翻译、文学翻译及文化翻译中的诸多问题，语言学研究范式显得无能为力。而且，语言学研究范式将语言看成一个静态的实体，忽略了语言作为一种文化载体所具有的动态功能。相比之下，翻译研究的文化范式格外关注翻译文本之外的相关元素，如翻译行为发生的历史文化和社会语境、引起翻译行为发生的原因、翻译行为中的原作者、译者和读者的互动，以及翻译行为完成之后的译文传播和接受及影响，都被纳入文化翻译研究的范围。根据德国翻译理论家克里斯蒂安·诺德(Christiane Nord)的观点，文学翻译是一个"由信息发送者或作者、文学创作的意图、翻译的目的、信息接收者、文本传播的媒介、时间、地点和动机、文本承载的信息、以及译本所产生的效果和功能等多种元素相互关联与牵制的、动态的、复杂的跨文化交流过程"③。因此，考察克罗齐文本在中国的翻译状态，就不能局限于语言符号层面的转换，而是需要从译本的外部和内部两

---

① 王宁.翻译研究的文化转向[M].北京：清华大学出版社，2009：158.

② Andre Lefevere. ed. *Translation，History and Culture: A Source Book*. Shanghai：Shanghai Foreign Language Education Press，2004.

③ Christiane Nord，*Translation as a Purposeful Activity: Functionalist Approaches Explained*. Shanghai：Shanghai Foreign Language Education Press，2001：p.80 - 83.

方面来展开。前一章已经对克罗齐译介的宏观语境有所探讨,有关克罗齐文本的译者、翻译目的和翻译内容的选择、译本功能以及译者对读者接受的预判,是本章重点考察的译本外部元素。克罗齐文本翻译的内部元素将围绕译本内的语言转换和概念的翻译展开,重点解释译者所采取的翻译策略和运用这些策略的理由和效果,以及克罗齐美学中重要概念的跨语际传播及其文化阐释。

第一节　汉译的发生与内容之择

一、克罗齐美学文本汉译的发生

克罗齐文本在中国翻译为何得以发生,这牵涉到 20 世纪初期中国的文化思想状态,中国美学发展的特殊背景以及克罗齐思想在中国的译前传播等多个方面。首先,纵观中国思想文化发展的历史,克罗齐思想进入中国的时代,正是中国思想文化的"受动时代"。王国维将中国思想分为能动时代与受动时代,受动时代是异域思想进入中国文化与中国思想发生交流碰撞的时代,他说:"自宋以后以至本朝,思想之停滞略同于两汉,至今日而第二之佛教又见告矣,西洋之思想是也。"[①]六朝到盛唐的思想受动时代里,佛教进入中国,促进了中国文化思想的繁荣与发展,而"今日"(即王国维所处的 20 世纪之初),西方各种思想纷纷进入中国,也必将带来中国文化与思想的巨大变化。中国思想的"受动时代",也正是中国翻译发展史上的高潮期,六朝至盛唐是佛教经典汉译的高峰,中国文化和思想在佛教思想的影响下出现了多元融合的局面。19 世纪末到 20 世纪之初,与中国社会的深刻变革相伴而来的是西方各种社会、政治、科学与文艺思想在中国的又一轮译介高潮。中国翻译史上的高潮时期,也正是文化思想发生变质的时期,翻译正是促成这种变化的重要手段。20 世纪初期,中国文艺美学思想正值古今交替之际,中国传统文艺美学思想已经不能适应新的文化发展需求,西方美学思想正好可以成为中国文艺美学现代转型的借鉴,因此这一时期也是西方文艺美学在中国译介的高潮。根据埃文-佐哈尔(Itamar Even-Zohar)的观点,

---

①　王国维.王国维文学美学论集[M].太原：北岳文艺出版社,1987：106.

"任何文学都不是孤立的，而是处于一个社会、文化、文学和历史等组合而成的多元系统的一部分。"①这个多元系统又由多个子系统构成，子系统的地位并不是平等的，它们有的处于中心，有的处于边缘，其地位也并非一成不变，而是在与整体文化文学系统的相互关联中动态变化着。埃文-佐哈尔将翻译文学纳入多元系统，因为他意识到在"特定文学（系统）的历时与共时演进中，翻译文学起了十分重要的作用和影响"②。他认为翻译文学的中心或者边缘位置也并非固定的，某一文化内翻译文学处于中心位置即翻译高潮的形成需要具备几个条件：首先是一种文学处于发展初期，正在建立的过程中，需要从外来的更完善的文学借鉴现成的模式；其次是一种文学处于边缘或者弱势地位，因而需要引进自身缺少的文学类型；再者是当一种文学处于文学史的转折、危机或者真空时期，现有的文学模式不再适应时代的需求，需要外来文学营养的补充。20 世纪初期，中国美学正好兼具以上三种情况，因此，克罗齐美学著作在中国的翻译是一种文化与文学系统动态发展的结果。傅东华翻译的克罗齐译本《美学原论》出版于 1931 年，在此之前，中国已经出版了六种美学原理著作③以及三种美育原理著作④，这些美学概论著作都是中国现代学者在借鉴西方美学原理的基础上撰写而成，其内容一是以审美心理为中心，一是以艺术为中心，前者涉及美的定义、美学的定义、美感是什么、美的形式、美的判断以及美与人生等相关话题，而后者则分别从不同种类来探讨艺术之美。相对于这些美学启蒙著作而言，克罗齐的《美学原论》提供了一个全新的切入美学的视角，而且内容更为具体和深入。傅东华的《美学原论》被列为当时大学文学院教材，而且是文学院用书中有关美学理论书籍中的唯一教材，被各大学普遍采用。可以说，克罗齐美学译著的产生，是当时美学发展从启蒙走向深入的表现，受众在了解美学概论的基础上，有了进一步深入美学原理的接受需求。另外，通过译前传播的考察可知，克罗齐的美学观与文艺批评观在 20 世纪初期的中国文艺美学界具有深入与广泛传播的可能，正是这种可能，促成了克罗齐文本翻译的发生。克罗齐作品的汉译，将中国现代美学思想引

---

① Jeremy Munday. *Introducing Translation Studies: Theories and applications*. London and New York: Routledge, 2001: p.109.

② Gentzler Edwin, *Contemporary Translation Studies* (Revised 2nd Edition). Shanghai: Shanghai Foreign Language Education Press, 2004: p.116.

③ 分别是：萧公弼的《美学概论》(1917)，吕澂的《美学概论》(1923)、《美学浅说》(1923)，陈望道的《美学概论》(1927)，范寿康的《美学概论》(1927)，徐庆誉的《美的哲学》(1928)。

④ 分别是：李石岑的《美育之原理》(1925)，蔡元培的《美育实施的方法》(1925)，大玄、余尚同的《教育之美学的基础》(1925)。

向深入，并推动了美学学科的发展与完善。

二、克罗齐文本汉译内容的选择

原作和译作在各自文化承载的功能、译者的翻译目的、文本接受者的预期与接受水平、以及译者本身的文化素养和对原作的理解，都会体现在翻译内容的取舍上。克罗齐文本的译者根据各自传播克罗齐的不同目的，和对于克罗齐思想的不同理解，以及各自不同的学术背景与学术经历，选择了不同的翻译内容。林语堂的节译基于表现主义文学批评的传播目的。林语堂对克罗齐美学并未深入研究，他只是想借助克罗齐对"表现"的强调来建构自己的文学观。而朱光潜和李金发节译《美学纲要》，是要在当时对艺术和批评的探索中，表达他们对艺术与批评的不同理解。傅东华的翻译活动繁多混杂，不仅有美学著作，还包括文学批评理论以及小说诗歌的翻译，他的克罗齐《美学》全译本也迎合了当时大学的教材需求。朱光潜对克罗齐《美学》的全译，是与他对克罗齐思想的研究密切结合在一起的。早期他对克罗齐思想的评述都夹杂着对克罗齐文本的摘译，可以说正是他对克罗齐的研究促成了他对克罗齐《美学》的全译。

克罗齐作品在中国的翻译，是以多种翻译的形态呈现的：① 单篇文本的全译：1933 年丁子云的译文"自由论"①（发表于《译刊》第 1 卷第 2 期），同一年，赵演的译文《论自由》②（发表于《前途》第 1 卷第 5 期），1937 年蔡瑜的《克洛齐论自由》（发表于《丁丑杂志》），这三篇译文均译自克罗齐的同一篇作品 On Liberty。② 著作的节译和选译：林语堂在 1929 年《语丝》第五卷第 36 期以及第 37 期上分别发表的题为《美学：表现的科学》的译文，选译自克罗齐作品《美学》中的 24 节；同一年李金发在《美育》杂志的第 3 期上发表的译文《艺术之历史与批评》，节译自克罗齐作品《美学纲要》中第四章的前半部分；朱光潜于 1935 年 6 月在《文学季刊（北平）》发表译作《艺术是什么》，来自克罗齐《美学纲要》的第一章。③ 克罗齐文本的变译：1927 年朱光潜发表的《欧洲近代三大批评学者——克罗齐（Benedetto Croce）》（1927 年发表于《东方杂志》第 24 卷第 15 期），《克罗齐派美学的批评——传达与价值问题》（1936 年《文艺心理学》）以及《创造的批评》（发表于 1935 年《大公报·文艺副刊》第 147 期）。之所以称为变译，是因为这些文本并非译自克罗齐的某一篇文本或者某一本著作中的单独一个章节，而是部

① Benedetts Croce.自由论[J].丁子云,译.译刊,1933,1(2):33-43.
② （意）克洛采.论自由[J].赵演,译.前途,1933,1(5):1-6.

分内容来自克罗齐文本的摘译，而部分内容则是译者的阐释和评述。④ 克罗齐著作的全译：1931 年，傅东华翻译了克罗齐的《美学原论》，该译本是克罗齐美学在中国的首个全译本，曾经于 1931 年、1935 年和 1936 年被商务印书馆多次重印出版，30 年代被列为大学文学院教材。1947 年，朱光潜基于克罗齐 1902 年《美学》的英译本（道格拉斯·安士莱 1922 年的英译本）翻译而成的《美学原理》由中华书局正式出版，并于 1948 年在《克罗齐哲学述评》中，首次对克罗齐的思想给与了系统的学术性评述。朱光潜的译本后来取代了傅东华的译本而成为通行的克罗齐美学译本。根据以上史料可知，1949 年之前，克罗齐文本在中国的翻译都基于克罗齐的《美学》和《美学纲要》两部作品的英译本。

根据蔡瑜的"译者附识"记载：《论自由》（*On Liberty*）是"Benedetto Croce 于 1931 年在 Sociea Reale 之 Academia di Scienze morali e Politiche（Naples）所讲'十九世纪欧洲史'之结论讲稿。英译最先见于 1931 年美国的 *Foreign Affairs*，其次见于 1934 年伦敦出版之《十九世纪欧洲史》全译本。"①蔡瑜指出克罗齐学说中的直觉并不同于尼采和伯格森等人的直觉，克罗齐的直觉所宣扬的是一种"自由的宗教，而这种宗教也是一般尊崇理性的人们所需要的。"②《论自由》所捍卫的，正是这种理性的自由。克罗齐在文中批判欧战之后，国家主义和帝国主义的出现淡化了人们对于自由的向往，取而代之的是一种意志自由主义（libertarism），这种意志自由主义虽然表面光鲜，却是对人们自由思想的扼制："大凡发自心底的活动，把握着真理胚胎的哲学，尊重人类奋斗得来的文明的历史，以及美丽的诗，都是被自由意志论者藐视的。"③克罗齐突出自由在人性与人类生活中的意义："人类只有在自由之中，才能繁荣，才能生活。要有自由，人生才有意义；没有自由，生活便不能继续下去。"④克罗齐表达了对进步历史观的不同意见，他坚持认为"我们工作上所需要的，并不是一种未来的历史（即旧日思想家通常所说的预言），而是一种集累到现在的过去的历史。"⑤克罗齐认为历史归根结底是一种人的精神运动与发展过程，历史的主词是文化、自由和进步等概念。这篇译文在特殊的历史政治背景下呈现了克罗齐的历史观和其自由主义思想，并未涉及其美学思想的细节，而译者翻译这篇论文的目的也并不针对文学与

---

① 克洛齐.论自由[J].蔡瑜，译.丁丑杂志，1937，1(2)：1-8.
② 克洛齐.论自由[J].蔡瑜，译.丁丑杂志，1937，1(2)：1-8.
③ ［意］克洛采，论自由[J].前途，1933，1(5)：2.
④ ［意］克洛采，论自由[J].前途，1933，1(5)：1-6.
⑤ ［意］克洛采，论自由[J].前途，1933，1(5)：1-6.

艺术中的问题,但是它对后来中国读者理解克罗齐的审美自由主义思想也不无启发。

林语堂在1929年发表的《美学：表现的科学》(上)和《美学：表现的科学》(下),这些零散的片段分别节译自克罗齐《美学》的第六章(认识的活动与实践的活动)、第九章(论表现不可分为各种形态或程度,并评修辞学)、第十章(各种审美的感觉以及美与丑的分别)、第十五章(外射的活动,各种艺术的技巧与理论)、第十六章(鉴赏力与艺术的再造),以及第十七章(文学与艺术的历史)。从译文中不断引用的德语词汇可知,林语堂的节译很可能参照的是克罗齐《美学》的德文译本。从林语堂所选译的内容来看,基本侧重于几个方面：作为表现的艺术的特征;艺术与科学和道德的分别;艺术批评与鉴赏的内涵;以及艺术进步的意义。林语堂节译的24小节主要围绕"艺术即表现"与"批评即创造"两大核心内容,并将这24小节连同他翻译的斯宾佳恩的两篇论文《新的文评》和《七种艺术与七种谬见》,王尔德(Oscar Wilde)的《批评家即艺术家》,道登(E.Dowden)的《法国文评》、布鲁克斯(Van.Wyck.Brooks)的《批评家与少年美国》一同编撰成《新的文评》一书,于1930年由北新书局出版发行。这些选译的文论内容所围绕的一个中心主题与他节译的克罗齐《美学》内容高度一致,表达了林语堂对表现主义文学观的青睐。

1929年李金发翻译的克罗齐《艺术之历史与批评》来自克罗齐的《美学纲要》的第四章"批评与艺术的历史"(Criticism and the History of Art)的前半部分,李金发的译文基于法文译本。《美学纲要》由四篇讲义构成,这些讲义是克罗齐为赖斯学院(美国得克萨斯州新大学)的落成典礼,应院长爱德华·洛弗特·奥德尔(Edgar Lovett Odell)教授之邀于1912年撰写的,1913年用意大利语发表。1921年由道格拉斯·安士莱翻译成英文 *The Essence of Aesthetics*,由伦敦威廉海曼出版社(William Heinemann)出版。在此之前已经被译成法文,克罗齐曾为法文版作序。1913年克罗齐在该著作的前言①中说道："在这些讲义中,我浓缩了以前著作中有关同一论题的诸多重要概念,同《美学》相比,对它们的陈述更加明晰,使得他们之间的联系更加紧密。"②克罗齐的《美学纲要》是对1902年

①　克罗齐的这篇前言收录在 Hiroko Fudemoto 翻译的 *Brevity of Aesthetics: Four lectures* 译本中。

②　B. Croce. Preface. *Brevity of Aesthetics: Four Lectures*. (trsan. By Hiroko Fudemoto) Toronto Buffalo London：University of Toronto Press，2007：p.4.

《美学》中美学问题的扩展与深化，对抒情直觉及艺术创造的理论、批评以及文学艺术史的方法论进行了更为充分的论述。克罗齐的原著书名为 *Breviario di estetica*，Breviario 一词意味着"人们经常念诵的戒律和规则"，或者"经常阅读的作品，作为不断反思的源泉"，以及"精神指引的书籍"，克罗齐将这四篇讲稿称为 *Breviario di estetica*，他是想让读者在他的"精神"哲学中领略美学的"特殊知识"领域的图景，从而返回并重新审视美学秩序。《美学纲要》在 1949 年之前的中国还没有全译本，第一部全译本是 1983 年由外文出版社出版的韩邦凯、罗芃的译本《美学纲要》，后来田时纲的重译本于 2016 年出版。韩邦凯、罗芃的译本参照道格拉斯·安士莱 1922 年的英译本翻译，而田时纲认为英译本中存在着对克罗齐思想的误读，因此他的译本是参照 1991 年"克罗齐著作国家版"（Edizione nationale delle opera di Benedetto Croce）的《美学新论文集》（*Nouvi saggi di estetica*，*Bibliopolis*，*Napoli*，1991）翻译而成。

　　李金发翻译《艺术之历史与批评》时正值克罗齐美学风行欧洲之际。他早年在香港罗马书院接受英式教育，并于 1919 年赴法国留学，对西方文学艺术崇尚有加。1928 年在杭州国立艺术学院任教期间，创办了《美育》杂志，致力于引介西方文学、艺术以及美学和文艺批评思想。李金发曾经译介的西方文论除了克罗齐，还包括法国美学家居友的《艺术之本原与命运》《艺术与诗的将来》，以及罗曼·罗兰的《托尔斯泰论》。由于从小接受西方教育，受到西方卢梭、席勒等思想家的影响，李金发对希腊文明无比向往与崇拜，主张回归自然，反对近代物质文明，崇尚理想与艺术的生活。李金发还深受法国社会派美学家居友的"生命美学"的影响，认为一切艺术都要以生命为中心，以满足生命的本性为旨归。在李金发看来，生命本性是道德之源，因此美与善合二为一。李金发对"纯美"的追求，和克罗齐的美学思想有着深层的一致性，因此他选择翻译克罗齐的文艺批评观便不难理解。根据现有史料，目前只能找到李金发翻译的《艺术之历史与批评》一篇的前半部分，即克罗齐对于西方文艺批评史上三种批评观的批判，有关克罗齐真正的批评的具体内容和过程，正是《艺术之历史与批评》的后半部分，李金发的译文目前尚未找到。关于艺术批评的讨论，当时的学界存在着几种不同的观点，李安宅指出：有从艺术本身的"美不美"来批评的，也有从艺术表达技巧好不好来批评艺术的，而对于"美"的不同理解，也就自然生发出不同的艺术批评观。[①] 有

---

① 李安宅.艺术批评（一）[J].北晨：评论之部,1931,1(10)：2 - 3.

些人赞同印象式的文艺批评，否认一切批评的标准。浩文就指出真正的印象式文艺批评是"自己创作的反映"，而不是"厚颜的捧赞或是肆意的谩骂"①。王受命反对科学的艺术批评，他认为："批评是批评家与作者心灵契合的表现，批评家唯一的事务，是在鉴赏优美的文学，鉴赏后，随写出他所给示他的一种印象。"②李健吾坚持以人生的经验作为批评的标准，"我们应该以人生的经验去了解、去体会、去批评作品"③，而不是一味按照文学表达的技巧去评判作品的好坏。朱光潜主张从美学的视角来进行文学艺术批评，他极力推崇克罗齐的"批评即创造"④的文艺批评观。虽然学者们对艺术批评各自认识不同，但是可以肯定的是，当时的中国文艺批评正在逐步摆脱传统批评的道德标准与原则，转向对文学作品本体的关注与评价，文艺批评逐渐具有了独立的地位。克罗齐的《艺术之历史与批评》，正好可以为当时的艺术本体的批评观提供借鉴与参考。

朱光潜于 1935 年 6 月在《文学季刊(北平)》发表译作《艺术是什么》，也译自克罗齐的《美学纲要》第一节，朱光潜的这一篇译文和李金发的《艺术之历史与批评》为当时的学界展现了克罗齐的"艺术是什么"和"批评是什么"的两大主题，这两大主题是克罗齐《美学纲要》的核心，而且，《美学纲要》是克罗齐在其早期《美学》基础上的发展与深化，这一发展具体体现自从他 1908 年发表《纯粹直觉与艺术的抒情性》一文之后，突出了直觉的抒情内涵。从 20 世纪二三十年代讨论"艺术是什么"的史料来看，当时学界对艺术的认识主要分为两派，一派认为艺术为情感的表现，与道德功利、意识形态、人生现实隔离开来。如赵啸九反对科学与理智对艺术的统率，主张艺术是情感与自然融洽的表现："艺术的产生，固有赖于自然，而主要者仍为情感。"⑤周啟对艺术也持同样的观点，他强调观照(contemplation)，即主体的一种冥想回顾的心情在艺术生成中的重要性："所谓艺术的本能即是成为观照的自我表现本能……以观照的态度活动着的生活，其瞬间的自我的表白，就是艺术。"⑥曹树人借助于法国伟宏(Veron)的话表达了类似的艺术观："艺术是情感的一种表现。——这种情感，以线、形、色彩的配合(绘

①　浩文.文学批评在中国[J].新时代,1931,1(2)：2-3.
②　王受命.文学批评论[J].群大旬刊,1926 诞生号：1-2.
③　李健吾.文学批评的标准[J].文哲(上海),1939,1(6)：4-5.
④　朱光潜.文学批评与美学[J].中央日报·副刊,1935(199)年第 3 版.
⑤　赵啸九.艺术是什么？[J].民报,1933 年 10 月 9 日 0008 版.
⑥　周啟.艺术是什么？[J].郁大月刊,1930(3)：139-142.

画)调节的运动(舞蹈)和谐的声音(音乐)以及有一定韵脚的字句(诗歌)而表现出来。"①曹树人认为有了感情的兴起,还必须具体表达出来,才算是艺术。郭登岑认为艺术是"感情的再现","情绪的化身","艺术的创造,全恃作者的内心向外表现",如果没有内在的情感,模仿技术再高超,也只是一种技艺。② 郭登岑还谈及艺术的本体,是不受时间和空间支配的,艺术与道德也是分离的,不能以道德来评判艺术。对于艺术的另一种认识是坚持认为艺术是社会现实的反映,与道德、意识形态等紧密相关。钱文珍从唯物史观的视角,认为艺术是受生产关系决定并影响的上层建筑的一种表现形态。他说道:"艺术是社会意识形态之一种,而意识形态又是社会上层建筑之一部分,而人类则是社会中活跃的主人翁。"③朱环则赞同托尔斯泰的艺术观,即艺术就是要将自己的情感传达给他人,以使他人也体验到同样的情感。④ 而这种情感不仅仅只是快乐而肤浅的情感,还包括人类痛苦、烦闷、忧愁等多样的情感,艺术就是要传达人类复杂而深沉的情感。姚锡玄反对为艺术而艺术的艺术主观论,坚持认为艺术是客观现实的反映,不仅如此,他认为:"艺术还显示了时代的动向,时代精神的归趋。从艺术中,我们可以看出一个整个时代门争的缩影。"⑤"门争"由生产关系决定,实际就是意识形态的反映。在这两种决然不同的艺术观的对立中,朱光潜借助克罗齐的《艺术是什么》旗帜鲜明地表明了自己的艺术观,即艺术不是物理事实,艺术不是道德功利,艺术不是知识概念,只是纯粹的抒情直觉,艺术只表现主体的情感。

克罗齐作品的首个全译本是傅东华的《美学原论》,《美学原论》根据克罗齐《美学》的英译本翻译而成⑥,英文原著分为美学原理和美学历史两个部分,傅东华略去了美学历史部分的翻译,虽然他未说明原因,但是根据朱光潜的说法是:"因为克罗齐写美学学说史,完全按照他的直觉即表现的那个观点出发,与其他的学说无关的一概从略。"⑦可知,在中国现代美学形成时期,克罗齐有关美学历史的论述不如其他西方美学历史纲要性著作实用,因此傅东华和朱光潜都略去

---

① 曹树人.艺术是什么? [J].中央日报,1934 年 12 月 4 日 0012 版.

② 郭登岑.艺术是什么? [J].大公报(天津),1928 年 8 月 31 日 0011 版.

③ 钱文珍.艺术是什么? [J].读书中学.1933,1(4):143 - 150.

④ 朱环.艺术是什么:献给欢喜研究艺术的同学们[J].明强,1930(2):96 - 98.

⑤ 姚锡玄.艺术新话:艺术究竟是什么? [J].新学识.1937,(1)12:603 - 604.

⑥ 傅东华的译本中没有译序,但是从译文中的英文注释可知,其翻译应该是参照克罗齐《美学》的英译本.

⑦ 朱光潜.第一版译者序[M]//克罗齐著.美学原理.朱光潜.译.北京:外国文学出版社,1983:6.

了这部分的翻译。朱光潜的《美学原理》全译本诞生于 1947 年,该译本参照道格拉斯·安士莱 1922 年由伦敦麦美伦书店出版的英译本,以及克罗齐著作意大利原文本第五版(1922 年)翻译而成。作为克罗齐在中国的主要引进者与接受者,朱光潜自言:"起念要译克罗齐的'美学',远在十五六年以前,因为翻译事难,一直没敢动手。这十五六年中我写过几篇介绍克罗齐学说的文章,事后每发见自己有误解处,恐怕道听途说,以讹传讹,对不起作者,于是决定把'美学'翻译出来,让读者自己去看作者的真面目。"①朱光潜说的"十五六年前"即是 30 年代初,那时候他还在欧洲留学。当时克罗齐的《美学》和《美学纲要》已经被翻译成了英、法、德等多种译文在欧美世界传播,而朱光潜自己在 1925—1947 年之间也陆续撰文向国内译介克罗齐思想,其著作《悲剧心理学》《文艺心理学》和《诗论》等著作中都无不带有克罗齐影响的痕迹。之所以选择在 1947 年才迟迟翻译克罗齐的《美学》,正如他自己所坦言,是因为他在接受克罗齐的过程中逐步加深了对克罗齐思想的理解,同时也发现了自己在此之前对于克罗齐思想的某些误解,因此决定通过翻译还原克罗齐思想的原貌,让读者走进真实的克罗齐,而非他人接受中的克罗齐。但是,翻译作品并不能完全还原原始的克罗齐,正如克罗齐自己所说,翻译只是在原作基础上的再创造,完全对等的翻译是不可能的。②因此,无论克罗齐的哪一个译本,都无不带有译者的创造性解读。

第二节　以接受为径的翻译之道

克罗齐文本的译者在具体的翻译实践中,充分凸显了译者的主体性,即他们根据各自传播克罗齐的不同目的和对克罗齐思想的不同理解,以及对于受众期待的预判,分别采用了灵活多变的翻译策略,对原作实行了一定程度的"创造性叛逆"式解读。通过对不同译本的细致阅读,发现变译是克罗齐文本译者使用最多的翻译方法,其原因不仅在于克罗齐美学思想于中国读者很陌生,还由于其语言表述的思辨性与逻辑性和中国语言的经验性与散文式表达的巨大差异。变译正是基于对译语受众接受的考虑,对原文作出的不同程度的改变,具体体现为以

①　朱光潜.第一版译者序//克罗齐著.美学原理.朱光潜,译.北京：外国文学出版社,1983：5.
②　Benedetto Croce. *Aesthetic as Science of Expression and General Linguistic* (Douglas Anslie, trans.). London：Macmillan and Co. Limited, 1922：p.68.

下几种翻译方法。

一、编译

编译，顾名思义，是编辑和翻译的结合，即在翻译的基础上，对原作进行"摘取、合叙、概括、理顺、转述"①等处理的变译。朱光潜的《艺术是什么》，其内容对原文《美学纲要》的第一章并无删减，属于全译（full translation），但是朱光潜采用了编译的方法，将原文内容划分成不同的部分并添加了小标题，这些小标题分别是：美学的辩证法、从错误中寻出真理、艺术及直觉、艺术不是物理的事实、艺术不是功利的活动、艺术不是道德的活动、艺术不含概念的知识、艺术不可分类、历史的回顾、纯意象的单整、感觉的和理解的关系、寓言不是艺术、古典主义和浪漫主义、直觉的整一起于情感、凡是艺术的直觉都是抒情的直觉等。这十五个小标题使得译文条理清晰，主题明显，不仅让读者在阅读译文文本之前，对克罗齐原文本的内容有大致了解，而且还帮助读者在阅读枯燥而深奥的理论文本时，更加清晰地掌握原文所要表达的思想内涵。朱光潜的译文并非完全按照原文的段落结构移植过来，而是根据原文标题的划分，对原文内容进行了必要的分割与整合，这样使得译文的脉络更加清晰明了。原文的 22 个段落经过译者的重新编排和整合，扩充至 27 个段落。而这些段落的调整也是为了适应译者所添加的小标题的需要。

二、阐译

阐译是"在译文中对原作内容直接加以阐释并与之浑然融合的变译活动，它在译的基础上，对原作中的词、句乃至篇进行阐释，以便读者理解"②。黄忠廉的这一定义并不能完全概括阐译的全部形态，因为译者为了保持与原作内容的忠实度，对原作的解释有时会以脚注或者尾注的形式呈现。作为西方思辨文化传统中成长的哲学家，克罗齐文本的语言表述十分抽象，深奥难懂，文本中很多与西方哲学、美学相关的术语对于中国读者都非常陌生。而且，克罗齐在阐述自己观点的同时，对西方哲学与美学史上的其他思想旁征博引，这都给中国读者增加了阅读的难度。在这种情况下，翻译西方文化、哲学、美学的人物和术语时，需要辅以详细的解释，以帮助读者更深入地理解文本内容。几乎所有克罗齐文本的

---

① 黄忠廉.变译理论［M］.北京：中国对外翻译出版公司,2002：127.
② 黄忠廉.变译理论［M］.北京：中国对外翻译出版公司,2002：151.

译者在其翻译中都用到了阐译的方法，阐译也有多种不同的形式，一种是译者在译文正文中直接对某一概念、名词或者观点给予解释；另一种是相关的解释以注释形式附在译文末尾。如朱光潜的全译本《美学原理》中每一章节都有若干注释，这些注释（一共 251 条）作为附录附在正文之后（第 157—201 页）。这些注释包括克罗齐英文原文中的美学和哲学概念，克罗齐原文中提及的西方文学艺术中的名人，原文中有关西方哲学或心理学术语的解释，以及对于原文内容的补充性解释。傅东华的译本《美学原论》中的注释附在每一章末尾，基本是对原文中提及的西方文艺史上的思想家与作家的简要说明，加上少数几个文中提及的西方神话与作品的简短注释。林语堂的节译中也有少数镶嵌在译文中的注释。朱光潜的《美学原理》在正文之前还附有"译者序"，译者序包含译者对于原著、原著作者的简短介绍，并说明了译本所参照的英译版本，以及译者的翻译动机和主要的翻译策略。译序和正文之后的两百多条注释一起，组合成了译本中丰富的副文本，增强了译文的文本阐释功能，为读者更好地理解克罗齐美学思想帮助甚大。傅东华的译本恰恰在这一点上缺失了，这也许是其译本不如朱光潜的译本流传广泛的原因之一。仔细考察朱光潜《美学原理》译本中的注释，发现他的注释完全可以组合成一本有关西方哲学、文艺思想的启蒙读物。其中有关克罗齐美学中的关键词，朱光潜都赋予了详细的注释，并采用了不同的呈现技巧，译者在注释中运用了例证性阐释、评述性阐释、补充性阐释等等多种方法。在此略举几例：

例（1）：原文："［Intuitive Knowledge］：Knowledge has two forms：it is either intuitive knowledge or logical knowledge，knowledge obtained through the imagination or knowledge obtained through the intellect；knowledge of the individual or knowledge of the universal；of individual things or of the relations between them：it is，in fact，productive either of images or of concepts."①

译文："［直觉的知识］知识有两种形式：不是直觉底，就是逻辑底；不是从想象得来底，就是从理智得来底；不是关于具体底，就是关于共相底；不是关于诸个别事物底，就是关于它们中间关系底；总之，知识所产生的不是意

① Benedetto Croce. *Aesthetic as Science of Expression and General Linguistic*（Douglas Anslie，trans.）. London：Macmillan and Co. Limited，1922. p.1.

象就是概念（注一）。"①

（第一章）注释一："直觉的知识"（Intuitive Knowledge）：见到一个事物，心中只领会那事物的形象或意象，不假思索，不生分别，不审意义，不立名言，这是知的最初阶段的活动，叫做直觉。直觉是一切知的基础。见到形象了，进一步确定它的意义，寻求与其他事物的关系和分别，在它上面作推理的活动，所得的就是概念（Concept）或逻辑的知识（Logical Knowledge）。这个分别相当于印度因明学的现量和比量的分别。窥基法师"因明大疏"说"行离动摇，明证众境，亲冥自体，故名现量；用已极成，证非先许，共相智决，故名比量。"②

原文虽然是对直觉的知识性阐释，即直觉是由想象得来的个别意象，与理智和逻辑对立。朱光潜的注释在此基础上举例做了说明，通过生动的实例，帮助读者获得对抽象名词的具象认知，进而深入把握直觉的具体内涵。注释还联系印度的因明学，建立直觉与现量之间的跨文化关联。这一条短小的注释副文本除了对于原文本起补充说明的意义，还启发了读者对于跨文化沟通的思考。

例（2）：原文："The complete process of aesthetic production can be symbolized in four steps, which are: a, impressions; b, expression or spiritual aesthetic synthesis; c, hedonistic accompaniment, or pleasure of the beautiful (aesthetic pleasure); d, translation of the aesthetic fact into physical phenomena (sounds, tones, movements, combinations of lines and colours, etc.). Anyone can see that the capital point, the only one that is properly speaking aesthetic and truly real, is in that b, which is lacking to the mere manifestation or naturalistic construction, metaphorically also called expression."③

译文："审美的造作的全程可以分为四个阶段：一，诸印象；二，表现，即心灵底审美底综合作用；三，快感底陪伴，即美的快感，或美底快感；四，由审美底事实到物质底现象底翻译（声音、音训、动向、线纹与颜色的组合之类）。任何人都可以看出真正实在底，那首要点是在第二阶段，而这恰

---

① ［意］克罗齐.美学原理［M］.朱光潜，译.正中书局，1947：1.
② ［意］克罗齐.美学原理［M］.朱光潜，译.正中书局，1947：157.
③ Benedetto Croce. *Aesthetic as Science of Expression and General Linguistic*（Douglas Anslie, trans.）. London：Macmillan and Co. Limited，1922. p.196.

是仅为自然科学意义底表现（即以譬喻口气成为'表现'底方便假立）所缺乏底（注三）。"①

[第十三章]注释三："克罗齐的学说在叙述这四个阶段时说得最简单明了，但是第四阶段与第二阶段是否可以完全割开，即构思或表现时是否不运用传达媒介，颇为问题。（参看《克罗齐哲学述评》第十章）"②

这一条注释是对克罗齐观点的简短评论，朱光潜并不认可克罗齐将艺术与物质媒介传达完全割裂开来的观点，因此他在注释中给与了说明，对艺术与传达的关系的不同观点，朱光潜在其《克罗齐哲学述评》中做出了详细的阐释。朱光潜虽然和克罗齐存在着不同的理论观点，但是他在翻译中还是给与了原作充分的尊重，并未根据自己的理解在译文中对原文进行随意的篡改，而只是在附录注释中进行说明。译者在翻译中固然可以充分发挥自己的主观性，如朱光潜在语言的处理上，为考虑读者接受起见，他并未对原文进行完全的直译，而是采取意译的方法，采用了通俗的文风表达，正如他在"译序"中所说："我起稿两次，第一次照原文直译，第二次誊清，丢开原文，顺中文的习惯把文字略改得顺畅一点。我的目标是：第一不违背作者的意思，第二要使读者在肯用心求了解时能够了解。"③然而，理论作品的翻译，无论译者和原作者有多大的观点分歧，充分而真实地传达原文的意义是一个译者所应该坚守的翻译原则。

例（3）：原文："[Content and form in Aesthetic] The relation between matter and form, or between content and form, as it is generally called, is one of the most disputed questions in Aesthetic. Does the aesthetic fact consist of content alone, or of form alone, or of both together? This question has taken on various meanings, which we shall mention, each in its place. But when these words are taken as signifying what we have above defined, and matter is understood as emotivity not aesthetically elaborated, that is to say, impressions, and form elaboration, intellectual activity and expression, then our meaning cannot be doubtful. We must, therefore, reject the thesis that makes the aesthetic fact to consist of the content alone (that is, of the simple impressions), in like manner with

① ［意］克罗齐.美学原理[M].朱光潜，译.正中书局，1947：99.
② ［意］克罗齐.美学原理[M].朱光潜，译.正中书局，1947：99.
③ 朱光潜.第一版译者序//克罗齐著.美学原理.朱光潜，译，北京：外国文学出版社，1983：6.

that other thesis, which makes it to consist of a junction between form and content, that is, of impressions plus expressions."①

译文："［美学底内容与形式］实质与形式（或内容与形式）的关系，像人们常说底，是美学上一个争辩最烈底问题。审美底事实还是只在内容，只在形式，或是同时在内容与形式呢？这个问题有各种不同底意义，个人所见不同，我们到适当底时候分别提出。但是如果认定这些名词犹如上文所定底意义，实质意指未经审美作用底情感或印象，形式意指心灵底活动和表现，我们底见解就无可置疑；我们必须排斥（一）把审美底事实（注八）看作只在内容（就是单纯底印象）和（二）把它看作在形式与内容的凑合，就是印象外加表现品，那两个主张。"②

（第二章）注释八："'审美底'"（Aesthetic）一词起源于希腊文 Aisthetikos，原义为"知觉"，即见到一种事物而有所知。这种知即克罗齐所谓直觉底知，与逻辑底思考有别。因此研究直觉底知识底科学叫做 Aesthetic，研究概念知识底科学叫做 Logic（逻辑）。Aesthetic 和"美学"（The Science or Philosophy of Beauty）混为一事。本译沿用已流行底译名，深知其不妥，所以特将原义注明。又 Aesthetic 也当作形容词用。这有两个意义。一是"美学底"，例如美学底原理，美学底观点，美学底流派之类。一是"审美底"，例如审美底经验，审美底态度，审美底活动之类。这个字义旧译为"美感底"，译者在以往的著述里也沿用旧译，现改为"审美底"有两个缘故。一、"感"的被动的成分多，"审"完全是主动底；"感"不必有，"审"则不能离"觉"。克罗齐对于艺术的创造与欣赏（即直觉或表现）特重心灵的观照，综合，赋予形式诸作用，所以"审美底"比"美感底"较妥。二、Aesthetic feelings，Aesthetic senses，之类名词如译为"美感底感觉""美感底感官"，也嫌重复累赘，所以译为"审美底"较妥。"③

在这一条注释中，朱光潜指出了用"美学"虽然已经成为 aesthetic 流行和约定俗成的译名，但实际上是一个错误的翻译。因为从词源上来考察，aesthetic 是感觉（朱光潜说成了"知觉"，此处属于作者纠正）的意思，"感觉学"和"美学"是有区别的。而作为名词的 aesthetic，朱光潜为了迎合已经流行的译名，依然沿用

---

① Benedetto Croce, *Aesthetic as Science of Expression and General Linguistic* (Douglas Anslie, trans.), London: Macmillan and Co. Limited, 1922. p.15.
② ［意］克罗齐.美学原理［M］.朱光潜，译.正中书局，1947：16.
③ ［意］克罗齐.美学原理［M］.朱光潜，译.正中书局，1947：162.

"美学"，但是对于形容词的 aesthetic，他则坚持翻译成"审美的"而非"美学的"。朱光潜将"美"视为一个形容词而不是名词，原因在于他反对将"美"形而上化的美学本体论，他曾说："美不仅在物，亦不仅在心，它在心与物的关系上面。"①从这一翻译可以折射出朱光潜的美学是建立在主体与客体关系上的价值论。朱光潜在注释中对概念的翻译很谨慎，他经常对以往的翻译错误予以纠正并说明原因，如他指出将 hedonism 翻译成"享乐主义"，就带有纵欲的意味，是不妥的；又如，他根据词根的原始意义，并结合西方文化发展，认为将 theory 翻译成"理论"不如"认识"更为恰当。朱光潜从词源学来追溯概念的原始含义，并结合概念在西方美学与哲学发展中意义的演变，对之进行跨文化转换的翻译方法，很值得今天的翻译界借鉴与参考。

除了以上类型的注释，朱光潜的注释还包括对克罗齐思想背景以及西方哲学与文艺思想的知识补充，如对"先经验的综合"，他从西方哲学发展的脉络中进行了非常详细的说明；另一类注释是针对克罗齐理论的深奥晦涩，译者重新给与了浅显通俗的解读。总而言之，朱光潜译本后的丰富注释，是翻译的一个重要部分，它的意义不仅在于辅助读者的理解与接受，更是原文本意义的拓展与深化，使《美学原理》在传达原文内容的基础上，扩展成为一部有关西方美学的立体型专著，透过它，读者不仅理解了克罗齐美学的丰富内涵，还将克罗齐美学放在西方文化发展的长河中加以审视与思考，对于整个西方哲学与美学思想的发展脉络有所了解。正如克罗齐自己所言，语言正是表现，是一种艺术创造，而翻译作为一种语言的活动，也是审美的再造，任何译文无论多么忠实于原文，它依然是一个新的表现品。朱光潜的《美学原理》也正是在克罗齐原作基础上的再创造，是克罗齐文本在中国文化的重生。

三、译述

译述的定义是："译者用自己的语言转述原作的主要内容或部分内容的变译活动。译述不带主观情绪和个人偏好，客观地反映原文内容，而不拘泥于原作的形式和内容，行止自如。"②

例(4)：原文："And even the moralistic doctrine on art was, is, and

---

① 朱光潜.文艺心理学[M]//朱光潜全集(新编增订本)：谈美、文艺心理学.北京：中华书局，2018：252.

② 黄忠廉.变译理论[M].北京：中国对外翻译出版公司，2002：131.

forever will be beneficial for its very contradictions, just as it was, is, and will be an effort, however regrettable, to separate art from the mere pleasurable (with which it is sometimes confused), and assign it to a more dignified place."①

　　译文："艺术的道德说也有一种好影响。它本来是想把寻常混为艺术的快感和艺术分开,替艺术指定一个较高尚的位置,不过它的努力不很凑巧罢了。"②

这段原文可以直译为："艺术的道德说虽然有着它自身不可克服的矛盾,但是它在过去、现在乃至将来都有着永久的价值。它努力使艺术与纯粹的快感区分开来,替艺术安置一个更为高尚的位置,它过去、现在以至将来都会朝这个目标努力,虽然有时甚为遗憾地将艺术的快感和纯粹的快感相混淆。"对比朱光潜的译文,可以看出译者在此并非严格按照原文直译,而是在原文意义基础上的译述。这种译法在朱光潜的译文中很常见,译者意识到直译会带来语言上的重复、生硬与晦涩,而译述采用清晰简洁的语言便可以克服这一缺点,将原文的意思更清楚地传达给译语受众。对 20 世纪初期刚刚接触西方美学的中国读者来说,译文语言的通俗易懂是保证译作被接受的基本条件,哲学、美学语言生硬艰深,直译西方语言的表述方式,必然带来理解上的障碍,朱光潜的意译策略分明是以读者接受为导向的。

四、述评

　　述评是"对众多原作进行综述进而加以评价的变译活动,是全面系统总结某一专题的进展,并给与分析评价,提出明确建议的一种变译活动"③。朱光潜的翻译中频繁使用述评的方法,主要见于他对克罗齐美学的介绍性文本中,如《欧洲近代三大批评学者——克罗齐(Benedetto Croce)》和《克罗齐派美学的批评——传达与价值问题》,文中摘取了部分克罗齐《美学》和《美学纲要》中的译文,并附上了一些阐释性的评论,所以这些论文不全是朱光潜杜撰,也不纯属于译文,而是摘译与述评的结合。现略举一例:

---

①　B. Croce, *Guide to Aesthetic*. (trans. By Hiroko Fudemoto), Toronto Buffalo London: University of Toronto Press, 2007: p.14 - 15.

②　[意]克罗齐.艺术是什么? [J].孟实,译.文学季刊(北平),1935,2(2): 409 - 420.

③　黄忠廉.变译理论[M].北京: 中国对外翻译出版公司,2002: 143.

例(5)："艺术不是'科学的活动'(scientific act)因为直觉不带概念思考。艺术的对象是个别的具体的意象，科学的对象是普遍的抽象的公理。因此，批判的态度和艺术的活动不相容。批评不能离判断的思考，既用判断和思考，则直觉便已消灭，单纯的意象便变为寻常的名理的知识。(述评)所以克罗齐说：诗人死在艺术家里面。"①(摘译)

这段话是评述与摘译的结合，类似的方法在朱光潜对克罗齐的译介中非常常见。20世纪二三十年代，朱光潜接触并逐渐了解西方美学思想，认识到这些思想能够为中国学术界所用，于是急切地希望"搬运一些到中国来"②，借以对中国学界进行西方美学思想的启蒙，他曾经说道："我对当时西方流行的美学论著（从最古的到最新的）涉猎过一些，自己边阅读、边思考、边写评介文章，从来没有自成一家之言的奢望，只想不问什么流派，能投合一时兴趣的都尽力把它介绍到国内，希望起到一些'启蒙'作用。"③在接触克罗齐思想之初，朱光潜对于克罗齐的认识还是模糊与肤浅的，全译克罗齐著作的学术基础并不具备，因此这种译述与述评的方法自然成为朱光潜译介克罗齐美学的最佳选择。

第三节　概念翻译中的跨文化碰撞

克罗齐美学中重要概念的翻译，引导译语受众对克罗齐美学的理解，并进而影响受众对于克罗齐美学的接受。通过对1949年以前克罗齐美学翻译文本的考察，发现不同译者在概念翻译中存在着差异，这些差异体现出译者们对克罗齐思想不同的理解和解读。而且，任何概念的翻译，都不可能寻求内涵上的完全等值，因此克罗齐美学概念的汉译就难免带有中西文化碰撞的痕迹。克罗齐文本的汉译，大都基于其原作的英译本，从意大利文到英文再到中文的语际传播过程中，克罗齐美学概念的内涵经历了怎样的流变，而其汉语翻译是否传达了克罗齐思想的真实内涵，本小节针对这些问题作细致的探讨。

---

① 朱光潜.文艺心理学[M]//朱光潜全集(新编增订本)：谈美、文艺心理学.北京：中华书局，2012：263.

② 朱光潜.最近学习中几点检讨[M]//朱光潜全集(新编增订本)：欣慨室随笔集.北京：中华书局，2012：198.

③ 朱光潜.关于我的《美学文集》的几点说明[M]//朱光潜全集(新编增订本)：欣慨室西方文艺论集、欣慨室美学散论.北京：中华书局，2012：359.

一、Spirit 的翻译

英文单词 Spirit 是克罗齐原著中意大利文 spirito 的英译，其德文对应词为 Geist。傅东华和林语堂的翻译虽然分别参照《美学》的英文和德译本，他们都将这一单词翻译成"精神"，而朱光潜则翻译为"心灵"。关于这一概念的翻译，傅东华与林语堂未作解释，朱光潜则在《美学原理》译本的注释中作了说明。他认为意大利原文 spirito 实际上应该对应于英文单词 mind 和德文 Geist。[①] 在他看来，"精神"英文 spirit 都带有迷信色彩，spirit 的原始意义为"呼吸"，由于"古人迷信人的神魂便是呼吸底气，人死了，气断了，神魂就随之飞散，因此 spirit 带有'神魂'的意思。"[②]而中文"精神"一词与古人迷信的神魂近似，所以这一翻译不妥。再者"精神"一词的意义非常模糊暧昧，它不仅仅指心灵，还可以指个性、健康、道德、以及内涵等多种意思。从词源学上来考察，英文单词 spirit 源自拉丁文，其最初的含义为："呼吸，神的气息"（a breathing 'respiration, and of the wind', breath; breath of a god），在古法语中和灵魂（soul）是一个意思；14 世纪时，指"超自然的非物质的生物，天使、恶魔、幻影、虚无缥缈的无形物质"（supernatural immaterial creature; angel, demon; an apparition, invisible corporeal being of an airy nature）等意义，后来又演变为具有"性格、性情、思维方式与情感、心智状态以及欲望的源泉"（character, disposition; way of thinking and feeling, state of mind; source of a human desire）[③]等意义。克罗齐是一个无神论者，他的哲学与美学就是要摆脱神与形而上学的力量对于人之心灵的主宰，因此其原文 spirito 确实不能与 spirit 完全等值，那么，它与 mind 构成对等吗？同样从词源学考察可知，mind 作为一个英语原生语词，最原始的意义是"记忆、思维及意图"（memory, remembrance; state of being remembered; thought, purpose; conscious mind, intellect, intention）等含义，12 世纪时具有"感觉、意志、思想、智力"（that which feels, wills, and thinks; the intellect）之

---

① 在这一点上朱光潜与英国哲学家卡尔的观点一致。英国哲学家卡尔（H. Wildon Carr）并不同意道格拉斯·安士莱将克罗齐原文中的 spirito 翻译 spirit，并认为克罗齐的学说正是因为英文翻译使用了 spirit 这个词而变得晦涩难懂，如果使用 mind，那么克罗齐的理论就会变得清晰明了。原因在于：mind 即实在，在它之外别无他物，而 spirit 总是和物质 matter 区分开来。见 H. Wildon Carr, *The Philosophy of Benedetto Croce*. London, Macmillon Co. Ltd, 1927: Vi.

② ［意］克罗齐.美学原理[M].朱光潜，译.正中书局，1947：166.

③ https：//www.etymonline.com/search?q=spirit.

义,后来演变为"心境、心理倾向、思维方式或者观点"(frame of mind, mental disposition, also way of thinking, opinion)①等意义,由此可见 mind 从一开始就意指主体的感知或认知能力,在一定程度上来说是一个经验心理学的概念。朱光潜将克罗齐的 spirito 等同于 mind,突出了克罗齐哲学的人本主义立场,即他对人的心智与思想的高度关注,凸显人之为人的主体性。这也为朱光潜从现代心理学的视角去理解和阐释克罗齐美学作出了解释。田时纲在其《美学纲要》的译本附录中对朱光潜的译文作了纠正,他认为克罗齐的 spirito 来自于黑格尔的 Geist,即精神,黑格尔的精神分为主观精神、客观精神和绝对精神,克罗齐在此基础上划分了精神的"两度四阶"②。黑格尔的 Geist 是一个与物质世界相对的实体概念,克罗齐就是要摒弃黑格尔的绝对精神本体论与形而上学超验论,而"把绝对精神内在化、相对化、个人化为心灵的自我活动"③。克罗齐哲学对黑格尔哲学的超越就体现在他以主体心灵为出发点,突出心灵活动在创造人之价值上的意义。他曾经非常反对有人将他的心灵哲学与黑格尔主义视为同一,并声称其心灵哲学是对"黑格尔体系的彻底颠覆"④。因此,朱光潜应该是意识到了克罗齐对黑格尔哲学的承继与超,从而对 spirito 的翻译做了用心良苦的思考,相比其他译者,表现了更加严谨的学术态度。实际上,在西方哲学的翻译中,"精神"与"心灵"二词的解读和使用也相当含混,如《不列颠百科全书》(国际中文版)中 mind 的翻译也并不固定,有时翻译为"精神"⑤,有时又翻译为"心灵"⑥。因此,在跨语际的转换中,要找到完全和原词对应的汉语概念,实际上困难重重。源自不同文化语境与不同思想体系的概念,本来就不可能在另一种文化中找到

---

①　https://www.etymonline.com/search?q=mind

②　田时纲在《美学纲要》译后附录中对 spirito 的翻译给予了说明：spirito,原译"心灵",现译"精神"。因为克罗齐使用的 spirito 源于黑格尔的 Geist,因此,spirito 的译名应参照 Geist 的译名。在意大利文版《哲学百科全书》"Spirito"条目下写道："从康德的批判主义产生了黑格尔关于精神(Geist)概念的最初含义,这是他于 1807 年在《精神现象学》中建构的,其后他在《哲学全书》中扩展为完整的哲学体系,把精神区分为主观精神、客观精神和绝对精神。克罗齐的'精神哲学'把精神划分为四种差异范畴,实现了对黑格尔哲学的改造。"显然,"精神"是个重要的哲学范畴,"心灵"承载不了哲学的重负。克罗齐在"精神"和"心灵"之间做了严格区分：前者用"spirito",后者用"anima""animo""psiche"等词。韩邦凯和罗芃两位先生未作区分,可能受了朱光潜先生的影响。

③　张敏.克罗齐美学论稿[M].北京：中国社会科学出版社,2002：4.

④　Benedetto Croce. An Autobiography. tr. by R. G. Collingwood, Oxford: The Clarendon Press, 1929：p.100.

⑤　不列颠百科全书(国际中文版)第 11 卷[M].徐惟诚,总编.北京：中国大百科全书出版社,1999：221.

⑥　不列颠百科全书(国际中文版)第 11 卷[M].徐惟诚,总编.北京：中国大百科全书出版社,1999：221.

完全对应的语词，概念的翻译就是一种类比，在这个类比的过程中凸显出文化之与思想之间的碰撞与交融，这也正是翻译的魅力和意义之所在。

二、Intuition 的翻译

Intuition 是意大利文 intuizione 的英译，是克罗齐美学的核心概念，理解这一概念是克罗齐美学的关键所在。林语堂和朱光潜翻译为"直觉"，而傅东华则翻译为"直观"。因此区分直觉和直观，是解读这一概念翻译的关键。从词源学上考察，intuition 一词源自拉丁文 intuicioun，起初带有某种神学意味，意为"直接或即时的认知，精神知觉；或顿悟"（insight，direct or immediate cognition，spiritual perception）；其拉丁文动词形式 intueri，原意是凝视，聚精会神地看（loot at，watch over），这里的看是一种心看，而非眼看，意为不经推理而直接感知（to perceive directly without reasoning，know by immediate perception）。[1] 这说明 intuition 诞生之初就是某种与逻辑推理相对立的认识能力，所以安东尼·弗卢（Antony Flew）主编的《新哲学词典》中这样定义直觉："Intuition 直觉——一种非推理的或直接的知识形式。该名词在哲学上可分为两种主要用法：第一，关于一个命题（proposition）的真的非推理知识；第二，关于一个非命题对象的直接知识。前者对应于西方理性哲学中的数学公理等，而后者则是指宗教、美学中如'善'、'美'、'绝对精神'、'自由意志'、'绵延'等形而上的本体概念。"[2] 不论是命题对象还是非命题对象，"直觉"的对象都超越现实世界，而"直觉"便是对超越对象的直接领悟。正是因为语义的多义性，英语哲学著作将拉丁语中的 intueri、意大利语中的 intuizione、法语中的 intuitive、德语中的 intuitiv 和 Anschauung 等统一译成了英文的 intuition。而这些西文语词进入中国时，有的被翻译成直觉，有的被翻译成直观，但意义上都相差无几。无论翻译成直观还是直觉，需要做出区分的是，德文 Anschauung 一词并非主动，而是含有被动的静观之意，而 intuition 则含有主动之意[3]。Intuition 并非随克罗齐进入中国，早在

---

① https：//www.etymonline.com/search?q=intuition.

② Antony Flew ed. A Dictionary of Philosophy. New York：St. Martin's Press，1984：p.177 - 178.

③ 苏宏斌《论克罗齐美学思想的发展过程——兼谈朱光潜对克罗齐美学的误译和误解》一文中认为朱光潜的"直觉"是误译，因为克罗齐的 intuizione 来自于康德，是一种感性直观，而直觉属于理性的，其中"觉"与中国道家和禅宗思想中的顿悟、体悟相关，它既不是感性认识，也与理智直观有本质的区别。

1905 年严复在其译著《穆勒名学》中就将 intuition 翻译为"元知"，解释为"智慧之始本，一切知识，皆由此推"①。"元知"的译名很忠实地传达了西方自亚里士多德以来将"直觉"作为一切知识的原始前提的观点。后来随着伯格森生命哲学进入中国，"直觉"概念作为认识论的概念被新儒家梁漱溟、朱谦之、袁家骅等从生命认知的角度加以解释。而在朱光潜之前将"直觉"放在文艺美学的领域进行阐释的当属王国维。作为叔本华的接受者，王国维认为用 intuition 来翻译叔本华的 Anschuang 并不非常精确，王国维从 intuition 的拉丁词源对其含义进行了探讨："Intuition 者谓吾心直觉五官之感觉，故听嗅尝触，苟于五官之作用外，加以心之作用，皆谓之 intuition，不独目之所观而已。"②王国维深知 Intuition 与 Anschuang 之间的差别，前者侧重主观，而后者则强调被动的静观。因此在其诗词美学中采用"直观"一词。所以，傅东华在《美学原论》将 intuition 翻译成"直观"，也许是参考了王国维的译文。

很明显，克罗齐的 intuizione 要突出的是心灵综合，即心灵对于感觉印象的主动赋形，因此，朱光潜将之翻译为"直觉"更能接近克罗齐美学中的本意。既然是翻译，就不可能做到概念之间的完全对等，"直觉"二字，必然带有中国文化的特征。中国文化中的直觉思维涵盖了以下几种形式：一是不经过逻辑推理与分析而达到形上境界，如老子的"涤除玄览(鉴)"③与庄子的"心斋"④"坐忘"⑤而观"道"的直觉；另一种是基于佛学思维中突如其来的瞬间感悟，如妙悟、顿悟等；再者便是通过亲身体验而自明自证，基于理智并与理智并用的反身体认与反求自识，如程朱理学中"体悟"与"豁然贯通"的直觉。中国的直觉思维将形象世界与超验意念世界连为一体，注重反躬向内与反己体认，体现为一种主体向内的生命感悟与审美体验，这是和西方外向型直觉思维的最大不同。所以，如果用"直觉"来翻译 intuition，就不可能达成内涵上的一致。"直"和"觉"在中国古代，一直是作为两个独立的单音节词语被使用，如"直觉巫山暮，兼催宋玉悲"，"建安黄初不足言，笔端直觉无秦汉"，"风顺掠口岸，直觉市声沸"等古诗词中，以及《官场现形记》《好逑传》《容斋随笔》《梦中缘》中都使用过"直觉"一词，但这些作品中的"直"与"觉"是两个词，"直"作"只是"或"直接"解，而"觉"则是"觉悟"或"感到"等意

① 严复.穆勒名学[M].北京：商务印书馆，1981：5.
② 王国维.论新学语之输入[J].教育世界，1905(96)：1-5.
③ 朱谦之.老子校释[M].北京：中华书局，2000：37.
④ 方勇(译注).庄子[M].北京：中华书局，2018：53.
⑤ 方勇(译注).庄子[M].北京：中华书局，2018：119.

思。"直觉"作为一个双音节词首次出现在张东荪翻译的伯格森的《创化论》中。张东荪的"直觉"一词借鉴日译而来，日译中的"直觉"最早出现于西周的《敬知启蒙》(1874年)，后来被"直观"替代，一直沿用至今。德国传教士罗存德编撰的《英华字典》(1866—1869)中 intuition 解释为"看见，或一见而知之、聪慧、聪明"，"直觉"的译文并未出现。1908 颜惠庆英华大辞典(1244 年)已将 intuition 翻译成"直觉"，并将其和"天知、良知、觉知、直觉、直知、原知"等词语等同。1911 卫礼贤德英华文科学字典(236 页)和 1913 商务书馆的英华新字典(280 页)翻译成"直觉力"①，很可能参考了 1884 年日本东京大学编撰的《哲学字汇》intuition 的译文"直觉力"②。由此可见，"直觉"作为一个双音节词语确实是一个日本现代外来词汇。根据许慎《说文解字》，"觉，寤也。一曰发也。"③这里的"寤"和"发"都侧重于是一种主观上的领悟和启发。"觉"在《佛教大词典》里是"菩提"(Bodhi)的汉译，即知、觉察、醒悟；亦为"觉悟"的略称④，是对真谛的领悟，依然侧重于人的主观意念；而"直"在《说文解字》中解释为"正见也"，徐锴注为"今十目所见是直也"⑤，是正视、直视之意，即一种感官所及，"直"刚好弥补了"觉"在现实感性方面的不足。因此，用"直觉"一词来指代中国传统思维中以主体的现实感性为中心的内心感悟思维方式，也不失为一种合理的翻译，但是需要明确的是直觉作为 intuition 的翻译，既然无法做到完全的意义对等，就必然引起中西文化及其思维方式的连接、碰撞与融通，中国的接受者将克罗齐的直觉进行跨文化的改造，将在后面的章节详细探讨。

三、Expression 的翻译

Expression 意大利原文为 expresso，朱光潜、林语堂以及其他克罗齐的译介者都将 expression 翻译成"表现"，后来学界一直沿用这一翻译，但是很少有人对这一翻译进行过详细的考察。"表现"一词的意义在西方也经历了一个历史的演变过程。表现一词的英语为 expression，法语是 cxpressioun，德语为 Ausdruck，

---

① 这里有关 intuition 的译文均参考了中央研究院近代研究所的在线词典资源：http://mhdb. mh. sinica. edu. tw/dictionary/search. php? fulltextBtn = true&title = atjlwsywhdelysr&searchStr=%E7%9B%B4%E8%A6%BA.
② 井上哲次郎，有贺长雄. 哲学字汇[M]. 东京：东洋馆书店，1884：63.
③ 许慎. 说文解字(徐铉校定)[M]. 北京：中华书局，2013：176.
④ 任继愈主编. 佛教大辞典[M]. 南京：江苏古籍出版社，2002：955.
⑤ 许慎. 说文解字(徐铉校定)[M]. 北京：中华书局，2013：268.

意大利语为 expresso，从词源学上来考察，这些词都来源于拉丁语 expressus。拉丁语动词形式为 exprimere，由词根 premere 加上前缀-ex 而来。前缀-ex 意味"出""外""由……中弄出"，而词根 premere 则为"按""压"之意，合起来意味着某种内在的东西在外力的作用下被挤压出来，引申为"表现，描述，描绘，模仿，翻译"等意义。① Express 在 14 世纪中期从法语 expresser 借鉴而来，意为"在视觉艺术中表现；用语言表达"；"直抒己见，直言不讳"等。名词形式 expression 于 15 世纪中期在英语中出现，意为"挤压的行为"；"显现某种情感的行为"；"用语言表达的行为"；16 世纪演变为"表达情感的行为或创造"之意。② 根据柯林斯高阶英语学习词典，expression 今天具有了四种基本意义：即指通过语言、行动和艺术活动表达一种思想和情感；脸上呈现出的某一刻的思想和情感状态；当人们在表演、唱歌或者弹奏乐器时的情感展现；一种词语或者语言的表达。③ 由此可见 expression 在今天总是带有情感表达的意味。

　　"表现"概念并不是中国文化本身所有的，"现"字并没有出现在《说文解字》中。"表现"一词最早在魏晋南北朝时期随着佛教传入而被带进中国文化，在佛教中"表现"一词是形体显现之意。④ "表现"一词在唐代开始频繁出现，其意义与"垂形"相对，⑤也为形体显现之意，与现代的"表现"意义相去甚远。Express 在英华字典中并未被翻译成"表现"，而是以"言说"、"表出"等各种近似的词条出现。根据中央研究院近代史研究所在线词典资源，1822 年的《马礼逊英华字典》和 1844 年卫三畏的《英华韵府历阶》给与动词 express 的词条解释均为"言"或"详言"（to say）⑥。1847—1848 年麦都思英华字典和 1866—1869 年罗存德英华字典将"言"扩展为双音节义项"言说"，除此之外多了一个义项"挟出、挤出来"

---

　　① Express 的词源学意义，参考词源学在线词典 https：//www.etymonline.com/search?q＝express.

　　② Expression 的词源学意义，参考词源学在线词典 https：//www.etymonline.com/search?q＝expression.

　　③ 柯林斯出版公司柯林斯高阶英语学习词典（英语版）[M].北京：外语教学与研究出版社，2006：500.

　　④ （南北朝）《杂阿含经》（上册）[M].中国佛教文化研究所点校，宗教文化出版社，1999 年，第230 页载："尔时，世尊，大梵天王还去未久，即还祇树给孤独园，敷尼师檀，敛身正坐，表现微相，令诸比丘敢来奉见。"

　　⑤ （唐）道宣：《广弘明集》卷 27[M].《中华大藏经》（汉文部分），中华书局：1993 年，第 63 册，第 363 页载"所以垂形丈六表现灵仪随方应感"一语。

　　⑥ http：//mhdb.mh.sinica.edu.tw/dictionary/search.php?searchStr＝express&titleOnlyBtn＝true.

(to squeeze out)，而罗存德英华字典还增加了"显出、显明"(plain，direct)的义项。1884 年井上哲次郎订增英华字典和 1908 年颜惠庆英华大辞典都列出了"显出，显明"(to indicate，as one's wishes)，吐出心思、达意(to express one's mind)的义项。在日本 1884 年的《哲学字汇》中 expression 的解释为"文辞、语法、表出、面色"①。从这些解释可知，express 一词在 20 世纪 20 年代之前还未与"表现"二字对应，但是其意义是一个逐渐靠近"表现"的内涵，而异化或丢失"挤压，挤出"意义的过程。英语"表现"(expression)进入中国，是欧、日、中跨文化交流的结果。"表现"一词真正进入中国，是随着日本厨川白村的《苦闷的象征》(1924 年)、本间久雄的《文学概论》(1924 年)等文学理论著述的翻译而进入中国的。"表现"一词在这两部翻译作品中的意义不仅仅指情感由内而外的宣泄与喷涌，还包括生命与自我的表达与抒发，以及对于社会、时代等客观现实的呈现。"表现"概念自 1924 年开始，便频频出现在中国文学理论中，并逐渐成为文学批评的固定话语概念。但是西方表现主义思潮中的"表现"与克罗齐美学中的"表现"的内涵有所不同。

克罗齐的"表现"是一个美学概念，指从情感状态向审美理解的转化，布洛克称之为"情感的外化"，即使得情感"从一种非理性的冲动变成一种艺术的理解"②。它是与美学上的"模仿"或"再现"相对立的概念。模仿是西方美学中延续时间最长的一个概念。古希腊哲学家赫拉克利特就认为"艺术是对自然的模仿"③，这里的"自然"是指自然的生成规律。德谟克利特也持同样的观点，他们所谓的艺术的模仿，实际上强调的是艺术对于自然背后本质规律的一种再现，这是后来柏拉图正式提出模仿论的依据。柏拉图将艺术视为模仿的模仿："从荷马起，一切诗人只是模仿者，无论是模仿德行，或者模仿他们所写的一切题材，都只得到影像，并不曾抓住真理。"④艺术与真理隔着两层，艺术模仿现实，而现实是真理的模仿，因此艺术只是模仿的模仿。中世纪在基督教神学的笼罩下，艺术不再是对现实世界的模仿，而是被赋予了更多象征的意味，即艺术是对永恒世界的模仿，或模仿上帝本身。文艺复兴时期由于对人之价值的肯定，文艺又回到古希腊时期对于自然现实世界的模仿的强调。表现概念实际上也经历了和模仿论同

①　井上哲次郎，有贺长雄.哲学字汇[M].东京：东洋馆书店，1884：43.
②　[美] H. G.布洛克.美学新解[M].滕守尧，译.辽宁人民出版社，1987：141.
③　叶秀山.前苏格拉底哲学研究[M].北京：生活·读书·新知三联书店，1982：115.
④　柏拉图.柏拉图文艺对话集[M].朱光潜，译.北京：人民文学出版社，1963：76.

样悠久的历程，但是由于模仿论在西方文艺理论中的垄断地位，艺术表现情感的观念一直被掩盖与遮蔽，直到 19 世纪下半叶浪漫主义的兴起，才使得"表现"的概念正式出现。"如果说模仿理论试图通过艺术所模仿的外部客观世界来解释艺术，表现理论则把注意力放在内部主观世界，即人感受的情绪和情感等方面。"①对于艺术表现人的内在情感，与启蒙时期的哲学对于人的主体性的突出，以及后来哲学家们对理性主义的批判密不可分，克罗齐的美学正是在这一背景下产生的。克罗齐的早期美学代表作《美学》中的"表现"（expression）与后期《美学纲要》中的"表现"的意义是有所不同的，这一不同是克罗齐自身思想发展的体现。早期强调心灵综合的创造，而后期在此基础上加强了抒情的内涵。我们仔细考察朱光潜的译本《美学原理》所依据的道格拉斯·安士莱的英文原文，根据上下文分析可以得知，英译本中的 expression 实际上是指一种广义上的语言在心灵中的形式表达。克罗齐这样说：

> "直觉活动能掌握直觉，在一定程度上说是因为它表现了直觉。——如果这种说法乍一看似乎是矛盾的，那多少是因为一般情况下，'表现'一词的意义太有限了，一般认为它仅限于口头表现。但实际上也存在非言语表现，如线条、颜色和声音；我们必须对所有这些都予以肯定，他应该还包括辞令家、音乐家、画家或者任何其他人的每一种表现。但是，无论它是形象的、语言的、音乐的，或任何别的形式，表现对于直觉都不可或缺，因为它就是直觉不可分割的一部分。我们怎能对一个几何图形有真正的直觉呢？除非我们能对它有一个确定的意象，能立即在纸上或板上描绘出来。如果我们不能将它所有的曲折画出来的话，我们怎么能直观地知道一个地区如西西里岛的轮廓？每个人都有这种经验：当他成功地把自己脑海中的印象和感觉表现出来时，他的内心会得到启发，但这种启发仅限于他能够表现出来之时。于是，感觉或印象，通过文字的方式，从灵魂的朦胧地带进入沉思的心灵的澄澈之中。在这个认知过程中，不可能区分直觉和表现。两者是同时产生的，因为它们不是二物而是一体的。"②（本段为笔者翻译，原文见脚注。③）

---

① H. G. 布洛克. 现代艺术哲学[M]. 滕守尧, 译. 成都：四川人民出版社, 1998：125 - 126.

② Benedetto Croce. *Aesthetic as Science of Expression and General Linguistic*（Douglas Anslie, trans.）, London：Macmillan and Co. Limited, 1922. p.8 - 9.

③ Intuitive activity possesses intuitions to the extent that it expresses them. Should this proposition sound paradoxical, that is partly because, as a general rule, a too restricted （转下页）

　　根据上下文判断，expression 在这段文字中的意义就是一种宽泛意义上的表现，它不仅仅指语言文字，还包括线条、颜色、声音等其他艺术表现形式，当然这种表现仅限于一种精神的图像，并不呈现于现实世界。而且，克罗齐所谓"感觉或印象，通过文字的方式，从灵魂的朦胧地带进入沉思的心灵的澄澈之中"，本质上是一种主体生命情感的抒发。苏宏斌就认为这里的 expression 并不具备情感表现的意味，而应该翻译为表达，[①]笔者认为这一观点值得商讨。克罗齐在上下文中所使用的 formulate 一词，其意义是指用语言、文字、色彩图画等对感觉材料赋予形式，即表达之意，他强调如果主体不将心中的印象与感受赋形，直觉将无法完成，formulate 是一个赋形的过程，而 expression 则是赋形的结果。而且，克罗齐认为表现的形式对于直觉来说不可缺少，或者它就是直觉的，二者是同一的。表现是直觉的现实性，正如行动是意志的现实性一样；同样，没有表现出来的意志不是意志，没有表现出来的直觉也不是直觉。克罗齐反对将直觉与表现区分开来，即将直觉视为内容，而表现视为形式的二分法，他对这一做法提出质疑："某种外在的并与内在无关的东西能够和内在东西相结合，并表现内在东西吗？一种声音或一种色彩怎么能够表现一个无声无色的意象？一种形体怎么能够表现一种无形体？自发的想象与思考，甚至技术行为如何能在同一行为中合作？当直觉和表现区分开时，当前者和后者的性质截然不同时，任凭中介术

（接上页）meaning is given to the word "expression". It is generally restricted to what are called verbal expressions alone. But there exist also non-verbal expressions, such as those of line, color and sound; and to all of these must be extended our affirmation. Which embraces therefore every sort of manifestation of the man, as orator, musician, painter, or anything else. But be it pictorial, or verbal, or musical, or whatever other form it appears, to no intuition can expression in one of its forms be wanting; It is in fact, an inseparable part of intuition. How can we really possess an intuition of a geometrical figure, unless we possess so accurate an image of it as to be able to trace it immediately upon paper or on the blackboard? How can we really have an intuition of the contour of a region, for example, of the island of Sicily, if we are not able to draw it as it is in all its meanderings? Everyone can experience the internal illumination which follows upon his success in formulating to himself his impressions and feelings, but only so far as he is able to formulate them. Feelings or impressions, then, pass by means of words from the obscure region of the soul into the clarity of the contemplative spirit. It is impossible to distinguish intuition from expression in this cognitive process. The one appears with the other at the same instant, because they are not two, but one.

　① 苏宏斌在其《论克罗齐美学思想的发展过程——兼谈朱光潜对克罗齐美学的误译和误解》一文中认为：表现专指对情感、情绪等主观感受的表达，而克罗齐前期《美学》中的 expression 的对象只是印象和感受，因此应该翻译为"表达"，而后期克罗齐在其美学中强调提出了情感，因此才真正成为一个表现主义者，此时 expression 的对象是纯粹的情感，因此翻译为"表现"。

语再精巧，也不能将二者结合起来。"①克罗齐认为表现的语言、声音、线条等实际上是和直觉一体的，一个意象在形成的过程中就内涵着声音、颜色与线条等表现元素。克罗齐此处强调广泛意义上的表现本来就是直觉的一部分，或者它本身就内涵于直觉。由于心灵综合在直觉中的作用，表现实际上是一种主动的心灵赋形的结果，具有创造的意义。在《美学》的第九章"论表现不可分为各种形态或程度，并评修辞学"中，克罗齐认为，表现没有形态和程度的分别，因为主体所感受到："表现的事实都是不同的个体，除了它们具有共同的表现性质外，没有一个与另一个是可以互换的。用经验派的话来说，表现是一个不能再作分类的种。印象或内容不同；每一种内容都不同于其他的内容，因为在生活中没有东西是重复的；表现形式不可减少的变化与内容的不断变化相适应，与印象的审美综合相适应。"②（本段为笔者翻译，原文见脚注。③）这里克罗齐强调的是由于印象感受内容的不同而导致表现形式的不同，而表现的形式是印象的审美综合，它存在于主体心灵中。正是因为审美表现的个体独特性使得对于一切审美表现的分类都是荒唐可笑的。由此可见，中国的译者们将克罗齐的 expression 翻译成"表现"，不失为一种忠实的翻译。虽然克罗齐后期《美学纲要》中因为对于抒情的强调而更接近表现主义美学的精神内核，但是前期《美学》中的表现突出的是通过心灵综合，人从"灵魂的朦胧地带进入沉思的心灵的澄澈之中"的生命表达和抒发，以及心灵综合形成的艺术形式与内容的整一，这一内涵是表达等其他语词所不能传达的。尽管如此，作为语际之间的跨文化转换，词语的内涵无论如何也不可能求得完全的等值。克罗齐的"表现"进入中国文化后，经朱光潜、邓以蛰、林语堂等的吸收和接受，成功实现了跨文化变形，这一问题将在后面的章节具体探讨。

四、Image 的翻译

Image 是意大利文 immagine 的英译，二者词根相同，意义对等。朱光潜将

---

① ［意］贝内德托·克罗齐.《美学纲要》.田时纲，译.北京：社会科学文献出版社，2016：24.

② Benedetto Croce. *Aesthetic as Science of Expression and General Linguistic*（Douglas Anslie, trans.）. London：Macmillan and Co. Limited ，1922. p.67 - 68.

③ Individual expressive facts are so many individuals，not one of which is interchangeable with another，save in its common quality of expression. To employ the language of the schools，expression is a species which cannot functions in its turn as a genus. Impressions or contents vary；every content differs from every other content，because nothing repeats itself in life；and the irreducible variety of the forms of expression corresponds to the continual variation of the contents，the aesthetic syntheses of the impressions.

image 翻译成意象，而傅东华则翻译成心象，现在基本采用朱光潜的译文。意象在克罗齐的美学理论中，是指直觉所产生的结果，是"个性化过程所涉及的情感先验或直觉形式"，克罗齐称之为"表象"（representation）或"意象"（image）①。克罗齐的意象是一种基于人的情感、通过想象与先验综合而获得的感性认知的产物，其内容和形式都不和物质世界发生关联。克罗齐用意象的个别性对抗具有普遍性的概念，在康德"人为自然界立法"的基础上进一步突出人的主体性价值，为人的感性认知在人类知识论中挣得了一席合法之地。其次，克罗齐的意象观以情感表现为根本来论证艺术自律，为艺术划出一片独立的领地，将艺术从哲学、神学与道德的枷锁中解放出来，开启了现代艺术对于主体心灵的探索。西方文学中的"象"概念产生于古希腊，古希腊最早用"模仿"（mimming）一词来表示用声音和形体对人和动物的行为进行复制的活动，后来这一词语发展为"以人工制作品的方式来复制世象"②，而模仿艺术必然涉及文学艺术之"象"的问题。希腊文 eikon 在英语中的对应词是 icon，根据《新牛津词典》，icon 的基本意义是image。从词源上考察，image 来自于古拉丁语 imago，词根为 imitari，意指雕像，图片（statue，picture），也有幽灵之意（phantom，ghost，apparition）；其动词形式为 imaginem，意为复制、模仿、相似（copy，imitation，likeness）；其比喻意义为理念，外表（idea，appearance）；这个词在 14 世纪时的拉丁文形式为imaginatio，意指镜子中的映像（reflection in a mirror），14 世纪晚期发展为精神图像，即想象之意（a mental picture of something，imagine）。③ 在古希腊和中世纪，文学之"象"一直是哲学和神学的附庸，诗人和艺术家们通过对可见之"象"的模仿与描绘，追求一种隐藏在表象背后的本源之"象"或上帝之"象"。用阿奎那的话来说，他们的"观象"活动首先是表示"视觉感官的活动"，但最终是"被用于心灵的认识"④，而心灵的审美观照活动最终是指向理念的或者神性的"本象"。"象"真正成为文学艺术的概念是在 12 世纪，它不再是某种神秘的理念或者上帝的反映，而是诗人艺术家的想象性虚构，这是一种主体自觉意识活动的创造。文艺复兴之后，文学艺术与真理的探求疏离，开始关注"诗人的想象力"或"做梦和

---

① 　Benedetto Croce. *Aesthetic as Science of Expression and General Linguistic* （Douglas Anslie，trans.）. London：Macmillan and Co. Limited，1922. p.7.
② 　[美] 安德鲁·福特.批评的起源[M].普林斯顿大学出版社，2002：94.
③ 　https：//www.etymonline.com/search?page=1&q=image.
④ 　沃拉德斯拉维·塔塔科维兹.中世纪美学[M].诸朔维等，译.北京：中国社会科学出版社，1991：315.

达到诗的逼真所共有的心理能力"。想象能力与哲学思维能力不同的是，它是人们凭借自身的意愿虚构事物之象的能力。这一转变无疑是对于文学艺术主体性的重视，同时也使得文学艺术逐步回归其本身而不再受制于形而上的理念与神性。克罗齐的意象正是在这种背景下产生的，其意象完全是一个心灵综合的产物，无关物质形象、道德与宗教，理智与判断，只关乎主体的情感世界，是一个纯粹感性的诗性意象。

　　用"意象"和"心象"来翻译 image，是否能够构成意义对等，这得从两个语词的原始含义说起。先来看"意"和"象"字的《说文解字》注解：意字："志也，从心察言而知意也。从心从音。"①"言为心声，故'意'从心从音，从音与从言意同。"②象字本为："长鼻牙，南越大兽，三年一乳，象耳、牙、四足之形。凡象之属皆从象。"③"'象'本兽名，'相似'之'像'本作'像'，二字义别。而'像'又借作'象'。"④由此观之，意象与心象二词含义基本等同。再来看意象一词的文化和审美内涵。《周易》中的"观物取象"⑤和"立象尽意"⑥是"意象"的重要源头，其中的"象"涉及物、形、象之间的关系。物指客观事物，是对象实体，主体观（感）物之实体，眼（耳）中得其形，然后在脑海中生成象，象已然脱离了实体之物，具有了精神的意味。"意"则指主体的整个心灵活动，中国古代意与志是不分的，《说文解字》以"意""志"互释，"志：意也，从心之声。"⑦固有"意志"之说，它有意念、意象、意愿之意，指人的理性能力。而从中国古代的"诗言志"⑧和"在心为志，发言为诗。情动于中，而形于言"⑨。可知，志中又包含着情，是情与理的统一。意象作为中国美学思想的语词，体现了主体情志和客观对象之间的二元关系，它虽然是主体头脑中生成的精神之象，但是又与自然世界和人生世相不可分离。中国美学中

---

　　① 许慎.说文解字（徐铉校定）[M].北京：中华书局，2013：216.
　　② 苏荣宝.说文解字（今注）[M].西安：陕西人民出版社，2000：364.
　　③ 许慎.说文解字（徐铉校定）[M].北京：中华书局，2013：196.
　　④ 苏荣宝.说文解字（今注）[M].西安：陕西人民出版社，2000：337.
　　⑤《周易·系辞下传》云：古者包牺氏之王天下也，仰则观象于天，俯则观法于地，观鸟兽之文，与地之宜。近取诸身，远取诸物，于是始作八卦，以通神明之德，以类万物之情。见《周易译注》，周振甫译注，北京：中华书局，2012：335.
　　⑥《周易·系辞下传》云：子曰："书不尽言，言不尽意。"然则圣人之意，其不可见乎？子曰："圣人立象以尽意，设卦以尽情伪，系辞焉以尽其言。变而通之以尽利，鼓之舞之以尽神。"见《周易译注》，周振甫译注，北京：中华书局，2012：326.
　　⑦ 许慎.说文解字（徐铉校定）[M].北京：中华书局，2013：216.
　　⑧ 皮锡瑞.今文尚书考证[M].盛冬铃、陈抗，点校.北京：中华书局，1989：83.
　　⑨ 郑玄笺，孔颖达等正义.毛公传.毛诗正义[M].上海：上海古籍出版社，1990：15.

的意象不仅是情与理的结合，也是物与情的融合。因此，用意象来翻译克罗齐纯粹精神的 immagine，虽然有某种程度的意义近似，但并不能实现内涵的完全对等。

以"原文中心论"为导向的翻译理论中，"忠实于原作"是一个译者必须遵守的翻译准则，这样一来，"不仅原文作者，而且译者的作用也被完全悬置起来。译者的主体作用仅仅在于认知的过程：即将不同的符号转换成另一个符号系统。追求文本的等值就是译者的任务，而译者的主观意向和解释则成为空中楼阁。"①但是，从以上克罗齐译本的分析来看，追求跨文化文本之间的等值是一场徒劳，翻译是一种"创造性叛逆"②，造成"创造性叛逆"的原因在于译者对原作意向的解读、对读者接受的考量、对自身风格与个性的坚守，以及译者对文化与话语权力的抵抗等。"创造性叛逆"具体体现在翻译内容的取舍和处理，语言转换策略的选择，以及重点概念的阐释等方面。克罗齐的译者们无论是在翻译内容的选择，还是对于原文的转换上都充分发挥了各自的主体性。不同的翻译内容体现出译者对克罗齐美学某一方面的钟爱，无疑也契合了当时的思想传播需求，而灵活多变的翻译策略，又使得克罗齐文本在新的文化语境里更有效地被受众所接受。然而，他们又并未无限制地夸大与放纵其主体性，而是尽力寻求原文与译文、原作者与译者以及译者与读者等翻译主体之间的对话与沟通。

克罗齐美学于 20 世纪 20—40 年代被中国现代知识分子朱光潜、林语堂、邓以蛰和滕固等接受，并各自为我所用，将之吸收到各自的文艺美学理解与理论建构中。接受者们所参照的文本基本是克罗齐早期的《美学》与后期《美学纲要》的英译本或者中译本。首先，无论翻译多么靠近克罗齐原意，译本都不可能完全再现克罗齐文本中的原始内涵，因此《美学》与《美学纲要》就不可避免地成为第二次创作。而中国的接受者在克罗齐美学译本基础上的解读与阐释，毫无疑问是克罗齐美学的又一次创造。本章节讨论的直觉、表现与意象等概念的翻译，还会在不同接受者的具体阐释中获得更为丰富的意义，克罗齐的直觉表现论与中国传统美学思想交织与融合，促成了克罗齐美学的中国化。有关克罗齐美学在接受中的变形与改造，将在接下来的三章予以详细分析。

---

① 许钧、穆雷.翻译学概论[M].南京：译林出版社,2009：191.
② 埃斯卡皮.文学社会学[M].王美华、于沛，译.合肥：安徽文艺出版社,1987：147.

第四章

变异中追寻：
朱光潜对克罗齐美学的解读

　　理论的接受不是一种指向客体的对象性活动，而是一个作为主体的人与人之间的对话过程。克罗齐美学的接受，牵动着原作者、译者与接受者之间思想、情感和认识的沟通与交流、碰撞与融合。接受者们所处的时代与文化语境、特殊的人生经历、艺术修养、趣味取向以及个性气质，构成他们理解克罗齐美学的"期待视野"，制约并决定了克罗齐美学在受众接受中获得不同的反响。上一章所讨论的概念转换，虽然经过译者的翻译在文本中得以固定，但是它们必然又在具体的接受活动中不断被阐释、误读与改造，"永远不停地发生着从简单接受到批评性的理解，从被动接受到主动接受，从认识的审美标准到超越以往的新的生产的转换"，[①]最终实现在中国文化语境的本土化。

　　朱光潜是克罗齐美学在中国的主要译介者与接受者，克罗齐美学对于朱光潜美学思想的建构及其文学批评观的形成具有举足轻重的作用。朱光潜对克罗齐美学的接受，始终紧扣克罗齐直觉即表现论的"抒情"特征，尽管克罗齐早期的《美学》(1902)中并未突出强调"情感"二字，只是在后来的《美学纲要》(1913)中将"抒情"与直觉表现紧密关联。但是朱光潜并未严格区分克罗齐思想的发展与变化，或者可以说，朱光潜主要接受的是克罗齐《美学纲要》中的美学思想，他在最早引介克罗齐的论文《欧洲近代三大批评学者——克罗齐(Benedetto Croce)》中，就强调克罗齐"在心灵的创造作用中，背面的支配力是情感"[②]。尽管朱光潜在20世纪40年代翻译了克罗齐的《美学》，但并未对之与《美学纲要》的思想差异予以特殊说明。苏宏斌认为，朱光潜忽略其前后期美学思想中"抒情"元素的

---

　　① 姚斯 H. R.接受美学与接受理论[M].沈阳：辽宁人民出版社，1987：24.
　　② 朱光潜.欧洲近代三大批评学者——克罗齐(Benedetto Croce)[M]//朱光潜全集(新编增订本)：欣慨室西方文艺论集、欣慨室美学散论.北京：中华书局，2012：36.

从无到有,是因为他把克罗齐后期著作中关于艺术抒情性的思想和哲学上的唯心论观点代入《美学》的结果。这种错误的代入,使他忽视了克罗齐在早期《美学》中所持的二元论或自然主义立场,以至于"把克罗齐关于'艺术是对一切印象和感受的表达'的思想,狭隘化成了'艺术是对情感的表现',由此造成了对克罗齐早期美学思想的重大误解"①。本书以为朱光潜的误读,不能简单地归结为他忽视克罗齐《美学》中的二元论或自然主义立场。本书第一章已经交待,克罗齐曾经在其《自传》中提及自己 1902 年的《美学》中的自然主义与康德主义痕迹,他在后来的《自我评论》中,也再一次承认了自身思想的进步在于"越来越彻底地消灭自然主义、越来越强调精神同一性,美学中对直观概念的深化,现在已形成的抒情性概念"②。这么明显的思想发展线索,不可能不被深谙克罗齐美学的朱光潜所了解。因此本书以为,朱光潜的误读,或属一种创造性建构。可以这么说,"抒情"是朱光潜理解与接受克罗齐美学的基础,也是朱光潜阐释与改造克罗齐美学,构建其个人美学框架的依据。"情感"是朱光潜早期美学思想的本体,因此本书将朱光潜的早期美学称为"情感美学"③。

第一节　情感与理性的辩证

朱光潜情感美学的建构,基于他在特殊的历史语境里对"情与理"的辩证思考。从洋务运动到戊戌变法再到辛亥共和,中国知识分子在寻求救亡图存的道路上,经历了从技术层面到制度层面的尝试,当这些尝试一一失败之后,他们转向文化的批判。当旧的价值体系崩塌,而新的文化权威尚无着落之时,西方的科学与民主作为新的价值依托便应运而生。然而,正因为五四知识分子怀着摆脱现实困境的强烈诉求,使得"科学的底蕴一开始就超越了科学自身而改换为中国社会现代化努力的历史主题,并由知识分子对未来社会的期望参与了对它意义

① 苏宏斌.论克罗齐美学思想的发展过程——兼谈朱光潜对克罗齐美学的误译和误解[J].文学评论,2020(4)：45.
② ［意］克罗齐.自我评论[M].田时纲,译.北京：商务印书馆,2015：37.
③ 朱光潜的情感美学论,还可见于 2019 年杨文欢的两篇论文：《朱光潜情感美学的本体内涵及知识学谱系》和《朱光潜情感美学的场域伦理与知识启蒙》。杨文欢的论文从朱光潜对西方多种美学理论(距离说、移情论、内模仿、直觉说)的吸收来讨论其情感美学。而本书则聚焦于克罗齐美学与朱光潜美学之间的关联,重点探讨克罗齐美学思想如何参与了朱光潜情感美学的建构,以及克罗齐的美学又如何在朱光潜的情感美学中被改造。

的重塑"①。科学因此超出了其本身的知识内容与价值，而被赋予了更多社会与人生价值的概念意义。当时的科学主义者视科学"为芸芸众生所托命者"②和"万能必胜之利器"③，甚至令一种普遍和终极价值委身于此，认为它能"造就新的，能主宰人生、自然的新人"④。张君劢于1923年2月14日以《人生观》为题的清华演讲对科学万能观发起了质疑与挑战，开启了中国思想史上的科玄论战。张君劢认为人生观是直觉与综合的，并不受客观因果律支配，"故科学无论如何发达，而人生观问题之解决，绝非科学所能为力，惟赖诸人类自身而已。"⑤科学固然重要，但于生命的困境却无能为力。朱光潜也对科学主义者理智救国的主张提出了质疑，以为理智并不能完全支配人的情感。深谙西方文化的朱光潜认识到理智主义给西方社会发展带来的各种弊端，同时也对当时西方理智主义的衰落深有体悟，深知现代西方哲学的主潮是反理智至上而重生命情感："自尼采、叔本华以至于柏格森，没有人不看透理智的权威是不实在的。"⑥在朱光潜眼里，如果只拥有纯理智，我们的生命是狭隘的，离开情，人的生命不过是吃饭与繁殖后代的机械重复。⑦ 朱光潜从西方社会发展的现实困境中深感唯理智主义可能带来的危机，因此他用情感来中和与消解对理性的过度强化。他视人为一种有机体，情感和理性为人之天性固有，他立足于人之生命的和谐健康发展，来正视情感与理性的辩证关系。朱光潜赞赏儒家生生不息而念念常新的生命观，"生命原就是化，就是流动与变易。整个宇宙在化，物在化，我也在化。只是化，并非毁灭。"⑧这生生不息的生命过程中流淌着情感，理智并不能维持生命的和谐与统一。不仅如此，朱光潜还认为理智支配下的道德也沦为下流品，因为理智支配下的道德只是问理的道德而不是问心的道德，前者迫于

---

① 严博非.论新文化运动时期的科学主义思潮[M]//许纪霖编.二十世纪中国思想史论.上海：东方出版中心，2000：185.

② 发刊词：迩来杂志之作亦伙矣[J].科学（月刊），第1卷第1号.1915年1月：6-7.

③ 杨铨.科学与战争[J].科学（月刊），第1卷12期：353.

④ 任鸿隽.科学与教育[J].科学（月刊），第1卷12期：1343.

⑤ 张君劢.人生观[J].清华周刊，1923年第272期：3-4.

⑥ 朱光潜.谈情与理[M]//朱光潜全集（新编增订本）：给青年的十二封信、谈修养.北京：中华书局，2012：44.

⑦ 朱光潜这样理解生活："生活是多方面的，我们不但要能够知（know），我们更要能够感（feel），理智的生活只是片面的生活。理智没有多大能力去支配情感，纵使理智支配情感，而胜于情的生活和文化都不是理想的。"见朱光潜.谈情与理[M]//朱光潜全集（新编增订本）：给青年的十二封信.北京：中华书局，2012：49.

⑧ 朱光潜.生命[M]//朱光潜全集（新编增订本）：欣慨室随笔集.北京：中华书局，2012：125.

理智而后者迫于衷情。[①]

朱光潜之所以意识到情感对人之生命发展的重要，除了传统儒家思想的浸润，也受到了西方反理性至上思想家的影响，这其中就包括克罗齐。克罗齐是他刚到英国留学时接触到的西方思想家，之所以对其思想一见钟情，原因在于克罗齐思想中的反理智主义十分契合朱光潜当时的心境。朱光潜第一篇介绍克罗齐的论文中就提到："他早年崇拜黑格尔（Hegel），而他的哲学则为黑格尔派哲学的反动，于理智之外特标出直觉。"[②]克罗齐并不否认理性的重要，但是他反对将理性绝对化与唯一化，因此他在其心灵哲学的逻辑建构中，别有用心地划清了直觉与理智的边界，并郑重宣告："直觉知识并不需要主子，也不要倚赖任何人；她无须从旁人借眼睛，她自己就有很好的眼睛。"[③]在克罗齐的心灵哲学里，人的感性终于摆脱了理性的统治而获得独立，这一点深得朱光潜的倾心。不仅如此，克罗齐还将直觉视为心灵活动的起点，以此突出情感想象在生命发展中的基础地位，并进一步证明文学艺术可独立于理智而存在，且对于理智发展来说不可或缺。朱光潜借鉴了克罗齐的艺术独立观，曾特意挑出克罗齐《美学纲要》的第一章"艺术是什么"翻译成中文发表。有关艺术与理性的关系，朱光潜与克罗齐深有共鸣，他认为如果艺术宗教等缺乏情感的观照，不过只是一种死的形式："如果纯任理智，则美术对于生活无意义，因为离开情感，音乐只是空气的震动，图画只是涂着颜色的纸，文学只是串起来的字。"[④]情感在克罗齐与朱光潜的美学中，不仅使艺术充满意义，还是完整的艺术意象得以形成的依据，情感的缺乏将导致艺术整一性生命的丧失。与克罗齐一样，朱光潜也并未完全摒弃理智，文艺虽然是表现情感的艺术，但是也并非不需要理智："其实文艺正是因为表现情感的缘故，需要理智的控制反比科学更甚。""人人都能感受情绪，感受情绪而能在沉静中回味，才是文艺家的特殊修养。"[⑤]他认为文学艺术形式的形成是生糙的情感加上冷静的回味得来，这种冷静的回味在他看来，就是"我"跳出自我的圈子，以"无我"的

① 朱光潜.谈情与理[M]//朱光潜全集（新编增订本）：给青年的十二封信、谈修养.北京：中华书局，2012：47.

② 朱孟实.欧洲近代三大批评学者（三）——克罗齐[J].东方杂志，1927，（24）15：63-73.

③ Benedetto Croce. *Aesthetic as Science of Expression and General Linguistic* (Douglas Anslie, trans.), London: Macmillan and Co. Limited, 1922. p.2.

④ 朱光潜.谈情与理[M]//朱光潜全集（新编增订本）：给青年的十二封信、谈修养.北京：中华书局，2012：46.

⑤ 朱光潜.谈冷静[M]//朱光潜全集（新编增订本）：给青年的十二封信、谈修养.中华书局，2012：161.

眼光理性地看待世界。朱光潜美学里的情感，不是情绪的任意发泄，而是理性制约下的艺术情感。

情感要挣脱理性的束缚而独立，同时又不排斥理性的正当约束，这是朱光潜情感美学中的基本论点。不仅如此，朱光潜美学中的情感，并非是超脱现实的空洞概念，它毕竟与克罗齐局限于纯精神领域的情感有所不同，这一点可以从他在《谈美》的开场白中得到证明："我坚信情感比理智重要，要洗刷人心，并非几句道德家所言可了事，一定要从'怡情养性'做起，一定要于饱食暖衣、高官厚禄等等之外，别有较高尚、较纯洁的企求。要求人心净化，先要求人生美化。"①朱光潜分析中国当时社会之所以出现颓废混乱的局面，不只是制度的问题，而是因为人心出了问题，因此他强调用艺术来净化人心，美化人生。艺术与人生的关系是中国传统美学的重要命题，钱穆曾经指出："中国文化之趋向，为一种'天人合一'的人生之艺术化。"②人生艺术化构成了朱光潜情感美学的"先验之维"③。他将人生分为广、狭两义：艺术虽与"实际人生"有距离，与"整个人生"却并无隔阂，人生本来就是一种广义上的艺术，④情趣和欣赏是对待人生的基本态度，是达到人生严肃与建立高尚人格的必要中介。人以创造和欣赏的态度对待人生诸事时，就能暂时从世俗功利的实用世界跳出，进入无功利的美感世界，拥有宏远的眼界与豁达的胸襟，达到人心的美化。另外，对科学知识的追求，如果暂时抛开实用目的而以饱含情趣的态度对待之，真理也便成了美感的对象。朱自清曾对朱光潜"由艺术走入人生，又将人生纳入艺术之中"的"宏远的眼界和豁达的胸襟"给予了高度评价。⑤ 朱自清认识到朱光潜视野中的"艺术"不单单是克罗齐所说的一刹那间的直觉，他还集名理、道德、人生于"一体"，虽然"美感经验"可以"孤立绝缘"，但"艺术"则不能，"艺术"要比"美感经验"的范围更大。在这个意义上，艺术和美是可以储"善"的；艺术和美也是能够启"真"的。⑥

---

① 朱光潜.开场话［M］//朱光潜全集（新编增订本）：谈美、文艺心理学.北京：中华书局，2012：7.

② 钱穆.中国文化史导论［M］.北京：商务印书馆，1994：259.

③ 宛小平、张泽鸿著.朱光潜美学思想研究［M］.北京：商务印书馆，2012：290.

④ 朱光潜这样论述人生与艺术的关系："因为艺术是情趣的表现，而情趣的根源就在人生。反之，离开艺术也便无所谓人生；因为凡是创造和欣赏都是艺术的活动。"见朱光潜，"慢慢走，欣赏啊！"——人生的艺术化［M］//朱光潜全集（新编增订本）：谈美、文艺心理学.北京：中华书局，2012：93.

⑤ 朱自清.序［M］//朱光潜全集（新编增订本）：谈美、文艺心理学.北京：中华书局，2012：5.

⑥ 宛小平.朱光潜年谱长编［M］.合肥：安徽大学出版社，2019：78.

朱光潜的美学思想始终以情感为基石，但是又不乏理性的思考，这正是其美学思想区别于传统的地方，而对于情感与想象的重视，又使其美学思想充满浓厚的人文关怀与生命情怀。在《谈修养》一书的《自序》中，朱光潜说到"以出世的精神做入世的事业"①，体现出朱光潜作为"五四"之后的现代知识分子浓厚的现实关怀，其美学也并未脱离现实而流于玄幻与思辨的纯粹概念和理论探讨，而是始终关注现实人生的改善与人性的改造。朱光潜对情感的强调和他的人生化艺术观，构成了他理解和接受克罗齐美学的思想基础，他在将中国传统美学思想和克罗齐美学的融合中，无不突出生命情感与艺术人生化的基调，从而构建起自己的"情感美学"。

第二节 概念的跨文化变异

直觉、意象与表现是克罗齐美学中的主要概念，上一章探讨这些概念的翻译时发现，经过语际转换的中文对应语词，难免会与克罗齐美学中的原始概念内涵有所差别，不仅如此，它们又在接受的过程中被赋予新的内涵。克罗齐美学中的直觉、表现及意象等概念，也是朱光潜情感美学的关键词，朱光潜将之与中国传统美学思想相互对比与融合，并综合了西方其他美学理论中的相关思想，使得这些概念在其情感美学中发生了内涵上的变异，逐渐成为中国现代美学中的固定话语概念，从而构成了传统美学到现代美学过渡时期的形式关联。考察这些概念在朱光潜情感美学中的内涵演变，能够清晰地呈现朱光潜对克罗齐美学的吸收与改造的具体过程。

一、从直觉到"形象的直觉"的转化

作为克罗齐心灵认识循环活动的"直觉"，首先具有认识论的意义，同时，克罗齐的直觉等同于美和艺术，即直觉涵盖整个美感经验的全过程，直觉的完成意味着美的生成。朱光潜用"形象的直觉"将克罗齐的直觉取而代之，形象的直觉是朱光潜美感经验分析的逻辑起点，首先它不再是克罗齐单纯在认识论意义上与理智相对的"知"的两种形式之一了。并且，朱光潜情感美学中的美感经验是

---

① 朱光潜.自序[M]//朱光潜全集(新编增订本)：给青年的十二封信、谈修养.北京：中华书局,2012：91.

在形象的直觉基础上展开的心物交流过程，形象的直觉只构成形成美感经验的基本条件。由此，朱光潜将克罗齐美学中说得笼统而含糊的直觉赋予了过程的意义，并运用中国传统心物交感论、西方的移情论、内模仿与距离说将这一过程清晰而具体地呈现。

在直觉与知觉的区别上，朱光潜完全接受了克罗齐对于认知能力的划分。朱光潜认为直觉是最简单最原始的"知"，然后才是知觉和概念。这种最原始的"知"有如初生的婴孩第一次看到桌子，桌子对于他还是只是混沌而无意义的形象，因此直觉是一种"见形象而不见意义的'知'"①，在不涉及名理与逻辑的感性认识这一点上，朱光潜与克罗齐达成了共识。但是，朱光潜以为克罗齐的美学"只是一种知识论"②，但aesthetics的原始意义应该与intuitive相近，所以美感的经验应该是直觉的经验，是心知物的一种心理活动。朱光潜在《文艺心理学》的作者自白中表明，《文艺心理学》中的观点大都是心理学的，③他从现代心理学的基点出发来理解并借鉴克罗齐，就决定了形象的直觉与克罗齐的直觉不可能完全一致。克罗齐一直强烈反对将现代心理学纳入美学概念的理解中，他的直觉局限在认识论的范围，以直觉作为心灵活动的起点，将直觉等同于艺术，颇费苦心地突显人类精神是实践的前提，并为作为直觉的艺术划分出一片独立的领地。克罗齐对心灵的逻辑思辨式的绝对划分，与现实中作为整体的人的心灵发展并不吻合，因此显得仿佛只是一种过于理想化的理论假设，这一缺陷被朱光潜察觉。朱光潜曾经这样评价康德与克罗齐一派的形式主义美学："从主观方面来说，它把审美感觉归结为先于逻辑概念思维、甚至先于意义的理解的一种纯粹的基本直觉；从客观方面来说，它把审美对象缩小到没有任何理性内容的纯感觉的外表。这种关于审美经验的形式主义观点永远不能说服一个普通人。它尽管在逻辑上十分严密，却有一个内在的弱点。它在抽象的形式中处理审美经验，把它从生活的整体联系中割裂出来，并通过严格的逻辑分析把它归并为最简单的要

---

① 朱光潜.文艺心理学［M］//朱光潜全集（新编增订本）：谈美、文艺心理学.北京：中华书局，2012：117.
② 朱光潜.文艺心理学［M］//朱光潜全集（新编增订本）：谈美、文艺心理学.北京：中华书局，2012：118.
③ 朱光潜说："它丢开一切哲学的成见，把文艺的创造和欣赏当作心理的事实去研究，从事实中归纳得一些可适用于文艺批评的原理。它的对象是文艺的创造和欣赏，它的观点大致是心理学的……'文艺心理学'是从心理学观点研究出来的'美学'。"见朱光潜.作者自白［M］//朱光潜全集（新编增订本）：谈美、文艺心理学.北京：中华书局，2012：110.

素。"①朱光潜意识到克罗齐基于纯分析的方法割裂了直觉与心灵其他活动的关联，这从逻辑上来讲固然有其合理性，但是这种机械的逻辑分析法应用于作为生命有机体的人的精神分析，往往会有"歪曲精神活动本质的危险"②。他认为克罗齐的机械分析法"把艺术和审美经验从生活的整体中分离出来，自然就不再理会生活作为整体可能以何种方式对艺术和审美经验发生影响"③。因此他试图用现代心理学的论点克服克罗齐直觉的纯粹逻辑思辨的机械性与抽象性。

　　形象的直觉并不像克罗齐的直觉那样，完全与理智、经济和道德等心灵发展中的其他活动分离开来。朱光潜追问审美经验何以可能，即美感产生的条件，被克罗齐视为与直觉毫不相容的逻辑理智、个人经验、概念的联想、道德感等因素，都被朱光潜纳入美感经验产生的条件之列。直觉过程中固然没有道德的思考，但是在美感经验产生的前后却不能离开道德的思考，因为"直觉并不能概括艺术活动全体，它具有前因后果，不能分离独立。"④美感经验之前，一个艺术家或者艺术欣赏者在实际生活中所体验到的道德感受，无不影响着他的美感经验的走向和文艺趣味。而美感经验之后，文艺作品能够让读者在艺术所创造的自由世界中得到情感的解放并维持心理的健康，在这种无所为而为的观赏中接近最高的善，便是道德的熏陶。另外，文学艺术作品能够引导我们进入超越现实世界的更广大的世界中去，"它伸展同情，扩充想象，增加对于人情物理的深广真确的认识。这三件事是一切真正道德的基础。"⑤朱光潜认为克罗齐将人的心灵活动划分为两度四阶，将美感的人与道德的人完全分开，这不符合人作为一个生命有机体的客观规律。既然美感的人与道德的人共有一个有机生命体，那么就不能不承认文艺与道德有着密切的关系。而且，美感经验形成之前，联想是艺术想象的基础，他援引普列斯柯特"有意旨的思想"和"联想的思想"的区别，说明在诗歌创作中，诗人往往丢开"有意旨的思想"，信任"联想的思想"来生成丰富而自由的想象。朱光潜所说的联想远离了日常思想的目的性，认为文艺创作中的比喻、象征与通感都是一种联想，联想是美感经验之前的酝酿，并使之更加

① 朱光潜.悲剧心理学[M]//朱光潜全集(新编增订本).北京：中华书局，2012：25-26.
② 朱光潜.悲剧心理学[M]//朱光潜全集(新编增订本).北京：中华书局，2012：27.
③ 朱光潜.悲剧心理学[M]//朱光潜全集(新编增订本).北京：中华书局，2012：27.
④ 朱光潜.文艺心理学[M]//朱光潜全集(新编增订本)：谈美、文艺心理学.北京：中华书局，2012：221.
⑤ 朱光潜.文艺心理学[M]//朱光潜全集(新编增订本)：谈美、文艺心理学.北京：中华书局，2012：230.

充实与丰富。①

　　朱光潜的形象的直觉强调凝神观照，克罗齐的直觉则只涉及心灵综合。心灵综合的质料是感觉印象等心理材料，与物质世界无涉，而凝神观照的对象则是自然实体之物，"形象是直觉的对象，属于物；直觉是心知物的活动，属于我。"②这是二者的根本区别所在。形象的直觉强调主体对眼前形象的凝神之"见"，属眼见，而克罗齐的直觉强调心灵综合，属"心"见，但二者均具有主动创造的意味。朱光潜这样形容"见"的状态："你必须有一顷刻中把它所写的情境看成一幅新鲜的图画，或是一幕生动的戏剧，让它笼罩住你的意识全部，使你聚精会神地观赏它，玩味它，以至于把它以外的一切事物都暂时忘去。"③"把它以外的一切事物都暂时忘去"即是斩断了眼前事物和其他事物的关系，"见"到意象还不够，"所见意象必恰能表现一种情趣，'见'为'见者'的主动，不纯粹是被动的接收。"④在讨论形象的直觉时，朱光潜并没有直接使用"心灵综合"一词，而是融合了中国传统美学思维和西方现代心理学，以"移情"的说法取而代之。移情的对象是自然物质世界，这和克罗齐直觉与自然世界隔离的纯粹精神性有着本质不同。心灵综合在朱光潜的美感经验中演变成了"物—我"之间的双向移情。中国传统感应思维强调天地万物之间的交互感应，人与万物的交互感应是一种双向的主动交流，即朱光潜所说的"我的情趣和物的意态遂往复交流"⑤。美感经验过程是由于物我之间情感的往复交流而形成的一种物我两忘的纯粹意境。朱光潜虽然在论述中使用了移情论，但是心物交流又不完全等同于利普斯的移情，物不是被动接受情感移入的容器，它将情感移入主体，也具有主动创造性，朱光潜将物之情移入主体的过程以谷鲁斯的"内模仿"代称。中国传统的悟性直觉思维（或者象思维）是以"物感论"为基础的，是由实渐虚而到达物我相忘的内心体验，是主体在感知物象的基础上，通过内心本真之我体悟宇宙之道，这也是朱光潜所说的"物我同

　　① 朱光潜说到："联想有助美感，与美感为形象的直觉两说并不冲突。在美感经验之中，精神须专注于孤立绝缘的意象，不容有联想，有联想则离开欣赏对象而旁迁他涉。但是这个意象的产生不能不借助于联想，联想愈丰富则意象愈深广，愈明晰。一言以蔽之，联想虽不能与美感经验同时并存，但是可以在美感经验之前，使美感经验愈加充实。"见朱光潜.文艺心理学[M]//《朱光潜全集》新编增订本：谈美、文艺心理学.北京：中华书局，2012：198.
　　② 朱光潜.文艺心理学[M]//朱光潜全集（新编增订本）：谈美、文艺心理学.北京：中华书局，2012：119.
　　③ 朱光潜.朱光潜全集（新编增订本）：诗论[M].北京：中华书局，2012：49.
　　④ 朱光潜.朱光潜全集（新编增订本）：诗论[M].北京：中华书局，2012：50.
　　⑤ 朱光潜.朱光潜全集（新编增订本）：诗论[M].北京：中华书局，2012：50.

一"的完美境界，即"我和物的界限完全消灭，我没入大自然，大自然也没入我，我和大自然打成一气，在一块生展，在一块震颤。"①而克罗齐的直觉则是主体在心灵综合过程中领悟灵魂的整一，体认生命与人格存在的自我，"这一生命——人格存在，当然蕴含此人对人生、历史、世界乃至宇宙的总体价值取向，而这，又被克罗齐称为艺术家的'灵魂的某种状态'。"②无论是朱光潜的物我交流还是克罗齐的心灵综合，其背后的推动力都是情感，这正是二者一致的地方，也正是朱光潜走近克罗齐的原因之一。

　　既然美感经验是物我交流，那么物我之间保持怎样的距离才能产生美感？朱光潜强调艺术主体与客体之间要保持适当的"心理距离"，这个距离既不能太远也不能太近，艺术既要从现实中解放出来，又不至于如空中楼阁让人无法理解，即他承认审美活动既不同于现实功利性，而又不至于完全与人生现实无涉。朱光潜说："艺术能超脱实用目的，却不超脱经验。艺术家尽管自己不落到人情世故的圈套里，可是从来没有一个真正的大艺术家不了解人情世故；艺术尽管和实用世界隔着一种距离，可是从来也没有一个真正的大艺术作品不是人生的返照。"③由此可见，朱光潜限定的物我距离决定了形象的直觉虽然超脱现实，但是并不完全排斥现实世界，他虽然借鉴了克罗齐的直觉说，但是他的美感经验并未脱离中国传统思想里"天人合一"的文化基因，即艺术无论如何纯粹与超脱，它总是和现实世界关联成一体。朱光潜基于形象直觉的美感经验，是融合了西方心理学与中国传统美学思想之后，对克罗齐直觉的意义改造后的产物。克罗齐作为一个黑格尔之后的彻底唯心论者，其直觉所奠基的哲学思想是精神的一元论，即直觉的对象到直觉品无一不是精神自身的产物，人的心灵在直觉过程中自导自演，自我创造与生成，心灵更具有绝对的主动创造意义。而朱光潜起于直觉的美感经验始终与自然和人生不离不弃，形象的直觉与移情是传统"心物交感"论的现代变形。朱光潜用移情与内模仿等现代生理和心理概念努力缩短与弥合物我之间的界限。朱光潜从现代心理学来扩展克罗齐的心灵综合，将现代心理学为基础的经验论美学与克罗齐的思辨美学强行拼接在一起，这是有悖于克罗齐思辨美学的内在精神的。克罗齐对现代经验论美学并无好感，而且他尽力将其

---

　　①　朱光潜.文艺心理学[M]//朱光潜全集（新编增订本）：谈美、文艺心理学.北京：中华书局，2012：124.

　　②　夏中义.朱光潜美学十辩[M].上海：上海社会科学院出版社，2017：99.

　　③　朱光潜.文艺心理学//朱光潜全集（新编增订本）：谈美、文艺心理学.北京：中华书局，2012：131.

美学锁定在逻辑思辨的范围，实际上也表明了他要和现代经验论美学划清界限的决心。但是朱光潜作为一个现代西方诸多理论的接受者，他将众多理论为我所用，并未考虑到各自思想形成和发展的理论背景，也是当时一代学人接受西方理论的共同特征。

二、从意象到境界的演变

克罗齐在《美学》的开篇就谈到："人类的知识有两种形式：要么是直观的知识，要么是逻辑的知识；通过想象获得的知识或者通过智力获得的知识；个人的知识或者宇宙的知识；关于个别事物或者不同事物关系的知识，事实上，这种知识要么是意象，要么是概念。"[1]克罗齐早期《美学》中的意象着重于在知识论上的意义，即意象与概念的对立。而在《美学纲要》中，克罗齐突出强调意象的抒情性，直觉成为抒情的直觉，而意象也演变为抒情的意象（或叫纯诗意象[2]）。意象也是朱光潜情感美学中的核心范畴，朱光潜说"美感的世界纯粹是意象世界，超乎利害关系而独立。"[3]。朱光潜将意象与理智及意志活动区分开来，这和克罗齐早期《美学》中的知识论上的意象接近。不仅如此，朱光潜还说明情感在意象生成中的意义："文艺作品都必具有完整性。它是旧经验的新综合，它的精彩就全在这综合上面见出。在未综合之前，意象是散漫零乱的；在既综合之后，意象是谐和整一的。这种综合的原动力就是情感。"[4]从重视意象的情感性上来说，朱光潜的意象又和克罗齐后期的抒情意象接近。但是朱光潜在早期著作（《谈美》与《文艺心理学》）中对意象的界定并不清晰，[5]对意象与情感或情趣的关系也着墨不多，而他在《诗论》中对情趣和意象的关系则展开了具体而深入的论述，这种

① Benedetto Croce. *Aesthetic as Science of Expression and General Linguistic* (Douglas Anslie, trans.). London：Macmillan and Co. Limited，1922，p.12.

② Giovanni Gullace, *Benedetto Croce's Peotry and Literature*, *An Introduction to Its Criticism and History*. Carbondale and Edwardsville：Southern Illinois University Press. 1981，p.69.

③ 朱光潜.开场话［M］//朱光潜全集（新编增订本）：谈美、文艺心理学.北京：中华书局，2012：52.

④ 朱光潜.文艺心理学//朱光潜全集（新编增订本）：谈美、文艺心理学.北京：中华书局，2012：72.

⑤ 朱光潜对"意象"一词的使用并没有严格的界定，有时甚至将印象、形象和意象相互混淆。综观其《谈美》和《文艺心理学》中对意象一词的使用来看，大致包含两层意义，即审美前的意象和审美意象，前者指审美综合活动发生之前，审美主体见到自然之物或日常之景后在脑海里形成的印象，印象是混乱零散的，而后者是经过审美综合作用之后在主体心中生成的审美形象，或叫审美意象，它具有完整的艺术形式，且融合了主体的情感。

论述体现在诗的境界论中。"境界"是朱光潜诗学的核心概念，一般的研究者习惯将朱光潜诗的"境界"说成"意境"而不是"境界"，以便与王国维的境界观区别开来。朱光潜曾经坦言严沧浪的"兴趣"，王渔洋的"神韵"以及袁简斋的"性灵"都只能概括诗歌所创的"独立自足的小天地"之片面，而王静安的"境界"二字是恰当的概括。① 为了尊重朱光潜诗学的原意，本书依然采用"境界"一词。早在《文艺心理学》中，朱光潜在讨论美感经验时就提出过"境界"②，但并未对之展开具体探讨。后来在《诗论》中专章进行了阐述。《诗论》中的境界③是朱光潜在借鉴克罗齐纯诗意象论基础上的拓展与转化，这一转化的过程中蕴含着深刻的跨文化理论融合。

朱光潜这样定义境界："情景相生而且契合无间，情恰能称景，景也恰能传情，这便是诗的境界。每个诗的境界都必有'情趣'（feeling）和'意象'（image）两个要素。'情趣'简称'情'，'意象'即是'景'。"④境界的构成要素是情趣和意象。⑤ 对比而言，克罗齐的纯诗意象是一个灌注着主体情感的整一的精神图像，这一精神图像的材料并不是朱光潜的"景"（朱光潜称之为"意象"），它与自然物质界无涉，而是心灵世界的主观感受印象。朱光潜认为情趣是将纷乱的印象整合为一个具有生命的有机整体不可缺少的，关于这一点，克罗齐有过类似的论述："抒情原则是意象综合的内在依据。其作用就是连贯完整地把握情感。抒情原则给与直觉以连贯性和完整性：直觉之所以是连贯的和完整的，就因为它表

---

①　朱光潜.朱光潜全集（新编增订本）：诗论[M].北京：中华书局，2012：47.

②　朱光潜在《文艺心理学》中这样阐述境界："无论是艺术或是自然，如果一件事物叫你觉得美，它一定能在你心中现出一种具体的境界，或是一幅新鲜的图画，而这种境界或图画必定在霎时中霸占住你的意识全部，使你聚精会神地观赏它，领略它，以至于把它以外一切事物都暂时忘去。"见朱光潜.文艺心理学[M]//《朱光潜全集》新编增订本：谈美、文艺心理学.北京：中华书局，2012：119.

③　朱光潜在《诗论》中对于形象、意象和境界的界定也不是很清晰，比如他在第49页说："一个境界如果不能在直觉中成为一个独立自足的意象，那就还没有完整的形象，就还不成为诗的境界。一首诗如果不能令人当作一个独立自足的意象看，那还有芜杂凑塞或空虚的毛病，不能算是好诗。"这段话中，意象等同于境界。而他又在第51页说："我们抬头一看，或是闭目一想，无数的意象就纷至沓来，其中也只有极少数的偶尔成为诗的意象，因为纷至沓来的意象零乱破碎，不成章法，不具生命，必须有情趣来融化它们，贯注它们，才内有生命，外有完整形象。"这里的意象只能算是诗的境界形成之前的凌乱印象，而形象则为诗歌的外在形式。根据朱光潜《诗论》中对于境界的阐述，本书以为克罗齐的意象近似于朱光潜的境界，但是境界具有更丰富的内涵。

④　朱光潜.朱光潜全集（新编增订本）：诗论[M].北京：中华书局，2012：51.

⑤　朱光潜的"意象"不同于克罗齐的"意象"，克罗齐的意象是心灵综合之后的精神图像，它就是直觉表现，是艺术；而朱光潜的"意象"只是"景"，是未经情趣灌注并与之契合之前的纷乱的事物形象，本质上是物质的。在朱光潜的理解中，与克罗齐的"意象"对等的应该是"意境"，即情景交融之后的结果。

现了情感，而且直觉只能来自情感，基于情感。"①情感是将印象综合成整一形式
的关键，克罗齐反复强调：没有意象的情感是盲目的情感，没有情感的意象是空
洞的意象。但是与克罗齐纯诗意象的纯粹精神性不同的是，朱光潜笔下情趣与
意象相契合而生成的境界，是主体感情与自然之景交融的结果。境界的材料是
自然物质世界映射在主体心灵中的形象，本质上是自然的、物质的。情与景是中
国传统诗论的基本范畴，《周易·系辞·上》中的"圣人立象以尽意，设卦以尽情
伪"是情景二元关系的渊源。中国传统诗歌中最早的情景论体现于刘勰的"情以
物迁"论。陆机在《文赋》中说："遵四时以叹逝，瞻万物而思纷；悲落叶于劲秋，喜
柔条于芳春。心懔懔以怀霜，志眇眇而临云。"②标志着"情以物迁"论的开端。
后来刘勰在其《文心雕龙》的《物色》篇中作了进一步的论述："春秋代序，阴阳惨
舒，物色之动，心亦摇焉。……岁有其物，物有其容；情以物迁，辞以情发。"③在
情与物的关系上，刘勰将物排在第一位，他的物"不仅指自然景物，还包括社会生
活"。④"情以物迁"从唐朝开始转向"情景交融"的双向维度，王昌龄在"情以物
迁"的基础上提出了"景与意相兼始好"⑤，表现出对诗歌创作中情与景交融模式
的赞赏。权德兴的"意与境会"⑥和司空图的"思与境偕"⑦都强调主体情感与外
在物象的融合。南宋姜夔根据自身创作经验而提出的"意中有景，景中有意"⑧
更是将情景交融论进一步予以明确。明代谢榛的"景乃诗之媒，情乃诗之胚"称
得上中国传统诗歌情景论的经典言论之一，他将景视为诗歌创作中的媒介和载
体，而情感则是根本的动力所在，这是对前人有关情景交融模糊表述的具体化和
明晰化论说。清代王夫之更进一步，认为景不仅触动情感，还可以生发情感，而
情不只是随景而动，景自身也可以产生情感："情景虽有在心在物之分，而景生
情，情生景，哀乐之触，荣悴之迎，互藏其宅。"⑨王夫之反对将情与景机械地进行
分割，认为诗歌创作中的情景糅合，相互生发并没有绝对的界限，情与景名为二
物，实则妙合无垠，水乳交融，不可分离。朱光潜的境界不仅是情与景的契合，而

①　克罗齐.美学纲要[M].韩邦凯、罗芃，译.外国文学出版社，1983：227.
②　郭绍虞.中国历代文论选（第一册）[M].上海：上海古籍出版社，1979：170.
③　刘勰.文心雕龙[M].王志彬，译注.北京：中华书局，2015：519.
④　蒋祖怡、陈志椿，主编.中国诗话词典[M].北京：北京出版社，1996：41.
⑤　张伯伟.全唐五代诗格汇考[M].南京：江苏古籍出版社，2002：158.
⑥　陈伯海.历代唐诗论评选[M].保定：河北大学出版社，2002：71.
⑦　郭绍虞.中国历代文论选：第二册[M].上海：上海古籍出版社，1979：217.
⑧　丁福保.历代诗话续编[M].北京：中华书局，1983：1180.
⑨　王夫之，等.清诗话[M].上海：上海古籍出版社，1978：11.

且强调"情景相生，所以诗的境界是由创造来的，生生不息的"①。情与景的融合过程也是一个创造的过程，这是对王夫之观点的承继。

情趣和意象如何达到契合呢？朱光潜虽为了凸显其诗学的现代特质，借用了克罗齐的直觉与利普斯的移情来沟通情趣和意象的二元对立，但本质上依然是一种心物交流的过程，情与景相互影响而变化，"即景生情，因情生景"，朱光潜始终并未脱离传统情景论的框架。从对《鹿柴》一诗的分析②不难看出，朱光潜将情趣视为内容，意象为形式，情趣与意象融合，即是内容得到可观照的形式，境界就此生成。关于内容与形式的二分，朱光潜与克罗齐产生了分歧。在克罗齐的直觉表现论中，直觉生成的意象就是一种艺术形式，克罗齐说："在审美的事实中，表现的活动并非外加到印象的事实上面去，而是诸印象借表现的活动得到形式和阐发。……审美的事实就是形式，而且只是形式。"③表现是在印象中构成和完成的，就好比水经过滤器之后还是水，但是和以前的水在本质上又不同了，所以在克罗齐的意象中，形式与内容是同一的。所以，可以这么说，朱光潜的《诗论》只是借用了克罗齐等西方美学的外衣，而包裹的却是中国传统诗论的内核。从《文艺心理学》到《诗论》，我们可以看出朱光潜思想的明显变化，即从偏重于介绍与运用西学，转向借助西学来张扬传统诗学，这其中的变化也许可以从朱光潜个人思想的发展变化来作出解释。归国之前的朱光潜，在新文化运动的触动与感染下接受与吸收西方文艺美学，并将之介绍到中国，这期间的《文艺心理学》《悲剧心理学》以及《变态心理学》都偏向于对于西方文艺理论的介绍与评述。而1933年回国之后的朱光潜，受制于当时社会文化的变化，其思想也发生了悄然改变。1935年1月10日，《文化杂志》上发表了由王新命、何炳松、陶希圣等十

---

① 朱光潜.朱光潜全集(新编增订本)：诗论[M].北京：中华书局，2012：52.

② 朱光潜对《鹿柴》的分析："艺术创造就是化感触为意象，使感触表现于意象，使内容得到可观照的形式，那种活动，即上文所谓直觉。我们姑举一短例来说明，姑取王维的《鹿柴》那一首短诗——'空山不见人，但闻人语响，返景入深林，复照青苔上'，这诗里有情(感触)有景(意象)，你能看清楚这种景，自然就能领会出这种情，这种情趣只有这种景恰可表现，绝对不可换一个方式来说而仍是原来那种风味。王维在写这首诗时，他心里必有一顷刻突然见到这个'情景交融'(即情表现于景)的意境，我们读者如果真能欣赏这首诗，心里也必须如此。这一'见'——无论是由情见景或是由景见情——便是直觉，便是艺术的创造。"(见朱光潜.克罗齐哲学述评[M]//朱光潜全集(新编增订本)：克罗齐哲学述评、欣慨室逻辑哲学散论.北京：中华书局，2012：31.)"情感和意象交融成一个完整体，那情感便已'表现'于那意象，便已在那意象里得到可观照的形式，而艺术作品也就完全成就。"见朱光潜.克罗齐哲学述评[M]//朱光潜全集(新编增订本)：克罗齐哲学述评、欣慨室逻辑哲学散论.北京：中华书局，2012：31—32.

③ Benedetto Croce. *Aesthetic as Science of Expression and General Linguistic* (Douglas Anslie, trans.). London：Macmillan and Co. Limited，1922，p.15.

位教授的《中国本位的文化建设宣言》,宣言反对一味模仿照搬西方文化,呼吁坚持"中国本位的基础",实行"中国本位的文化建设",应用"科学的方法检讨过去、把握现在、创造将来"①,朱光潜暗合了这一宣言的宗旨,开始转向对传统文化的探索,其《诗论》就是最好的反映。

克罗齐的纯诗意象是个体经验的显著时刻,每一个意象都是独特的。与克罗齐强调意象因主体人格性情、生活背景以及人际遭遇而具有千变万化的特征一样,朱光潜也强调诗的境界无不在变化之中,各人所见之景都是人格与情趣的返照,因各人情趣的不同,每个人所见的世界都是他自己创造的那个世界,印刻了各自的生命特征。"创造永不会是复演(repetition),欣赏也永不会是复演。真正的诗的境界是无限的,永远新鲜的。"②每种境界都是在实际人生的基础上建立的另外一个宇宙,这个宇宙是艺术的创造,但是又离不开人生世相的关联,所谓"超以象外,得其环中",朱光潜的境界连接了形上与形下两端,做到"上下对流,不即不离"③。情趣与意象契合的诗的境界,向下是"由艺术走入人生"④,处于苦闷现实困境的人走进诗的境界而得解脱,因此获得情感的慰藉,化解生命的苦痛,汲取生命的活力。从这一点上来看,朱光潜诗的境界因此具有了传统儒家诗教的意义,即怡情养性,养成人心内在的和谐,诗境之美与人性之善达成统一。境界的向下关怀,正好弥补了克罗齐美学精神意象与现实人生疏离的缺陷。朱光潜的境界与克罗齐的意象都具有形而上的超越性,不同的是,诗境最终是要"将人生纳入艺术"⑤,到达"天人合一","冥忘无我"的生命创化的境界,从而体悟生命和宇宙之"道"。克罗齐意象的终极关怀则指向人性尊严与人之精神的自由解放,以及对整个"人类的命运、希望、幻想、痛苦、欢乐、融化和悲哀……"⑥的深层思考。

三、表现与传达的连接

朱光潜在最早引介克罗齐的论文《欧洲近代三大批评学者——克罗齐(Benedetto Croce)》(1927年)中就将 expression 翻译成表现,此后国内学界一

---

① 王新命,武堉幹.黄文山:中国本位的文化建设宣言[J].新人周刊,1935,(1)19：12-13.
② 朱光潜.朱光潜全集(新编增订本):诗论[M].北京：中华书局,2012：53.
③ 宛小平、张泽鸿著.朱光潜美学思想研究[M].北京：商务印书馆,2012：208.
④ 朱自清.序[M]//朱光潜全集(新编增订本):谈美、文艺心理学.北京：中华书局,2012：5.
⑤ 朱自清.序[M]//朱光潜全集(新编增订本):谈美、文艺心理学.北京：中华书局,2012：5.
⑥ ［意］贝内德托.克罗齐.美学纲要[M].田时纲,译.北京：社会科学文献出版社,2016：74.

直沿用此翻译。朱光潜虽然借鉴了克罗齐的表现论，但是他的"表现"和克罗齐的"表现"在内涵上并不完全对等，二者在表现上的不同理解基于他们不同的语言观。朱光潜在《诗论》中分出专章讨论了他对于表现的见解，并提出了与克罗齐不同的表现论。朱光潜对于康德以来的形式派美学进行了批判，形式派美学将艺术分为表意的和形式的两个成分，而表意的成分被称为表现，它关乎艺术的情感，与美无关，在形式派美学中，美只是与形式有关，这一点在朱光潜看来十分偏狭。朱光潜对于一般所说的表现的意义也提出了异议，他认为通常意义上的表现其实是一种翻译，即被表现者是情感思想，表现者是语言[1]，是形式，这种定义将情感思想和语言放在内与外、先与后以及主动与被动的二元对立关系之中，朱光潜并不认可这样的二分法。在《论表现——情感思想和语言文字的关系》[2]一文中，朱光潜这样来定义语言："语言是由情感和思想给予意义和生命的文字组织。离开情感和思想，它就失其意义和生命……语言的实质就是情感思想的实质，语言的形式也就是情感思想的形式，情感思想和语言本是平行一致的，并无先后内外的关系。"[3]这一定义明确否定了将情感视为内容而语言视为形式的二元之分。

在语言与情感的关系上，朱光潜借鉴了克罗齐的表现论。克罗齐指出："在审美的事实中，表现活动并非外加于印象，而是表现作用于印象并赋予其形式。审美的活动是而且只可能是形式。"[4]将这一点推及语言，即语言活动本身就是一种表现，语言的表现活动本身就是形式的形成过程，并不是印象披上符号外衣的过程。克罗齐将其 1902 年的美学著作命名为《作为表现的科学和一般语言学的美学》，将语言学等同于美学。他从语言的诗性起源来说明语言的事实就是表现的事实，反对将语言视为外在于情感的符号，认为并非先有情感，然后再设法以语言表出，而是若没有语言的参与，混沌中的情感印象便无法获得表现。克罗齐明确指出："语言活动不是思维和逻辑的表现，而是幻想，亦即体现为形象的高度激情的表现。"[5]在克罗齐看来，语言就是一种心灵的创造，而且是一种连绵不

---

① 本小节所说的语言是指包括声音文字、线条色彩等在内的广义的语言，即艺术表达形式。

② 朱光潜所说的情感思想，实际上是情感，这里的思想不纯指理智的思考，而是在外物刺激下的内心情感活动。

③ 朱光潜.朱光潜全集（新编增订本）：诗论[M].北京：中华书局，2012：92-93.

④ Benedetto Croce. *Aesthetic as Science of Expression and General Linguistic* (Douglas Anslie, trans.). London: Macmillan and Co. Limited，1922，p.16-17.

⑤ ［意］贝内代托·克罗齐著.美学或艺术和语言哲学[M].黄文捷.译.天津：百花文艺出版社，2009：46.

断的创造,这种创造随时间、地点、个体的改变而永远无法重复。克罗齐前期在《美学》中强调语言的形式综合作用,而在后期的美学思想中更加强调语言表现与生命情感和人性的关联,即语言活动表现了个体的生命情感状态:"每个人都应该依照事物在其灵魂中所引起的回响,即在其心灵中留下的印象去说话。"①正因为如此,克罗齐反对所谓的普遍的语言规则,在他看来普遍的语言规则不过是僵死而无生命的抽象物。克罗齐坚持语言就是言语活动本身:"说话者嘴里说出来的字句是从他置身其中的全部心境获得完整意义的,因而是从他说出这些字句的目的、他所用的声调和姿势获得完整意义的,而且,这些字句又与被描绘的对象在他那里所获得的意象、形象或构象直接相关。"②

在借鉴克罗齐语言即情感表现论的基础上,朱光潜运用现代生理学论述了语言与情感一致性的生理机制:心在外物的刺激之下所起的"动"之反映是一个全身的生理活动,情感的发生是"动"蔓延于"全身筋肉和内脏,引起呼吸、循环、分泌运动各器官的生理变化",而语言则是"'动'蔓延于喉、舌、齿诸发音器官"③而产生的。情感、思想和语言的产生是心感于外物的一个完整的反应过程,不能彼此独立,而是相互牵制、相互生发与相互融合的,因此,"思想是无声的语言"④。我们通常说的语言,似乎专指喉舌唇齿的活动,实际上语言的产生也伴随着呼吸、循环内分泌等器官的变化,朱光潜认为语言和情感的紧密关联在腔调上体现最为明显:"离开腔调以及和它同类的生理变化,情感就失去它的强度,语言也就失去它的生命。"⑤从这个意义上来说,语言是有声的思想和情感,朱光潜甚至认为情感所伴随的生理变化也是一种广义的语言。语言与情感思想既然相互生发与融合,那么通常说"语言表现情感和思想"实际上是一种部分代全体的关系,并无先后之分。

虽然承认语言与情感表现的同一,但是朱光潜又不否认"言不能尽意",语言虽然都伴随着情感,但是思想情感并不一定都伴随着语言,"感官所接触的形色声嗅味触等感觉,可以成为种种意象,做思想的材料,而不尽有语言可定名或形

① Benedetto Croce. *Aesthetic as Science of Expression and General Linguistic* (Douglas Anslie, trans.). London: Macmillan and Co. Limited, 1922, p.150.
② 陈红杏.克罗齐语言学三题[J].中西哲学比较研究,2008(03):43-45.
③ 朱光潜.朱光潜全集(新编增订本):诗论[M].北京:中华书局,2012:84.
④ 朱光潜.朱光潜全集(新编增订本):诗论[M].北京:中华书局,2012:85.
⑤ 朱光潜.朱光潜全集(新编增订本):诗论[M].北京:中华书局,2012:86.

容。情感中有许多细微的曲折起伏,虽可以隐约地察觉到而不可直接用语言描写。"①很多语言所无法抵达的情感与思想都蕴含在艺术意象里,而诗的意象之美也就正在于这种以部分暗示全体,以片段唤起整个境界,最终形成一种"意在言外""韵外之致"的审美世界。朱光潜的表述里又无不体现出中国传统"象思维"的语言观,《周易》中的"观象系辞"是指借助语言文字来显现本真本然之"意",但是符号体系是有局限的,语言虽可以达意,但却"不能尽意"。老子、庄子对语言文字的局限性都有所论述,老子认为语言并不能言说本真之"道"与非常之"名",所谓"道可道,非常道,名可名,非常名"②。庄子在《大宗师》中也表明语言文字只是表层而有限的"传道之助"③。很明显,中国传统"象思维"④的语言观将语言视为表情达意的工具,朱光潜虽然借鉴克罗齐的语言观,但是其思维并未脱离中国传统"象思维"语言观的范围,因此他指出:"严格地说,凡是艺术的表现(连诗在内)都是'象征'(symbolism),凡是艺术的象征都不是代替或翻译而是暗示(suggestion),凡是艺术的暗示都是以有限寓无限。"⑤朱光潜将语言视为一种心理活动,为了突出他的语言和思想情感的连贯一致性,他运用了现代生理学作为论证的理论基础,对于语言中渗透着情感进行了有力的论证。但是这和克罗齐将语言视为一种纯粹心灵的精神活动有着本质的区别。朱光潜所要突出的是语言所具有的审美情感,他虽然不否认语言与思想情感的一致性,但是他更加认可语言与思想情感是部分和全体的关系,倡导一种内敛含蓄,言有尽而意无穷的诗性意境。朱光潜传统诗学与克罗齐美学有机融合在了一起,但是最凸显的还是传统诗论的实质,而克罗齐美学与现代心理、生理学帮助他完成了传统诗学的现代表达。

朱光潜与克罗齐不同的语言观,决定了二者对于传达的不同理解,也因此决定了二者不同的艺术价值观。克罗齐将艺术语言与情感表现视为同一,为了突出艺术的纯粹抒情本质,他将艺术表现锁定在心灵的领域,认为艺术并不需要物

---

①　朱光潜.朱光潜全集(新编增订本):诗论[M].北京:中华书局,2012:87.

②　王孺童.道德经讲义[M].北京:中华书局,2013:1.

③　庄子在《大宗师》中女偶回答南伯子葵如何达至撄宁的一段话,可谓对语言的深层阐释:"闻诸副墨之子,副墨之子闻诸洛诵之孙,洛诵之孙闻之瞻明,瞻明闻之聂许,聂许闻之需役,需役闻之于讴,于讴闻之玄冥,玄冥闻之参廖,参廖闻之疑始。"这段话说明语言不过是表层的传道工具。见方勇,译注.庄子[M].北京:中华书局,2015:105.

④　王树人."象思维"视野下的中国智慧[M].南京:江苏人民出版社,2012:17.

⑤　朱光潜.朱光潜全集(新编增订本):诗论[M].北京:中华书局,2012:88.

质媒介的传达就完成了创造的过程,物质的传达难免会让艺术沾染道德功利等外在因素而破坏其纯粹抒情性。当然,克罗齐的良苦用心还在于他想借助艺术的纯粹精神性,划分出审美活动与所有功利和伦理的界限,以此突出艺术自律,从而与当时西方社会恶性膨胀的功利主义和理性主义形成对峙。处于不同时代与文化语境的朱光潜,自然不可能完全接受克罗齐的纯粹表现论,他说过:"每个艺术家都要用他的特殊媒介去想象,诗人在酝酿诗思时,就要把情趣意象和语言打成一片,正犹如画家在酝酿画稿时,就要把情趣意象和形色打成一片。"①可见朱光潜将艺术语言始终视为一种表现的媒介。

朱光潜认为克罗齐美学的致命伤在于将传达排斥在艺术创造之外,他曾经这样批评克罗齐:"克罗齐学说的最大缺点在忽视艺术的社会性。艺术家同时是一种社会动物,他有意无意之间总不免受社会环境影响……人是社会的动物,没有不需要同情的。同情心最原始的表现是语言,没有传达的需要就不会有语言。艺术本来也是语言的一种,没有传达的需要也就不会有艺术。艺术的风格改变往往起于社会的背景。"②朱光潜坚持认为媒介是每个艺术家进行艺术想象的一部分,表现和传达并不是克罗齐所谓的漠不相关的两个阶段,表现中就已含有一部分传达,这部分传达是创造的一部分。他认为艺术家在直觉心理活动时,就已经在脑海中酝酿艺术符号(语言、线条、色彩等)的传达了,艺术的想象中本来就内含了传达,但是这种传达需要付诸现实才能算是艺术的生成,艺术品的生成才是艺术的完成,即从"胸中之竹"到"手中之竹"的实现。克罗齐的表现并不否认语言、声音和颜色等元素,它们都是表现的组成部分,但是这些元素不是艺术媒介,它们就是艺术本身,存在于表现的精神意象里就已满足艺术成为艺术的要求。而且,对于传达的否定,也是对艺术社会性的否定,艺术家是社会的动物,其创作运思不可能完全与社会环境绝缘。也正是因为这一分歧,导致朱光潜与克罗齐在艺术价值评判上的根本不同。朱光潜认为克罗齐否定了传达就否定了艺术的价值论,而他的批评又不得不参考传达出来的艺术品,这样一来,克罗齐的理论就显得前后矛盾,无法自圆其说了。因为艺术欣赏与批评者所能见出的美丑必须根据艺术品的美丑来划分,而克罗齐既然否定了艺术的价值,那么批评与鉴赏就无所依据了。克罗齐的目的在于否认一切外在的价值评判,以此将艺术

---

①　朱光潜.朱光潜全集(新编增订本):诗论[M].北京:中华书局,2012:89.
②　朱光潜.创造的批评//朱光潜全集(新编增订本):欣慨室西方文艺论集、欣慨室美学散论.北京:中华书局,2012:57.

与功利和理智隔离，克罗齐的表现论仅限于一种逻辑的建构，其局限性是显而易见的。朱光潜对克罗齐表现的改造源自中西方对于语言（这里指广义的语言，包括声音、色彩和线条等艺术符号）的理解差异。朱光潜思维中的语言仅仅是表达情意的媒介手段和载体，而克罗齐的语言则是一种精神的本体逻各斯（Logos），这种先验的逻各斯本体决定了经验的语言表达。[①] 从这种意义上来讲，克罗齐并非轻视艺术语言，而是强化了艺术语言的精神特质，即艺术的语言便是艺术的意义，此外不再需要别的媒介。克罗齐基于精神一元论的纯精神想象的直觉在中国是没有生存的文化精神土壤的，中国传统文化中的一切抽象思辨与精神想象都离不开经验世界，这也正是朱光潜无法接受克罗齐的艺术排斥传达的根本原因所在。

第三节　批评鉴赏论的深化

朱光潜在《欧洲近代三大批评学者——克罗齐（Benedetto Croce）》中这样评价克罗齐："他从历史学基础上树起哲学，从哲学基础上树起美学，从美学基础上树起文艺批评，根源深厚，所以他的学说能风靡一世。"[②]克罗齐的文艺批评观建立在"艺术即直觉即表现"这一美学观点的基础之上，因而否定了欧洲文艺史上一切以艺术之外的标准来评判艺术的批评观。克罗齐认为"批评即鉴赏即创造"，他用直觉表现取代了一切所谓的文艺批评原则与标准。受克罗齐的启发，朱光潜对于文学与文学批评的理解也来源于其情感美学思想。朱光潜将文学与文学批评定位于美学，认为文学的本质就是审美，文学的创造和批评都源自形象的直觉，因此文学是"抒情的""表现的""创造的"和"想象的"，这与文学是"革命的""启蒙的"和"救亡的"观点形成鲜明的对比。朱光潜从其情感美学观出发，倡导文学应该创造一种"静穆之美"的艺术境界，坚定地捍卫文学的自由与独立，力图使文学与时代精神及社会背景拉开距离，并摆脱传统道德和意识形态的束缚而获得独立发展的空间。他极力反对当时中国文学的公式化和简单化，使文学

①　王攸欣.选择、接受与疏离——王国维接受叔本华　朱光潜接受克罗齐美学比较研究［M］.北京：生活·读书·新知三联书店.1999：159.
②　朱光潜.欧洲近代三大批评学者——克罗齐（Benedetto Croce）//朱光潜全集（新编增订本）：欣慨室西方文艺论集、欣慨室美学散论.北京：中华书局，2012：29.

沦为道德意识形态的宣传工具,坚持认为文学的创作完全服从于自身心灵上的要求,因而是自由的,这种自由也是人性尊严的体现。① 基于对文学表现情感的坚持,朱光潜始终立足于文学的本体来探讨文学自身的发展规律,注重文学的艺术特性及表现形式,其文学批评与理论关注文学"是什么"与"怎么写"的纯粹形式的探讨,而不是文学"写什么"和"有什么用"的问题。

其一,朱光潜反对一切所谓的文学批评"标准",认为文学批评一定是针对具体作品的评价,而不是空谈一些理论。在他眼里,批评没有一种放之四海而皆准的客观标准,"客观的标准"与"普遍的价值"都不过是欺人之谈。对于批评标准的反对,朱光潜与克罗齐高度一致。克罗齐认为美存在于个人的内心,因此不可能有某种统一的模式,所以任何理智的概念和形而上的美的概念和模型都是荒唐的,他对以抽象的概念模型去判断作品审美的教条主义者(或称绝对主义、理智主义者)十分反感。朱光潜也极端反感"天下之口有同嗜"的正统派用某种统一的公式抹杀例外的文学作品的作风,他们高喊"标准"和"普遍性",这正是克罗齐所反对的批评中的教条主义。"文艺并不是只有一条路可走",②不同的作品中都有各自的风景所在,如何确定一个美丑标准就成为文学批评上的难点,或者根本不可能。"文学本来一国有一国的特殊的趣味,一时有一时的特殊的风尚。"③无论是拿古典主义的作品作试金石,还是将被多数人赞赏的作品视为美的典范,都不能以此充当一种普遍的批评标准。

其二,朱光潜以为克罗齐所说的"批评"并不是惯常意义上的"批评"二字,只有具备创造和欣赏能力的人,才具备批评的资格。克罗齐早期美学思想中将批评定义为审美的再造,即在对艺术作品所生成的语境进行历史材料的搜集整理与注释考证基础上,重走作品生成的直觉表现的创造过程,这一过程要求批评者

---

① 朱光潜曾说:"我把文学看得很简单,文学即是说话。一个人把所见到的说得恰到好处,即成为文学。每人所见的即是'道'。人人所见不同,有广狭,有深浅,文学因此也就有高下之别。文学反映人生,人生甚广,各阶层的人都可以有不同的看法,而且只有不同才能产生丰富。大家凑合起来,人生乃更完整。现代文学的毛病是把一切看得太简单了,太公式化了。马克思与弗洛德皆如此。至于文学与政治的关系:文学反映人生,政治是人生活动的一部分,文学自然可以与政治有关系,但不能把一切硬塞在一个模型里。"见朱光潜.今日文学的方向——"方向社"第一次座谈会记录[M]//朱光潜全集(新编增订本):欣慨室中国文学论集.北京:中华书局,2012:231-232.

② 朱光潜.谈趣味//朱光潜全集(新编增订本):我与文学及其他、谈文学.北京:中华书局,2012:20.

③ 朱光潜.谈趣味//朱光潜全集(新编增订本):我与文学及其他、谈文学.北京:中华书局,2012:20.

将自己摆在创作者的位置上，与原创作者达到高度的心灵契合。① 审美的再造之所以可能，是因为艺术家与鉴赏者所具有的普遍共性（人性）以及共同的文化习得与生活方式，提供了艺术家与鉴赏者深度沟通的可能。朱光潜并不完全认同克罗齐早期的批评观，他认为考据材料的收集只是批评鉴赏的物质准备，并不构成批评。他强烈反对当时中国流行的考据式批评："一般富于考据癖的学者的错误不在从历史传记入手研究文学，而在穿凿附会与忘记文学之为艺术。他们以为作者一字一句都有来历，于是拿史实来牵强附会，曲为之说。"②艺术创造固然受史实的影响，却不受史实的支配。和克罗齐一样，朱光潜虽然赞同批评也是批评者各自的美感经验，但是他们并不赞成印象式的批评，因为印象主义批评将审美表现与审美印象混同，抹杀了批评中的创造性。朱光潜在"批评就是欣赏"的印象式批评基础上更进一步，综合了克罗齐的批评观，形成了自己的"创造的批评观"，认为批评者应该直接进入作品之中，对之作"切己"的情感体验和审美判断，即批评者"心目中都要见出一种形象或意境，而这种意境都必须有一种情趣饱和在里面……创造和欣赏都是在心中见到一种情趣饱和的意象，所以它们根本并非两回事"③。而且，批评者由于自身文化、天赋、素养、环境等各方面的差异也会使得批评呈现为各自"独到的见解"④，这种独到的见解也不失为一种创造。朱光潜将文学批评当作一种创作，注重批评中的创造与趣味，反对当时文艺圈内将批评当作人身攻击与价值评判的风气，他重视文学批评中批评者内在情感的表达，反对将批评当作权威压服别人以及恭顺他人的做法。

最后，朱光潜的文学批评活动涉及直觉和名理两个阶段，在直觉阶段，是批评者或者欣赏者凭借其直觉而产生美感经验的过程，名理的阶段则是用理性思维来判别艺术作品的美丑，前一个阶段是后一个阶段的基础。他曾经对批评的过程有详细的说明："其实批评是创造的复演，所需天才不亚于创作。你懂一首诗就好比做一首诗，所不同者做诗把直觉翻译成文字，懂诗把文字翻译成直觉；

---

① ［意］贝内德扎·克罗齐.美学纲要［M］.田时纲，译.北京：社会科学文献出版社，2016：48-51.

② 朱光潜.文艺心理学［M］//朱光潜全集（新编增订本）：谈美、文艺心理学.北京：中华书局，2012：186.

③ 朱光潜.创造的批评//朱光潜全集（新编增订本）：欣慨室西方文艺论集、欣慨室美学散论.北京：中华书局，2012：53.

④ 朱光潜将批评视为创造："书评是一种艺术，像一切其他艺术一样，它的作者不但有权力，而且有义务，把自己摆进里面去；它应该是主观的，这就是说，它应该有独到的见解。"见朱光潜.谈书评［M］//朱光潜全集（新编增订本）：欣慨室中国文学论集.北京：中华书局，2012：54.

做诗先发见一种意境，后以文字做界石与路标，懂诗则循文字的路标，探访诗人所曾经过的意境。懂诗也是一种直觉作用，至于评诗，又须更进一步，把直觉变成知觉（perception）。直觉只发见意境，知觉则从概念推理断定此意境是否实在（real），是否没有夹杂泥实的情感偏见与功利观念。"①朱光潜还说："一般人误信文学与科学不同，无须逻辑的思考。其实文学只有逻辑的思考固然不够，没有逻辑的思考却也决不行……每一个大作家必同时是他自己的严厉的批评者。所谓'批评'就要根据逻辑的思想和文学的修养。"②这一点与克罗齐《美学纲要》中的批评观是契合的，克罗齐意识到早期批评观的不足，即"历史注释和趣味，只是批评的前提，却仍不是批评"③，因此他在这两者的基础上补充了逻辑综合，即从直觉到知觉的过渡，最终确定艺术批评是在直觉基础上的逻辑判断。但是克罗齐否定艺术传达，因此其批评中的逻辑综合无所依凭，却又陷入了自我矛盾。朱光潜在这一点上作了修正。朱光潜虽指出，克罗齐将批评等同于直觉表现，即批评过程无需借助于传达，而是全凭鉴赏者头脑中生成的意象，这等于说艺术的批评失去了对象。他借用瑞恰慈的话进行论证："批评学说所必倚靠的台柱有两个，一个是价值说，一个是传达说。"④他认为正是因为克罗齐的美学否认了艺术传达，因而其批评就失去价值判断的依据，因此也就否认了艺术价值说："这里我们可以见出克罗齐抹煞传达的另一个毛病，就是既抹煞传达就不能不同时抹煞价值。他着重创造与欣赏的同一，忘记创造者和欣赏者有一个重要的分别。创造者创造意象时所凭借的是自己的切身的经验，欣赏者将原意象再造出来时所凭借的首先是创造者所传达出来的作品。"⑤朱光潜认为，对于欣赏者来说，意象的美丑必须在作品中见出，克罗齐否认传达，也就否认了批评的对象。

在认识克罗齐批评观的不足的基础上，朱光潜对之进行了深化与拓展。朱光潜坚持文学批评需要一种严谨的价值意识，因此对文学批评中的"纯正趣

① 朱光潜.欧洲近代三大批评学者——克罗齐（Benedetto Croce）//《朱光潜全集》新编增订本：欣慨室西方文艺论集、欣慨室美学散论.北京：中华书局，2012：43-44.
② 朱光潜.作文与运思//朱光潜全集（新编增订本）：我与文学及其他、谈文学.北京：中华书局，2012：206.
③ ［意］贝内德托·克罗齐.美学纲要［M］.田时纲，译.北京：社会科学文献出版社，2016：50.
④ 朱光潜.创造的批评//朱光潜全集（新编增订本）：欣慨室西方文艺论集、欣慨室美学散论.北京：中华书局，2012：57.
⑤ 朱光潜.创造的批评//朱光潜全集（新编增订本）：欣慨室西方文艺论集、欣慨室美学散论.北京：中华书局，2012：58.

味"①特别重视。纯正趣味是朱光潜文学批评观的核心概念,他说过"文艺标准是修养出来的纯正的趣味"②,实际就是主体所具有的对客体(即文学艺术作品)进行审美判断的一种能力。朱光潜并没有给予纯正趣味以确切的定义,但是他指出了其具体的内涵。首先,纯正趣味是不偏于某一种风格而贬低另一种风格,不执迷于某种一时的风尚。文学上的纯正趣味应该是广博的,即不是"坐井观天,依傍一家门户,对于口胃不合的作品一概藐视"③的狭隘偏好,要充分发挥创造性,时时刻刻开辟新疆土。广博的文学趣味对当时文坛存在的种种偏狭的文学趣味具有纠偏的作用。其次,纯正趣味追求一种情感的诗意表现。朱光潜强调一切文学都要有诗的特质,因此无论是诗歌还是小说等文学作品,不能仅仅满足于人物的塑造、情节的勾勒和景物的描写,更重要的是塑造一种情趣和意象契合无间的诗的境界。正因为如此,无论是对于诗歌的欣赏,还是对于小说的批评,朱光潜始终坚持文学要以创造一种情趣与意象融合的美学意境为宗旨,在这种美学意境中,他强调"不言情而情自见"④。朱光潜十分厌恶当时文学界流行的滥情矫情的"眼泪文学",这在他眼里便是中国所谓的"浪漫时期"的"世纪病"。眼泪文学实际是将情感发泄的快感与文学的美感混为一谈。另外,当时中国新文学中那些纯粹为了卖弄学识与文采,宣传道德与礼教,发泄生理情感和欲望,以及将文艺作为党同伐异摇旗呐喊的作品,在朱光潜眼里,就是一种低级趣味的文学。再次,纯正趣味还体现为一种"文辞极简洁而意味隽永,耐人反复玩索"⑤的文学风格。在朱光潜眼里,这种文风虽然文字闲散而零碎,但具有内在的整体一致性,仍是一个连贯的生命体,其原因在于字里行间都表现作者的人格,"许多零碎的话借作者的混整的人格贯串起来,终成一个整体。虽杂

---

① 朱光潜说道:"欣赏全是价值意识的鉴别,艺术趣味的高低全靠价值意识的强弱。趣味低,不是好坏无鉴别,就是欢喜坏的而不了解好的。趣味高,只有真正好的作品才够味,低劣作品可以使人作呕。艺术方面的爱憎有时更甚于道德方面的爱憎,行为的失检可以原谅,趣味的低劣则无可容恕。"朱光潜.谈价值意识//《朱光潜全集》新编增订本:给青年的十二封信.谈修养.北京:中华书局,2012:222.

② 朱光潜.谈趣味//朱光潜全集(新编增订本):我与文学及其他、谈文学.北京:中华书局,2012:21.

③ 朱光潜.谈读诗与趣味的培养//朱光潜全集(新编增订本):我与文学及其他、谈文学.北京:中华书局,2012:25.

④ 朱光潜.诗的隐与显——关于王静安的《人间词话》的几点意见//朱光潜全集(新编增订本):我与文学及其他、谈文学.北京:中华书局,2012:32.

⑤ 朱光潜.随感录(上)——小品文略谈之二//朱光潜全集(新编增订本):欣慨室中国文学论集.北京:中华书局,2012:177.

而却不至于乱。"①朱光潜将个人品性和修养与文风联系起来，认为文如其人，个人的人生感悟与个性品格都印刻在其文字风格里，这是人生艺术化、艺术人生化的美学观念在文学批评中的体现。最后，纯正趣味是对生命的彻悟与人生的净化。朱光潜的文学批评虽然立足于文学的本体，重视文学本身的形式，但是他并不视文学为空中楼阁，而是强调其对生命的感悟与现实人生的关怀。朱光潜的纯正趣味和人生趣味是紧密相连的，人若能够从诗中体会到创造与变化，那么人的生命也就无时无刻不在创造变化之中，于平凡的生命中体会到新鲜的乐趣，从而维持生命和推展生命的活力。纯正趣味的概念虽然难以确定，但是它可以培养。文学趣味的高低与三个因素相关："资禀性情，身世经历和传统习尚"②，朱光潜指出了学问修养对培养纯正趣味的重要性，也强调磨砺陶冶天资禀赋与性情，接收多方传统并拓展视野是养成纯正趣味的具体路径。朱光潜对于中国当时文化的颓废与国民生命力的衰退深感焦虑，因此他倡导的文学纯正趣味，不仅仅是对文学批评中"意识偏见"的拒绝和排斥，也是对现实社会与人生的观照。纯正趣味是朱光潜在吸收了克罗齐的文艺批评观的基础上，在文学批评领域的深化。纯正趣味强调文学要以创造一种情趣与意象融合的美学意境为宗旨，同时又关注具体的批评对象，并对批评者的素养提出了要求。朱光潜"创造的批评"弥补了克罗齐批评观与社会现实疏离的缺陷，实现了文学与人生的连接。

克罗齐美学是朱光潜建构其情感美学的主要西方思想资源，在吸收克罗齐美学的基础上，朱光潜还引入了移情论、距离说以及内模仿等西方现代心理学理论，并结合中国传统诗论及心物交感美学思想，对直觉、意象和表现等概念加以理论阐发与改造，使其内涵在中国文化语境里发生了跨文化的变异，成为朱光潜情感美学中的主要范畴。朱光潜将其情感美学运用于对文学和文学批评理论的建构中，坚持捍卫文学的独立性，关注文学的审美形式和抒情特质。朱光潜在克

---

① 朱光潜.雨天的书[M]//朱光潜全集（新编增订本）：新慨室中国文学论集.北京：中华书局，2012：17.

② 朱光潜说："一个人在创作和欣赏时所表现的趣味，大半由上述三个因素决定。资禀性情、身世经历和传统习尚，都是很自然地套在一个人身上的，轻易不能摆脱，而且它们的影响有好有坏，也不必完全摆脱。我们应该做的功夫是根据固有的资禀性情而加以磨砺陶冶，扩充身世经历而加以细心的体验，接收多方的传统习尚而求截长取短，融会贯通。这三层功夫就是普通所谓学问修养。纯恃天赋的趣味不足为凭，纯恃环境影响造成的趣味也不足为凭，纯正的可凭的趣味必定是学问修养的结果。"见朱光潜.文学的趣味见[M]//朱光潜全集（新编增订本）：我与文学及其他、谈文学.北京：中华书局，2012：175.

罗齐批评观的基础上，结合中国现代文学批评的现状，对克罗齐的批评观加以深化，"纯正趣味"便是朱光潜在吸收克罗齐的"批评即创造"的基础上的应用性拓展。朱光潜依从文学本体来进行文学批评，在 20 世纪 30 年代，在文学成为民族救亡与革命启蒙的宣传工具的背景下，保留了对于文学自身形式的关注，促进了文学本身的发展。情感不仅仅是朱光潜构建现代美学与文学批评观的内核，也是他倡导实现现代启蒙的必由之路。朱光潜将情感内化于"人生艺术化"的道德体验中，试图通过艺术情感来净化主体心灵，从而达到改造人性的目的，艺术情感最终在现实人生的层面得到落实。朱光潜借助克罗齐美学与中国传统美学与诗学中的情感资源，成功实现了审美文本与审美主体的双重独立，不仅完成了传统美学知识的现代建构，还实现了审美与现实人生的关联，是继王国维之后中国现代美学的一次重大转型与突破。

第五章
交错的视界：梁实秋、林语堂
对克罗齐美学的思索

承继传统资源，又融合西方思想是中国现代文学批评的显著特色，克罗齐表现主义美学与文艺批评理论的引进，可以说为中国现代文学批评思想注入了新的活力。朱光潜、梁实秋与林语堂等批评家对其思想的借鉴与吸收，开创了 20 世纪 30 年代左翼革命文学批评与民族主义文学批评话语之外的另一个批评话语空间——自由主义文学批评。左翼文学批评与民族文学批评注重历史进程与时代因素对文学的影响，将文学视为争取政治权利与民族解放和启蒙的重要途径，而这种文学工具论正是克罗齐文艺批评所诟病的。作为克罗齐的接受者朱光潜、林语堂等自由主义文学批评家就是要打破文学工具论，捍卫文学的独立性，把文学视为一个充分发挥个性与表现情感的美学空间，坚持文学本身的形式研究，避免文学的社会功利化。林语堂对克罗齐的接受，主要体现在其性灵表现论的文学观与文学批评观的建构中。要考察林语堂对克罗齐表现主义的创造性发挥，就不得不从梁实秋说起，因为林语堂正是在与梁实秋关于文学纪律的论争中建构起性灵表现论的，而性灵表现论也正是与梁实秋文学纪律论的对峙中凸显其理论特色与时代意义。并且，梁实秋虽然站在克罗齐的对立面，但这恰恰从反面彰显了克罗齐表现主义的特征。况且，梁实秋也是文学工具论的反对者，他的新人文主义文学理论批评虽然与克罗齐的表现主义有诸多不同甚至对峙，但是从其人本主义的本质上来说，又有着深层的一致性。因此，本章节将林语堂与梁实秋放在一起，从两者的文学批评对克罗齐美学思想的"对立"与"发挥"来论述克罗齐美学在中国现代文学批评领域所产生的影响与张力。①

---

① 由于朱光潜与克罗齐的关系已在前文中作过详细论述，故在本章不作赘述。

　　1929 年，林语堂在《语丝》第五卷第 36 期以及第 37 期上发表题为《美学：表现的科学》的译文，选译自克罗齐作品《美学》，这是国内首次对克罗齐作品的译介。那么林语堂为何选择翻译克罗齐？这得要从 1929 年的中国文学语境谈起。1929 年是中国文学史上一个十分特殊与关键的时间节点。这一年，提倡新文学与反对旧文学的任务已经基本完成，曾经为之形成的文学内部的统一战线也不复存在了。对于中国文学到底向何处去的问题，现代中国知识分子持有不同的文学主张，分化成了不同的派别。① 即便是作为文学自由主义者的林语堂与梁实秋，也是各自坚持不同的观点，对于文学及文学批评的见解分歧巨大并引起了不小的论争，而这一论争在中国的展开，则与克罗齐在中国的接受紧密相关。1921 年留美回国的吴宓、胡先骕等创办了《学衡》杂志，通过译介白璧德的《文学与美国大学》《民主与领袖》等著作中的重要章节，介绍了美国新人文主义的主要思想。后来梁实秋将这些译文集结成《白璧德与新人文主义》，于 1929 年由新月书店出版。梁实秋对白璧德的学说给予高度赞赏，并直言《白璧德与人文主义》将是对倾向于浪漫主义者的"当头棒喝"。② 1929 年 10 月，林语堂在《新的文评》序言中对梁实秋"当头棒喝"进行了有力的回应，③与梁实秋展开了激烈的论争。1930 年 2 月，林语堂《新的文评》由北新书局出版，介绍了与白璧德新人文主义对立的克罗齐及其在美国的信徒斯宾佳恩的表现主义思想。林语堂与梁实秋在文学批评上的分歧与论争，分明是白璧德与斯宾佳恩之论争在中国文学批评界的重演。因此在讨论克罗齐文学批评思想的接受时，不仅仅只是关注其在中国的正面接受，也要分析克罗齐的反对者对于其思想的批判，亦即反面接受。正因为如此，分析梁实秋的文学批评观就显得十分必要。

---

　　①　陈平原总结当时的文学主张分化情况："创造社作家以及鲁迅等受马克思阶级斗争学说的影响，主张师法苏俄革命文学，梁实秋等新人文主义派主张师法欧洲新古典派文学，而林语堂则主张师法欧美浪漫派文学。"见陈平原.林语堂的审美观与东西文化[J].文艺研究，1986(6)：115.

　　②　梁实秋在序言中写道："白璧德的学说我以为是稳健严正，在如今这个混乱浪漫的时代是格外的有他的价值，而在目前的中国似乎更有研究的必要。"见梁实秋.白璧德与人文主义[M].新月书店，1929：3.

　　③　林语堂在序言中写道："听说新月书店将出版梁实秋先生所编吴宓诸友人所译白璧德教授的论文(书名叫《白璧德与人文主义》)，那末，中国读者，更容易看到双方派别立论的悬殊，及旨趣之迥别了；虽然所译的不一定是互相诘辩的几篇文字，但是两位作家总算工力悉敌，旗鼓相当了。可怜一百五十年前已死的浪漫主义的始祖卢梭，既遭白璧德教授由棺材里拖出来在哈佛讲堂上鞭尸示众，指为现代文学思想颓丧的罪魁，不久又要来到远东，受第三次的刑戮了。"林语堂.《新的文评》序言[J].语丝，1929，5(30)：4-15.

第一节　文学纪律与表现的对峙

1936 年 12 月,梁实秋在《文学的美》中这样评价意大利的美学家克罗齐的"直觉即表现"的观点,现将其重要论述援引如下:

> "近代美学家克鲁契(Groce)在一篇演讲里解说他所认为的艺术不是什么,他首先指称艺术不是'物质的事实'(physicalfact)。克鲁契是继承康德、希勒、黑格尔、尼采一般唯心主义者的哲学家,他认为艺术是直觉,美当然也不能在物质的媒介物(如颜色声音文字之类)里面去寻找。这种学说是极度的浪漫,在逻辑上当然能自圆其说,然而和其他唯心哲学的部门一般不免是搬弄一套名词,架空立说,不切实际。"①

克罗齐是继康德、希勒、黑格尔、尼采之后唯心主义的集大成者,反对经由物质事实来寻求艺术的美,主张艺术是心灵的直觉。梁实秋认为,克罗齐这样把艺术创作的过程仅仅归结于心灵内部的活动,悬搁与现实人生的联系,是过分浪漫化的一种表现,有很强的虚浮色彩。经过考察不难发现,梁实秋在赴美留学之前,思想上的浪漫主义因素也是十分明显,他对克罗齐的高度浪漫化倾向从吸收到拒斥,可以说是经过一个思想发展过程的。

纵观早期梁实秋的创作作品,诸如《凄风苦雨》《海啸》《海鸟》和《梦》之列,无一不浸润着五四时期高扬主观情思的浪漫基调。在写于 1923 年的《拜伦与浪漫主义》一文中,梁实秋分析了浪漫主义与古典主义之间的差异与分歧,字里行间流露出对于浪漫主义解放精神的赞赏,并指出想象力与情感对于艺术创造的重要性。无论是浪漫主义主张"自我表现之自由",还是"诗的体裁"与"诗的题材"之自由,都与五四新文学运动中努力打破传统与寻求自由的梁实秋的精神需求十分吻合。

而在短短的一年之内,梁实秋的文学观念发生了巨大的转变,《王尔德的唯美主义》是梁实秋文学观转变的起点,在这篇论文中,梁实秋对王尔德的唯美主义展开了批判。在文章论述的"艺术与人生""艺术与自然""艺术与道德"以及

---

① 梁实秋.文学的美//梁实秋批评文集.徐静波,编.珠海:珠海出版社,1998:198.

"个性与普遍性"的问题上,梁实秋表达了与白璧德高度一致的观点。① 梁实秋认为王尔德所追求的艺术独立,是宣告与普遍的常态的人性脱离关系而独立。文学艺术一旦要自由,"便不能遵从权威、传统、惯例、理性、纪律,以至于不遵从常态的普遍的人性。"②这篇论文是梁实秋求学哈佛期间,修读白璧德课程上交的论文,当导师白璧德看到这篇论文的题目时,就严肃地提醒梁实秋警惕浪漫主义,在白璧德的影响下,梁实秋认识到没有理性约束与节制的情感,带来的是文学上的颓废主义和假理想主义。梁实秋的思想转向与师从白璧德密不可分,有关于这一点,学界已有充分的研读与解说。③ 但需要注意的是,作为20世纪初期同样反对西方理性主义与科学实证主义的白璧德与克罗齐,二者的思想也存在一定程度上的一致性,这种一致性在梁实秋的文学批评观中也有所体现,只是之前的研究者一直未曾给予关注和深入分析。作为白璧德新人文主义的追随者,梁实秋自然无法接受克罗齐与斯宾佳恩的表现主义,在有关文学批评的本质、文学中情感与理性的关系以及文学之美的认识上,梁实秋都站在了克罗齐思想的对立面。

---

① 梁实秋在文中旗帜鲜明地指出:"想象固是重要,而想象的质地则尤为重要,真正伟大的作品,不是想入非非的胡言乱道,而是稳健的近乎常态的人性的。"(见梁实秋.王尔德的唯美主义[M]//文学的纪律.上海:新月书店,1928:52.)梁实秋从一个浪漫主义者到新人文主义者的转变,当然与他师从白璧德不无关联。关于梁实秋与白璧德思想的师承关系,在1927年出版的论文集《浪漫的与古典》序言中,梁实秋有所提及:"我借这个机会要特别表示敬意与谢忱的,是哈佛大学法国文学教授白璧德先生(Prof.Irving Babbitt),我若不从他研究西洋文学批评,恐怕永远不会写出这样的几篇文章。"(见梁实秋.浪漫的与古典的[M].上海:新月书店,1927:序言.)收录在这本书中的,除了《现代中国文学之浪漫的趋势》涉及五四文学之外,其余均是对于西方古典文艺思想的评介。从《现代中国文学之浪漫的趋势》我们可以了解到,梁实秋评介西方古典文艺思想的特殊用意。此时的梁实秋的文学批评观已悄然发生了改变,这不得不归于白璧德的新人文主义的影响。正是白璧德的新人文主义使得梁实秋开始重新审视自己对于中国文学的认识,"过度的浪漫"与"颓废的主张"是他思想改变之后做出的判断。梁实秋后来在《梁实秋论文学》一书的序言中也坦承自己曾经对王尔德的唯美主义发生过浓厚的兴趣,但是自从在哈佛受教于白璧德,逐渐对西方近代文学批评趋势有所了解之后,"就不再对于过度浪漫以至颓废的主张像从前那样心悦诚服了。"(见梁实秋.梁实秋论文学[M].台湾:台湾时报文学出版社,1978:序.)

② 梁实秋.工尔德的唯美土义[M]//文学的纪律.上海:新月书店,1928:63.

③ 正如段怀青所言:"正是白璧德让梁实秋在更为开阔的文化视野和思想资源背景下去重新审视和评价五四新文化的浪漫精神。"(见段怀青.白璧德与中国文化[M].北京:首都师范大学出版社,2006:220.)如果说五四时期的西方思想使得梁实秋跳出传统文化的视野"睁眼看世界",那么留学美国师从白璧德则使得梁实秋拉开与中国文化的距离,以他者的眼光重新审视中国传统与西方文化,从而完成了自己思想上的第二次蜕变。标志着梁实秋第二次思想转变的是《现代中国文学之浪漫的趋势》一文的发表。在这篇文章中,梁实秋尝试着在白璧德的新人文主义、西方古典主义的文学观以及中国传统文学思想之间寻求衔接与融合,从而初步形成了自己的文学批评观,其文学观中清晰可见其对于克罗齐思想的对立与批判。

在对于文学批评本质的认识上，梁实秋与克罗齐虽然都反对文学工具论，将文学批评看作是"心灵活动的一种方式"①，但是梁实秋眼里的批评是一种"心灵判断"的活动，这和克罗齐将批评主要视为"心灵鉴赏"的活动有着本质差别。鉴赏的本质是情感表现，是属于个人的，而判断的本质是理智，超出了个人而涉及一般性。虽然克罗齐的批评观中不乏先验逻辑综合的理性评判，但是克罗齐的艺术先验逻辑并非某种形而上的标准，它是在具体艺术活动中形成的一种判断力。② 克罗齐的批评本质上是一种情感表现的创造活动。梁实秋虽然没有完全否认文学批评中需要鉴赏能力的参与，但是相比较而言，他认为理性的判断力才是首要的。③ 理性的判断力依赖于某种外在的标准："文学批评一定要有标准，其灵魂乃是品味，而非创作，其任务乃是判断，而非鉴赏，其方法是客观的，而非主观的。"④这与克罗齐作为创造与鉴赏的主观判断刚好相反。在梁实秋眼里，文学是"人性"的产物，"人性"是一个超越一般条律的永恒标准，它以理性的纪律为基础，因而是固定的也是普遍的。

正因为对于文学批评中"普遍人性"的强调，梁实秋非常重视文学作品与作者人品的关系。他在《诗与诗人》一文中对于克罗齐及其在美国的信徒斯宾佳恩等表现主义一派否认道德与作品优劣的关系毫不留情地给与了批评："美国的一个批评家斯宾冈（J. E. Spingarn）写过一本小书，曰创造的批评（Creative Criticism），其中有一个妙譬，他说，我们读一个作家的作品，犹如吃一个厨师作的菜，我们只问菜是否可口，绝不会追问那厨师的人品如何，性格如何，是否爱说脏话，是否偷过女人，等等。因为那些道德问题，与作品之优劣不发生任何关系，风马牛不相及，无从扯在一起。道德与艺术，毫无关系。斯宾冈是克鲁契的信

① 梁实秋.文学批评辩[M]//梁实秋批评文集.徐静波,编.珠海：珠海出版社,1998：92.

② 克罗齐这样阐释先验逻辑综合："艺术的先验逻辑本不存在于任何别的地方，它只存在于艺术本身所形成的具体判断、艺术所做出的辩驳、它所进行的说明、它所创建的理论、它所解决的各式各样的问题当中。上面提出的定义、区别、否定和种种关系，都有其各自的历史背景，都是经过千百年的岁月逐渐形成的，我们如今把它们作为一种多样、费力和缓慢的劳动的果实来掌握的。"见[意]贝内代托•克罗齐著.美学或艺术和语言哲学[M].黄文捷,译.天津：百花文艺出版社,2009：13.

③ 梁实秋说："文学批评既非艺术，更非科学。文学的创作力与文学的鉴赏力是心灵上两种不同的活动。虽然最上乘的文学创作必含有理性选择的成分，但徒有理性亦不能成为创作；虽然最上乘的文学批评对于作家必有深刻的鉴赏，但徒有鉴赏亦不能成为批评。以批评与艺术混为一谈者，乃是否认批评家判断力之重要，把批评家限于鉴赏者的地位。再确切些说，乃是创作天才与批评家品味之混乱。而文学批评的印象主义便完全根据这种混乱而生。"见梁实秋,文学批评辩[M]//梁实秋批评文集.徐静波,编.珠海：珠海出版社,1998：90.

④ 梁实秋.文学批评辩[M]//梁实秋批评文集.徐静波,编.珠海：珠海出版社,1998：91.

徒，属于表现主义一派；此言甚辩，但似是而非。"①梁实秋认为作品中传达的情感、理想、理论和宗旨远比作品的形式重要，而这些元素又无不涉及作者为人处世的态度，因此唯有高德品性的作家才会生产出好的作品，梁实秋最终要强调的是文学的道德价值。② 这一点刚好与克罗齐的观点形成鲜明的对峙，克罗齐坚持艺术是独立于道德的："审美意识无须向道德意识借用贞洁感，因为它自身就具有贞洁、端庄及审美纯洁的品格。"③克罗齐以为艺术家首先应该遵守的是艺术的使命感，而不是道德使命。正因为如此，克罗齐否认作品的艺术价值与作家道德的任何关联，即便是人格低下的作家也能留下经久传世的作品。

　　对于文学的情感与理性（纪律）之关系的认识，是梁实秋与克罗齐的根本分歧之点。梁实秋坚持文学基于人性，止于人性，而人性是复杂的，因而需要有条理，想象便需要向理性低首，受制于理性的剪裁、节制和纪律。梁实秋强调文学中的"纪律"即是一种"节制的力量，就是以理性（Reason）驾驭情感，以理性节制想象"④。这在克罗齐看来是不可思议的，克罗齐坚决否定理性对直觉的驾驭，"直觉知识并不需要主子，也不要倚赖任何人。"⑤这里的"主子"就是西方文艺史上一直笼罩着情感的理性。从这里可以看出梁实秋反对克罗齐的根源所在。作为一名自由派的文学批评家，梁实秋并不完全赞成新古典主义文学中那些死板与严苛的规律对于想象的限制，而他对于浪漫派的反对，在于浪漫主义的文学将古典主义中的"秩序、理性、以及节制的精神"通通打破了，一度造成文学中"过度放纵的混乱"。在梁实秋眼里，情感的任意发泄就是一种病态的表现，并不符合人性的健康发展，他显然是针对五四文学中的感伤主义提出的批判。梁实秋受白璧德的影响，错误地将克罗齐和斯宾佳恩一同归入浪漫派加以批判。实际上，在反对浪漫派的情感宣泄上，克罗齐与梁实秋的观点有契合之处。但是如何避免和克服情感的任意发泄，梁实秋与克罗齐却做出了不同的选择。梁实秋坚信

---

　　① 梁实秋.诗与诗人［M］//梁实秋批评文集.徐静波，编.珠海：珠海出版社，1998：244.

　　② 梁实秋说："我们不相信文学必须有浅薄的教训意味，但是却信文学与道德有密切关系，因为文学是以人生为题材而以表现人性为目的的。人生是道德的，是有道德意味的，所以文学若不离人生，便不离道德，便有道德的价值。"见梁实秋.文学批评论·结论［M］//梁实秋批评文集.徐静波，编.珠海：珠海出版社，1998：126.

　　③ ［意］贝内德托·克罗齐.美学精要［M］.田时纲，译.北京：社会科学文献出版社，2016：77.

　　④ 梁实秋.文学的纪律［M］//梁实秋批评文集.徐静波，编.珠海：珠海出版社，1998：102.

　　⑤ Benedetto Croce. *Aesthetic as Science of Expression and General Linguistic* (Douglas Anslie, trans.)，London：Macmillan and Co. Limited ，1922，p.2.

文学中普遍的人性只有在理性的节制中才能够获得，因为"纯正的人性在理性的生活里得以实现"①。他认为新古典派的规律只是一种"外在的权威"，而古典派理性的节制才是"内在的制裁"，只有坚持"内在的制裁"，才能求得"表现的合度"，而不至于走向浪漫派的混乱。理性对于情感的节制，在梁实秋看来其实就是对于情感的"净化"②。而在克罗齐的心灵循环运动中，理性并不具有对情感的约束与节制作用，情感是独立的。克罗齐认为普通人表达情感的方式是直接的，而诗人则要将情感转化为自己歌吟的对象，一种和谐而又冷静的方式，所以艺术不是直接而激烈地宣泄情感。他说："'精神的或审美的表现'是对情感唯一真正的表达，既为情感提供理论形式，又把情感转化为语言和形象。人们给与艺术'情感解放者'及'平静者'（净化）的能力，恰恰在于表现的情感或诗同那种激动不已或备受折磨的情感相比的这种差异性。"③克罗齐的情感只要经过心灵的综合成为艺术的抒情，便脱离了浪漫派那种生糙的情绪，无须理性的调节。梁实秋的理性对于情感的约束终归是一种精神的纪律，最终要落实在文学的形式上。情感与想象的自由在梁实秋的文学批评中应该是在"限定的形式"之内的自由。形式的意义，不在于作品的文辞表达、韵律与节奏，其真正意义"在于是文学的思想，挟着强烈的情感丰富的想象，使其注入一个严谨的模型，使其成为一个有生机的整体。"④梁实秋的"形式"，实质是一种思想的范围，依然是普遍的"人性"。而"创造的想象"则是克罗齐批评与鉴赏的核心，它是一种心灵的活动，不受任何形式的约束，创造的想象促成审美再造，即文学批评与鉴赏的完成。梁实秋的"限定的形式"在克罗齐看来是不可思议的，克罗齐也因此反对一切文学的纪律。

对于文学之美的认识，梁实秋也站在了克罗齐的对立面。梁实秋认为克罗齐的"美是直觉"否定了美与物质的关联，就是一种唯心主义的"架空立说，不切实际"，因为在他看来，"美是主观的并且也是客观的……大概所谓美，必是一件事物在客观上具备美的条件，而欣赏者在主观上亦需具备审美的修养。"⑤文学

①　梁实秋.文学的纪律［M］//梁实秋批评文集.徐静波,编.珠海：珠海出版社,1998：101.

②　梁实秋说："情感不是一定该被诅咒的,伟大的文学者所该致力的是怎样把情感放在理性的缰绳之下。文学的效用不在激发读者的热狂,而在引起读者的情绪之后,予以和平的宁静的沉思的一种舒适的感觉。亚里士多德于悲剧定义中所谓之'Kathaisis'（涤净之意）,可以施用在一切的文学作品。"见梁实秋.文学的纪律［M］//梁实秋批评文集.徐静波,编.珠海：珠海出版社,1998：103.

③　［意］贝内德托·克罗齐.美学精要［M］.田时纲,译.北京：社会科学文献出版社,2016：97.

④　梁实秋.文学的纪律［M］//梁实秋批评文集.徐静波,编.珠海：珠海出版社,1998：108.

⑤　梁实秋.文学的美［M］//梁实秋批评文集.徐静波,编.珠海：珠海出版社,1998：198.

的美只能从文字中去寻找，"离开了文字，便没有了文学。"①所谓"胸有成竹"的腹稿也只能是一个大致而粗糙的轮廓，但是文学作品的完成需要构思、布局、润饰等步骤。克罗齐将文学看作直觉的稍纵即逝的一刹那间的心理活动，在梁实秋的眼里不过是一种"浪漫的玄谈"而已。文学的本质虽然不是物质的事实，但是文学的完成离不开文字的媒介而成为一个固定的形体。梁实秋并不反对文学作品中文字作为符号所带来的声音与图画上的美感，但是文字经过适当的选择与安排记录下的人生经验与社会现象才是文学最严肃的价值。文学终究不同于音乐与绘画，音乐与图画是要表现美的意境，而文学则不一定，文学里徐徐展开的故事与情景，以及其中蕴含的人性与哲理并不是意境美所能表现的。文学不能不讲究题材的选择，它要表现有意义的与人生有关的内容，这就使得文学不仅仅涉及美，还与道德紧密相关。梁实秋对于唯美主义与象征主义将道德的因素排除在作品之外，而纯粹表现美的做法十分不屑，并将之视为一种文学上的堕落趋向。在梁实秋眼里，克罗齐的"美即直觉即表现"的错误恰恰就在于混淆了文学与绘画以及音乐的性质差异。很显然，梁实秋是针对克罗齐《美学》与《美学纲要》中的思想作出的批评。实际上，克罗齐在晚年的《诗学》中对其早期美学的思想作了修正，并阐述了作为非诗（即非直觉表现）的文学的不同特点，肯定了文字修辞传达在文学之美中的重要性，并且肯定了文学不只是抒情的表现，还包括消遣、规劝、教诲等多种表现。梁实秋在这一点上可以说与克罗齐晚年的文学观具有一致性。② 但是，梁实秋将思想与情感视为文学里最重要的两个成分，突出道德的至高位置，将美视为文学中"文学上最不重要的一部分"③，并强调文学批评不仅是说音节如何美意境如何妙，更重要的"是还要判断作者的意识是否正确，态度是否健全，描写是否真切。"④梁实秋旗帜鲜明地将人性与道德放置于文学批评的首要位置，这与克罗齐将"美"置于文学批评的核心形成鲜明的对峙。克罗齐晚年虽然扩大了文学表现的范围，但是他并不否认其内容与形式之美的重要性。

---

① 梁实秋.文学的美［M］//梁实秋批评文集.徐静波，编.珠海：珠海出版社，1998：198.
② 克罗齐的《诗学》出版于 1936 年，而梁实秋《文学的美》发表于 1937 年，没有证据表明梁实秋受过克罗齐《诗学》中相关思想的影响，因为克罗齐的《诗学》首次被译成英文是 1981 年，在梁实秋发表《文学的美》时，克罗齐《诗学》并未在英美世界传播，因此薛雯认为梁实秋是受到了克罗齐《诗学》中文学思想的影响，这种说法并不成立。
③ 梁实秋.文学的美［M］//梁实秋批评文集.徐静波，编.珠海：珠海出版社，1998：197.
④ 梁实秋.文学的美［M］//梁实秋批评文集.徐静波，编.珠海：珠海出版社，1998：209.

第二节　性灵表现的浪漫韵律

作为同是白璧德学生的林语堂,在看待克罗齐的文学批评观上,刚好和梁实秋形成对峙,也正是因为双方思想鲜明对立的立场,二者于 20 世纪 30 年代因克罗齐掀起了一场有关浪漫与古典的文学论争。

林语堂从小在教会学校接受教育,成年后留学欧美,深受西方自由主义思想的影响。林语堂关注个体心灵的自由与独立,同时不忘关心社会公共事务,在他看来,改造国民性是中国社会现代转型的重要动力,而国民性改造的前提是个体心灵的自由与人格的独立。游走于中西文化的林语堂,能够跨越文化与民族的局限,具有一种全世界与全人类的眼光与视角,因此其个人主义也是带有全人类普世价值的个人主义。[①] 林语堂对中国国民性的认识,体现在他对于中国传统文化态度的转变中。20 世纪 20 年代由于受五四启蒙思想的影响,年轻气盛的林语堂撰文对中国传统文化与国民性进行批判,[②]言辞激烈。他认为造成国民性颓废的根源在于封建旧思想与旧制度对人的自由性灵的束缚,[③]若要改造国民性,必须首先释放人的性灵。1927 年大革命失败之后,林语堂遭遇了人生的挫折,在残酷的现实环境下,思想发生了较大改变,较之以前的激烈与凌厉,更多了一份冷静与理智。此时的林语堂,不再将个人自由主义与中国儒家传统文化对立,而是理性地正视中西文化,试图寻找两种文化的相通之处,关注中国传统文化中尚具有现代生命力的元素。在 1930 年的《中国人的精神》一文中,林语堂

---

① 刘希云这样评价林语堂的个人主义:"他所理解的个人主义超越了特定社会给出的定义而成了适用于全人类的普世价值,在个人与社会的关系中,社会无权成为个人的道德仲裁者,而个人则完全可以依照人道主义准则对任何强权说不。"见刘希云.论林语堂的自由主义思想及其文学观[J].齐鲁学刊,2011(6):141-145.

② 林语堂在《给钱玄同先生的信》中直截了当地指出当时中国政象的混乱是由"国民癖气太重所致",中国国民"惰性、奴气、敷衍、安命、中庸、无理想、无狂热"的国民性让林语堂相信当时的中国人为"败类。"见林语堂.给钱玄同先生的信[M]//林语堂名著全集(第 13 卷):剪拂集.长春:东北师范大学出版社,1994:9-13.

③ 林语堂说道:"人有性灵,一道同风,谈何容易?一道同风,非桎梏性灵,使之就范不可,故此辈人必深恶性灵亦即深恶个人主义。其意似曰,脚非再缠起来不可,否则亡国灭种之祸立至。呜呼,其不信人类至此! 其恶大足若此!"见林语堂.谈天足[M]//林语堂名著全集(第 18 卷):拾荒集(下),长春:东北师范大学出版社,1994:76.所谓"一道同风"指的是当时文化上的专制主义,林语堂对此深恶痛绝,他认为"一道同风"局面一旦促成,必造成单轨思想的局面,这种压抑性灵桎梏个性的非人性的做法绝对不是中国实现现代化的正确之路。

对早年无情批判的中国国民性开始有了溢美之词，而对中国的中庸文化也逐渐有了正面的肯定。依然站在中西文化之间的林语堂，开始意识到中国儒家的中庸之道内涵着"明理"与"近情"的人本主义。① 正是在这样的思想状态下，林语堂走近了克罗齐，克罗齐的表现主义美学帮助他完成了思想的转折，并开启了其文学批评思想的建构。

林语堂在接受克罗齐的过程中始终站在一种跨文化的立场，他从一开始就意识到中国传统文论思想和克罗齐表现主义的相通之处，并试图找寻克罗齐在中国的同道，但是在林语堂翻译克罗齐的表现主义时，还未了解到袁中郎和中国传统性灵派的理论。对于中国性灵派的深入认识，林语堂得到了周作人的指点。在周作人的《中国新文学的源流》中，林语堂非常欣喜地找到了克罗齐在中国的同道——明代散文家袁中郎，并从袁中郎开始向上追溯向下搜寻出一批浪漫派和准浪漫派作家，发现了这些作家的文学观与克罗齐和斯宾佳恩表现派文评的异曲同工之处，将克罗齐的表现主义与西方和中国传统中的浪漫主义文学观相比附，②因而林语堂对克罗齐直觉表现说的接受，带有明显的浪漫化倾向。林语堂从中国传统浪漫派和准浪漫派文论中获取思想资源，借助于克罗齐与斯宾佳恩的现代表现主义美学，创立了具有中国特色的"性灵表现论"③文学批评观。克罗齐的"艺术即直觉即表现"观，在林语堂这里演变成了"艺术即性灵即表现"，林语堂性灵表现论的核心概念是"性灵"（性灵即表现，表现即性灵），他将袁中郎的"性灵"与克罗齐的"直觉"连接，并融合中国儒道美学思想，实现了克罗齐直觉表现说的跨文化变形。

何谓性灵？林语堂说"性灵就是自我"④，自我即是个性。林语堂对于个性的解释基于与西方的神感（即灵感）的对比，神感只关乎一时一地的生理心理反

---

① 林语堂说："人文主义的发端，在于明理，所谓明理，非仅指理智理论之理，乃情理之理，以情之理相调和。情理二字与理论不同，情理是容忍的，执中的，凭常识的，论实际的，与英文commonsense含义与作用极近……讲情理者，其归结就是中庸之道。"所谓"近情"，即承认人之常情，每多弱点，推己及人，则凡是宽恕容忍，而是趋于妥洽，妥洽就是中庸。见林语堂.中国文化之精神[M]//林语堂名著全集（第13卷）：大荒集.东北师范大学出版社，1994：145-146.

② 林语堂说："性灵派之排斥学古，也正如西方浪漫文学之反对新古典主义；性灵派以个人性灵为立场，也如一切近代文学之个人主义。"见林语堂.论文（上）[M]//林语堂批评文集.珠海：珠海出版社，1998：42-43.

③ 学界一般将林语堂的文学批评论称为性灵论（性灵说）或表现主义（表现论），为了将林语堂的文学观与中国传统的性灵论与克罗齐和斯宾佳恩的表现主义美学区分开来，也基于林语堂文学和文学批评观中对于性灵和表现的强调，本书称之为"性灵表现论"。

④ 林语堂.论文（上）[M]//林语堂批评文集.珠海：珠海出版社，1998：44.

应,而个性则是长期培养的结果,它不仅是一种心理表现,还与人生社会阅历不无关联。① 林语堂认为:"个性 Personality 无拘无碍自由自在表之文学,便叫性灵。"②文学艺术创作的生命就在于这一点性灵,"性灵二字并不怎么玄奥,只是你最独特的思感脾气好恶喜怒所集合而成的个性。"③正如神感与性灵之差别,林语堂的性灵与克罗齐的直觉也有着类似的根本不同,直觉是个体内在的精神体验,克罗齐将之视为人的一种认知能力,即人之为人区别于动物的艺术本能。而林语堂的性灵是心理体验与社会阅历合力生成的结果,它既不全是精神性的,也不只是认识能力,而是一种个性特征,是人之为己区别于他人的标识。

但是,"个性"二字并不能概括林语堂性灵的全部内涵。林语堂曾经在《新的文评》序言中指出"任情率性"是浪漫派的显著特征。"性"和"情"两个概念并列地组合在一起,才是"性灵"的最好诠释。那么,性灵之"情"作何解释? 首先,性灵之"情"是"欲"的体现:"宇宙万物生生不息,是宇宙万物各尽其才,各有其欲。宇宙无欲,则宇宙寂灭。人生的期望、愿望都是欲,人生没有期望、愿望,便已了无生趣,陷于死地,形存神亡。"④可见,"欲"不仅是维持生命并紧贴生活的人之为人的根本,也是宇宙生生不息的源泉,"欲"乃人之常"情"⑤。情也是克罗齐直觉的原动力,它给予艺术意象以连贯性和整一性,直觉与情感甚至是同一的:"艺术直觉永远是抒情直觉,后者不是前者的形容词或限定,而是同义词。"⑥但是直觉中的情是一种涤除了欲望的纯粹的艺术情感,直觉与欲望是决然分开的。其次,性灵之"情"还是一种艺术化的人生感悟。林语堂认为西方人重理,而中国人

---

① 林语堂说:"凡所谓个性,包括一人之体格、神经、理智、情感、学问、见解、经验、阅历、好恶、癖嗜,极其错综复杂。大概得之先天者半,得之后天者半。"见林语堂.论性灵[M]//林语堂名著全集(第18卷):拾荒集(下).长春:东北师范大学出版社,1994:238.

② 林语堂.论性灵[M]//林语堂名著全集(第18卷):拾荒集(下).长春:东北师范大学出版社,1994:238.

③ 林语堂.说潇洒[M]//林语堂名著全集(第18卷):拾荒集(下).长春:东北师范大学出版社,1994:377.

④ 林语堂.论孟子说才志气欲[M]//林语堂名著全集(第16卷):无所不谈合集.东北师范大学出版社,1994:45.

⑤ 林语堂赞同戴东原的观点:"'人生而后有欲,有情,有智。三者,血气心智之自然也',这是戴东原哲学的中心。相信人类,不去情欲,认清人性,不作虚伪,不矫揉,不排空架,这是现代人的人生观。"见林语堂.戴东原与我们[M]//林语堂名著全集(第16卷):无所不谈合集.东北师范大学出版社,1994:61.

⑥ [意]贝内德托·克罗齐.美学纲要[M].田时纲,译.北京:社会科学文献出版社,2016:19.

重情，这个"情"字在英文中找不到对应的字来翻译，①因为中文的"情"是一种流动的、生命的、主观的感受。林语堂的情具有明显的东方文化意蕴，它有别于西方人超越尘世的情感，而是基于现实人生的温暖之情。② 克罗齐直觉中经过心灵综合之后的艺术化情感，已然不同于浪漫派的粗糙激越之情绪，它虽然也蕴含人性与艺术之力，但是也并非止于人生感悟，还带有一种超越的性质，这又与林语堂的理解区分开来。最后，林语堂将性灵之"情"解释为"情理"，与逻辑相对，包含"人情"和"天理"两个元素。③ 性灵并不否认天理，而是要维持天理与情感的平衡，以此解放被压抑的人性。在林语堂看来，孔子所代表的儒家文化是一种近情的人本主义文化，而在中国历史发展中，孔子的近情（达情）主义逐渐被假道学者歪曲，④礼教思想淹没了人的正常情感和欲望，使得文学只能载道而不传情，孔孟的温情主义被宋儒演变成了绝情主义。⑤ 林语堂的性灵具有深刻的现代启蒙意义，性灵固然借鉴了直觉的某些特征，但是又带有鲜明的中国文化烙印。可以这么说，林语堂的性灵将克罗齐的直觉从纯粹精神领域拉回到现实人间。

性灵表现论之"性灵"与直觉表现论之"直觉"终有所不同，那么林语堂如何

① 林语堂说："我把中国作家笔下所用的'情'字译作 Passion 也许不很对，或者我可用 Sentiment 一字（代表一种较温柔的情感，较少激越的热情所生的冲动性质）去译它吗？'情'这一字或许也含着早期浪漫主义者所谓 Sensibility 一字的意义，即属于一个有温情的大量的艺术化的人的质素。"见林语堂.谁最会享受人生——情智勇：孟子[M]//林语堂散文经典全集.北京：北京出版社，2007：165.

② 林语堂说："如果我们没有'情'，我们便没有人生的出发点。情是生命的灵魂，星辰的光辉，音乐和诗歌的韵律，花草的欢欣，飞禽的羽毛，女人的艳色，学问的生命。没有情的灵魂是不可能的，正如音乐不能不有表情一样。这种东西给我们以内心的温暖和活力，使我们能快乐地去对付人生。"见林语堂.谁最会享受人生—情智勇：孟子[M]//林语堂散文经典全集.北京：北京出版社，2007：165.

③ 林语堂说："Reasonableness 这个字，中文译做'情理'，其中包括着'人情'和'天理'两个原素。'情'代表着可以活动的人性原素，而'理'则代表着宇宙之万古不移的定律。一个有教养的人就是一个洞悉人心和天理的人。儒家藉着人心及大自然的天然程式的和谐生活，自认可以由此成为圣人者也不过是如孔子一般的一个近情的人，而人所以崇拜他，也无非因为他有着坦白的常识和自然的人性罢了。"见林语堂.近情//林语堂散文经典全集.北京：北京出版社，2007：365.

④ 林语堂说道："须知孔子是最近人情的。他是恭而安，威而不猛，并不是道貌岸然，冷酷拒人于千里之外。但是到了程、朱诸宋儒的手中，孔子的面目就改了。以道学面孔论孔子，必失了孔子原来的面目。"见林语堂.论孔子的幽默[M]//林语堂名著全集（第16卷）：无所不谈合集.东北师范大学出版社，1994：22-23.

⑤ 林语堂认为"七百年来道学为宋人理学所统制，几疑程朱便是孔孟，孔孟便是程朱。程朱名为推崇孟子，实际上是继承荀韩释氏（戴东原语），不曾懂得孟子。"见林语堂.论孟子说才志气欲[M]//林语堂名著全集（第16卷）：无所不谈合集.东北师范大学出版社，1994：43.

阐释"表现"？他说："艺术只是在某时某地某作家具某种艺术宗旨的一种心境的表现——不但文章如此，图画，雕刻，音乐，甚至于一言一笑，一举一动，一唧一哼，一咔一呸，一度秋波，一弯锁眉，都是一种表现。"①很显然，这里的表现已然有别于克罗齐经心灵综合赋形后生成的艺术情感之表现。林语堂的表现具有更加宽泛的意义，它不只关心表现的精神内涵，更注重主体心境情绪的表达，因此各种与情感相关的动作、表情和物质媒介都被纳入表现的范围，因而也被收入艺术之列。克罗齐的表现与直觉的等同，有着深刻的哲学内涵，他建构心灵哲学的目的在于要超越二元论所必然导致的超验论与不可知论。如果将直觉与表现相分离，那么二者的过度与连接必须求助于第三者，这第三者最后必然走向上帝或者某种不可知物，这是克罗齐不愿意看到的。林语堂显然没有也不可能对克罗齐的表现有如此深刻的认识，他所借鉴的仅仅是克罗齐的表现所带来的心灵解放，具有浓厚的社会现实启蒙目的。从林语堂个人本身的精神气质与精神成长的背景来分析，林语堂一直对西方浪漫主义情有独钟，加上其在欧洲留学时受到德国浪漫派文学的熏陶，其性灵表现论中的性灵实质上与浪漫主义对于情感与个性的重视具有高度的一致性。但是林语堂又对西方浪漫主义所坚持的文学功用观十分反对，浪漫主义之后发展起来的克罗齐的表现论从美学的角度给予了艺术以独立的价值，将艺术与现实功利与道德价值完全分离开来，恰好是林语堂所需要的。也正因为如此，注定了林语堂以浪漫主义情感的表现去阐释克罗齐的直觉表现。另外，表现也是斯宾佳恩用以反对白璧德的新古典主义，倡导文化多元化的理论武器。林语堂翻译克罗齐的动机，是为了对抗梁实秋接受的新古典主义批评观，而他接受的克罗齐，也是通过斯宾佳恩阐释过的克罗齐，因此他不可能深刻领会克罗齐表现论的生成机制，以及直觉与表现的内在关联。

林语堂关注的重点在于克罗齐的表现所突出的审美纯粹性，他认为："表现派能攫住文学创造的神秘，认为一种纯属美学上的程序，且就文论文，就作文论作文，以作者的境地命意及表现的成功为唯一美恶的标准，除表现本性之成功，无所谓美，除表现之失败，无所谓恶；且任何作品，为单独的艺术的创造动作，不但与道德功用无去，且与前后古今同体裁的作品无涉。"②林语堂亲近于克罗齐

---

① 林语堂.《新的文评》序言[M]//林语堂名著全集（第13卷）：大荒集.东北师范大学出版社，1994：230-231.

② 林语堂.《新的文评》[M]//林语堂名著全集（第13卷）：大荒集.东北师范大学出版社，1994：233.

表现主义对创作与批评主体的心理因素与个性情感的尊重，基于文学本身而对于文学外在元素的排除，以及它所强调的艺术独立与艺术无功利，他重视的是克罗齐表现主义的审美批评功能及其所引起的文化评价。

林语堂的性灵表现论在借鉴克罗齐直觉表现论的基础上，融合了中国传统儒家的近情哲学与老庄哲学的浪漫主义思想，在具体的文学批评中对克罗齐的表现论进行了发挥。性灵表现论的文学批评观之根本在于求"真"，这里的"真"并非真理之真，它体现两方面的含义，其一是文章所体现出的作者的率性之真，即个性的真实显露，作者不伪装，不媚俗，不遮掩隐藏活脱脱的个人本性。① 凡是文学，就应该直抒胸臆，发挥己见，说自己想说的话，发自所感之情，喜怒哀乐、怨愤悱恻，个人一时之思感于字里行间尽显无遗。林语堂针对当时文学宣传假道德而内容空洞的现象，强调文章即是自由自在地说话，个性之真乃文学之命脉。② 其二是内容取材之真实，天地之大，草木之微，均可以进入文学描写的范围，一念一见之微都是表示个人衷曲，不复言廓大笼统的夫经地义，不为圣人立言，不代天宣教。林语堂对于当时文学中的方巾气十分抵触，③他认为文学实在不必刻意选择大题材，凡是与人生有关的都可以成为文学创作的素材。在林语堂眼里，"真"是文学创作的首要条件，真实个性的显露，表现内容的无所不涉是对创作领域的开拓，每个作家都表现不同的个性，文学作品的风格就可以千姿百态，不拘一格。林语堂的性灵表现论对于个性与内容之真的追求，一定受到了克罗齐表现主义的启发，克罗齐的表现是直觉的心理过程，"每个个体心灵生活的每一时刻，都有他的艺术世界。这些世界彼此之间不能作价值上的比较。"④个

---

① 林语堂这样解释真："真者，所抒由衷之言，所发必真知灼见的话，天地之大，草木之微，古人先我见之，则幸古人之不吾欺，作为会心的微笑。或者古人之见，与我不同，虽先圣大贤，吾无馁焉。"见林语堂.看见碧姬芭杜的头发谈小品文[M]//林语堂名著全集(第16卷)：无所不谈合集.东北师范大学出版社，1994：290.

② 林语堂说："文章何由而来，因人要说话也。然世上究有几许文章，那里有这许多话？是问也，即未知文学之命脉寄托于性灵。人称三才，与天地并列；天地造物，仅ös万万。岂独人之性灵思感反千篇一律而不能变化乎？读生物学者知花瓣花萼之变化无穷，清新富丽，愈演愈奇，岂独人之性灵，处于万象之间，云霞呈幻，花鸟争妍，人情事理，变态万千，独无一句自我心中发出之话可说乎？"见林语堂.论文[M]//林语堂名著全集(第14卷)：披荆集.东北师范大学出版社，1994：153.

③ 林语堂这样批判当时文学中的方巾气："近来新旧卫道派颇一致，方巾气越来越重。凡非哼哼唧唧文学，或杭唷杭唷文学，皆在鄙视之列。今人有人虽写白话，实则在潜意识上中道学之毒甚深，动辄任何小事，必以'救国''亡国'挂在头上。"见林语堂.方巾气研究[M]//林语堂名著全集(第14卷)：披荆集.东北师范大学出版社，1994：168.

④ Benedetto Croce, *Aesthetic as Science of Expression and General Linguistic* (Douglas Anslie, trans.), London：Macmillan and Co. Limited，1922. p.137.

体心灵世界值得珍视，是因为它不涉及物质世界，不关乎任何实践与道德的外在目的，它只是人类心灵活动的诗性阶段，是人之本真状态的真实表现，从这个意义上来说，克罗齐的表现也是"真"。克罗齐的表现之"真"不仅体现在心灵综合之主体直觉的纯粹性，还体现在直觉内容的独特性，每个人直觉的材料都是他头脑中的主观感受与情感印象，绝不雷同。

在借鉴克罗齐的基础上，性灵表现论的"真"也是中国传统性灵派文学与道家哲学之"真"的发扬。林语堂发现了中国性灵派文学与西方浪漫派之间的相似之处："性灵派之排斥学古，正也如西方浪漫文学之反对新古典主义，性灵派以个人性灵为立场，也如一切近代文学之个人主义。"[①]在西方浪漫派文学的启发之下，林语堂梳理出了一条中国浪漫文学思潮的文学史脉络，[②]在他眼里，中国的古典主义与西方18世纪的古典主义并无二致，二者都标举格套，用典生僻，模仿古文，其结果是桎梏性灵，文学最终越走越窄，正是浪漫文学将文学从古典中拯救出来。中国老庄道家哲学思想里对于个性的尊重与性灵的释放，对于自然的亲近以及对于人生的热爱，都深深印刻在中国魏晋以及明末清初浪漫作家的作品之中。林语堂在此是对梁实秋批判浪漫主义的回应，因为在梁实秋看来，中国最接近卢梭浪漫主义的就是道家思想。卢梭的浪漫主义与道家主张的个体性灵与梁实秋的新人文主义所捍卫的普遍人性是显然冲突的。而且，梁实秋追求文学的道德功用，又是林语堂与克罗齐的表现论共同反对的。在这一点上，林语堂和克罗齐以及中国老庄浪漫派相互通约，林语堂的性灵表现论也因此对克罗齐的直觉表现论实现了浪漫化发挥。林语堂性灵表现论的"真"有着深刻的文化批判内涵，他借助于中国老庄思想与浪漫文学思想中对个性的张扬，对文学表现内容的贴近人生，来批判文学中的方巾气与道学气，并反对20世纪30年代的文学

---

① 林语堂.论文[M]//林语堂名著全集(第14卷)：披荆集.东北师范大学出版社,1994：146.

② 林语堂指出："盖儒家本色亦求中和皆中节而已，第因'中和'二字出了毛病，腐儒误解'中和'，乃专在'节'字'防'字'上用工，由是孔子自然的人生观，一变为阴森迫人之礼制，再变而为矫情虚伪之道学，而人生乐趣全失矣。"(见林语堂.说浪漫[M]//林语堂批评文集.珠海：珠海出版社,1998：114.)孔子所主张的儒学是富于情感的，具有浓厚的近情人本主义色彩，但由于汉儒对于孔子儒家本色的误解和扭曲，使儒学变为阴森迫人之理智，矫情虚伪之道学。因此便出现了中国历史上第一次浪漫运动：主张狂放放任与唾弃名教的魏晋思潮。而宋儒在汉儒的基础上更为夸张，宋儒理学的"存天理，灭人欲"对于人性的压抑导致了中国历史上第二次浪漫运动：宋朝苏轼与黄庭坚对理学的诋虐，明末袁中郎、屠赤水、王思任以至清朝李笠翁、袁子才对自然真挚的崇拜与对娇柔伪饰的反抗。林语堂还从哲学层面上追溯到中国浪漫思想的起源——道家思想，其"若放逸、若清高、若遁世、若欣赏自然，皆浪漫主义之特色"(见林语堂.说浪漫[M]//林语堂批评文集.珠海：珠海出版社,1998：114-115.)。

工具论。林语堂性灵论的求"真"是对艺术本体，也是对创作主体的尊重。同时，由于深知西方理性主义对人性的摧残，道家思想对物质主义的调和，对虚无主义的救济，以及对于人间仇恨与妒忌的冲散，就显得倍加可贵。简言之，倡导艺术的人生态度，正是文学之"真"所要到达的社会目的。林语堂的性灵表现论文学观始终指向社会人生，具有鲜明的现实批判意义。

林语堂的性灵表现论文学批评观还体现为文学形式的解放。文学形式的解放最重要的是打破古典主义的纪律，①这也是林语堂对梁实秋古典主义的回应。林语堂借助克罗齐的表现论作为自己打破文学纪律的理论基础，他在《旧文法的推翻与新文法的改造》中对克罗齐的观点深表认同：

> "大概一派思想到了成熟时期，就有许多不约而同的新说同时并起。我认为最能代表此种革新的哲学思潮的，应该推意大利美学教授克罗车氏（Benedetto Croce）的学说。他认为世界一切美术，都是表现，而表现能力，为一切美术的标准。这个根本思想，常要把一切属于纪律范围桎梏性灵的东西，毁弃无疑，处处应用起来，都发生莫大影响，与传统思想相冲突。其在文学，可以推翻一切文章作法骗人的老调，其在修辞，可以整个否认其存在，其在诗文，可以危及诗律体裁的束缚。"②

克罗齐认为："有多少表现的事实，就有多少个体，个体与个体之间除了同为表现品之外，没有可以互换的共性。"③表现（或直觉）本来就是一个种（genra），具有整一性，它不能再分为其他的类（species）。表现所基于的印象是千变万化的，因此表现的形式也就千差万别，人的心灵中从来没有完全相同的两个表现，因此将表现分类就变得不可理喻。在克罗齐看来，所谓浪漫的古典的形式之分，只不过是使用者为了方便而立的名词而已。正因为表现的个体独特性与特殊性，用某种统一的原则来规范创作与批评就显得十分荒唐。古典主义中的体裁分类与林语堂的性灵表现是相冲突的，文理法度在林语堂看来都是"无用的勾当"，林语

---

① 林语堂："所以文学解放论者，必与文章纪律论者冲突，中外皆然。后者在中文称之为笔法、句法、段法，在西洋称为文章纪律。这就是现代美国哈佛教授白璧德教授的'人文主义'与其反对者争论之焦点。白璧德教授的遗毒，已由哈佛生徒而输入中国。纪律主义，就是反对自我主义，两者冰炭不相容。"见林语堂.论文[M]//林语堂名著全集(第14卷)：披荆集.东北师范大学出版社，1994：148.

② 林语堂.旧文法之推翻与新文法之建造[M]//林语堂名著全集(第13卷)：大荒集.东北师范大学出版社，第223页.

③ Benedetto Croce. *Aesthetic as Science of Expression and General Linguistic* (Douglas Anslie, trans.), London：Macmillan and Co. Limited，1922. p.68.

堂借刘勰之语说明作文之核心在性灵之表现而不在文法："淳言以比浇辞,文质显乎千载,率志以方竭情,劳逸差乎万里,古人所以余裕,后进所以莫遑也。"①今人作文,一旦做到"率志"与"淳言",便能受到古人"余裕"的效果。因此,林语堂坚持文学批评只能是美学的批评,而当时的中国恰恰没有美学,只有评文美恶的意见。林语堂建构性灵表现论,意图也在帮助中国树立一种基于美学的文学批评观。

林语堂与梁实秋就克罗齐引起的争论,实际上是 20 世纪 30 年代中国文学批评模式建构的探讨。克罗齐表现主义作为一种文学批评的美学模式,为林语堂探索中国文学评的现代性出路提供了理论参考。相比于中国现代作家,林语堂有着更加明显的浪漫美学立场,其性灵表现论,选择性地借鉴了克罗齐表现论中与浪漫美学一致的观点,即对个性的强调和对于文学纪律的反对,将克罗齐的直觉转化为极富浪漫色彩的性灵,同时也融合了中国传统道家思想以及传统浪漫主义中与表现主义相通的思想元素,而加以理论的发挥与阐释,与古典主义的文学批评观形成鲜明对比,为中国现代文学批评提供了一种崭新的模式,拓展了现代文学批评实践的空间。

第三节　人本主义的殊途同归

面对 20 世纪初期科学主义与实证主义所导致的西方文化与人文精神危机,白璧德与克罗齐都曾努力寻求解救的药方。白璧德虽然反对克罗齐,但也承认克罗齐和自己一样,实际上在"倡导一种新的宗教或者新的人文主义,从而将人类从知识的无政府状态,从肆无忌惮的个人主义,从感官主义,从怀疑主义,从悲观主义以及各种以浪漫主义之名困扰人类灵魂与社会一个半世纪的反常现象中解救出来。"②面对现代社会的困境,他们都在努力寻找一种新的文化平衡,试图以人的法则来对抗现代社会物的法则。但是因为二人所处文化背景的差异,以及二者思想形成的哲学基础的不同,他们各自选择了人本主义的不同路径。白

---

① 林语堂.《新的文评》序言[M]//林语堂名著全集(第 13 卷):大荒集.东北师范大学出版社,1994:237.

② Irving Babbitt. "Croce and the Philosophy of Flux." *Spanish Character and Other Essays* (Fredrick Manchester, Rachel Giese, William F. Giese, ed.) Boston: Houghton Mifflin, 1940: p.67‑68.

璧德的新人文主义呼吁古典主义中统一标准的回归,并诉诸于理性与道德,以此医治极端多元主义带来的统一精神与标准的丧失。白璧德强调古典作品的道德力量,使人类从个别经验走向普遍经验,将人类引向崇高和统一的完美境界。①白璧德追求作品中的固定价值与伦理法则,认为上乘的古典文学并不使我们产生某种情感与冲动,而是"诉诸我们更高的理性与想象",带领我们"离开并超越自身,因而具有实实在在的教育作用"②。克罗齐则始终坚持一种反形而上学、反抽象理性、重视主体情感的个体人本主义。克罗齐将直觉视为认知的起点,也是理性认知的前提,并且脱离理性而独立。克罗齐有关文学艺术的认识都基于对个体抒情直觉的肯定,这是克罗齐人本思想的重要标识。克罗齐坚决反对形而上本体与绝对理性对个体的笼罩,突出历史即是人的心灵发展,历史就存在于个体的心灵活动中。在此基础上,克罗齐始终强调文学艺术是个体情感的自由表现,坚决反对一切形式的文学纪律与统一标准,捍卫人之为人的独特个性与自由,这与白璧德的新人文主义形成鲜明对比。尽管如此,两人思想最终的旨归都指向现代社会中人的救赎。

白璧德的新人文主义与克罗齐的审美自由主义在美国文学界所引起的论争,经由梁实秋与白璧德移植到了 20 世纪 30 年代的中国文学批评界。梁实秋与白璧德所处的文化语境有别,而他之所以走近并借鉴白璧德的新人文主义,原因在于新人文主义对于古典道德标准的推崇,恰恰为梁实秋反对当时社会泛滥的物质功利主义和文学中的情感自然主义提供了理论支撑。梁实秋对五四新文学的泛情现象感到忧虑,担心如果情感与想象主导文学,会伤害文学的健康,从而危及人与社会,因此主张以理节情。梁实秋的文学批评观背后体现的,是他对人的思考。他吸收了新人文主义的理论核心"人性二元论",即人性中欲念与理智的冲突,主张以礼制欲,以礼节情,促进人与社会的健康发展。虽然他主张文学中的理智与道德,但是这种理智与道德是与情感之间的平衡,理智并未压制情感。梁实秋文学的人文主义最终指向个体道德的完善,这恰好和传统儒家的"修齐治平"相吻合。实际上,梁实秋在接受白璧德的基础上,也试图寻求白璧德人

---

①　白璧德认为古典主义的精髓在于全面论述人的本质:"人是两种法则的产物:他有一个正常的或自然的自我,即冲动和欲望的自我,还有一个人性的自我,这一自我实际上被看作是一种控制冲动和欲望的力量。如果人要成为一个人性的人,他就一定不能任凭自己的冲动和欲望泛滥,而是必须以标准法则反对自己正常自我的一切过度的行为,不管是思想上的,还是行为上的,感情上的。"见〔美〕白璧德.卢梭与浪漫主义〔M〕.孙宜兴,译.石家庄:河北教育出版社,2003:10-11.

②　〔美〕白璧德.卢梭与浪漫主义〔M〕.孙宜兴,译.石家庄:河北教育出版社,2003:112.

本主义与中国传统儒家人本主义思想的衔接。他认为中国文学的主要趋势还是趋向于道家的浪漫主义，而儒家的文学观念根本没有形成，道家的浪漫主义文学在梁实秋眼里是不健康的文学，因此"新文学运动应该把旧文学观念彻底的纠正一下"①。梁实秋认为中国的儒家接近西方的人本主义，孔子的哲学与亚里士多德有颇多的"暗合之处"，它们都注重现实与人性的修养，推崇理性与"伦理的想象"，不涉及玄妙的超自然境界。"我们现在若采取人本主义的文学观，既可补中国晚近文学之弊，且不悖于数千年来儒家传统思想的背景。"②梁实秋借鉴白璧德的新人文主义，融合中国传统儒家思想，也是针对五四新文化运动中彻底反传统而作出的适度回归传统的理论表达。

梁实秋对克罗齐的直觉表现论并不认同，这与白璧德将克罗齐归为浪漫主义与唯美主义的误解不无关联。白璧德与克罗齐的隔膜就体现在梁实秋对克罗齐的误解中。梁实秋并未深入理解克罗齐思想所内涵的人本主义，以及克罗齐与白璧德面临西方社会问题所表现的内在一致的人文关怀，而草率地将之与西方浪漫主义混为一谈并加以抨击。即便如此，正因为梁实秋与克罗齐思想中内涵的人文关怀，二者在对待文学批评的观点中也有着某些相似之处。首先，二者都反对文学工具论，在克罗齐，作为自我心灵表现的文学，不可能承载道德与意识形态宣传的功能，梁实秋也同样反感文学中的革命意识和阶级意识，反对文学作为宣传工具的左翼文学批评观。其次，在对待情感的问题上，二者都反对无节制的情感倾泻，梁实秋主张理性节制情感，而克罗齐则认为艺术的诗性的情感是一种人类普遍的情感，它本来就是节制的和理性的，其本质区别于生糙的浪漫主义的情绪泛滥。最后，梁实秋一直注重文学与人生的关联，重视文学作品在理解人生之意义与人性之深刻的价值。而克罗齐无论是在其早期的美学观还是晚期的文学观，都无不表达了艺术源于生活的观点，他将历史等同于个体心灵的发展，又将艺术等同于历史，重视个体心灵的生长，这本身就是对人生的深切关怀。克罗齐认为，艺术的意义，不是为了某种形而上的本体或者超验的理性与绝对精神，而在于具体的人的生活。艺术的全部意义在于它产生于人的情感，存在于人的生活之中，使人获得精神的自由与解放。克罗齐从不关心与相信形而上学以及某种超验的本体，他曾经说："如果我们看到欧洲大战在各方面所引起的大量亟待解决的问题—关于国家的，关于历史的，关于权力的，关于不同民族的作用

① 梁实秋.现代文学论［M］//梁实秋批评文集.徐静波,编.珠海：珠海出版社,1998：160.
② 梁实秋.现代文学论［M］//梁实秋批评文集.徐静波,编.珠海：珠海出版社,1998：161.

的、关于文明、文化和野蛮的、关于科学、艺术、宗教的、关于人生的目的语理想的、如此等等—我们就会体会到，哲学家有责任从神学和形而上学的圈子里跳出来。"①克罗齐曾经在他的一本不太正式的著作《伦理学片段》中有过对于人性、婚姻、死亡、友谊、爱、疾病、死亡与绝望的探讨，他并不像一般哲学家那样只热衷于生产冰冷无情的思想片段，而是对人类生命和人性予以温情的关怀。克罗齐的美学是人类文明的一面镜子，他不仅仅只做抽象的思辨，更关注人类文明发展中的具体问题。这也正是克罗齐致力于将艺术美学从形而上学束缚下解放出来的理由。

　　作为梁实秋文学论的对立面，林语堂是在克罗齐表现论的启发下开启了文学批评的美学模式的建构。文学批评的美学模式，不仅意味着文学的解放，也蕴含着人的解放。性灵表现论强调文学中个性的凸显与情感的自由发挥，反对固定规则与文学纪律的约束，这是另一种形式的人本主义。林语堂深受周作人的启发，周作人早期提倡人的文学，鼓吹个性解放，30年代又大谈性灵，无一不是对于人的发展的深切关怀。林语堂以性灵取代克罗齐的直觉，从精神与现实两个层面关注文学表现中的人性解放。林语堂对个体独立、自由与发展的追求与坚守是他进行文学批评的基础，而个性的自由抒发也成为他建构文学批评思想的尺度。正是克罗齐的"表现"让林语堂认识了明末清初的性灵文学，并追溯出一条中国文学史上的浪漫主义线索，从中国传统老庄哲学以及袁中郎等一批浪漫派和准浪漫派作家的思想里采撷个人主义的火种，更加彰显了其性灵表现论背后的人本主义色彩。性灵表现论克服了克罗齐直觉表现论对人之心灵发展认识的偏执与狭隘，将克罗齐的精神世界中的"情"落实在现实人生中，由抽象变得具体，并具有了现代性的文化批判力量。性灵表现论不仅是林语堂对禁锢心灵的传统道学的抨击，也是对当时中国与西方社会盛行的科学主义和物质主义的人本回应。性灵表现论不仅关注人之情感的抒发与个性的自由表达，还将人的发展与文化和社会发展互相关联，对人的认识指向对文化与社会的改造。相比五四时期对于传统文化的批判，克罗齐让林语堂具备了更加宽广的跨文化视角，他意识到中国传统浪漫哲学与文学批评中的人本主义价值，以及它对整个人类文化与精神发展的价值。在对全面反传统文化的批判上，梁实秋与林语堂的文学批评观都呈现了更为客观与宽容的气度。

---

　　①　［意］贝内德托·克罗齐（Benedetto Croce）.历史学的理论和历史［M］.田时纲，译.北京：中国人民大学出版社，2012：96.

正如殷国明所说："由克罗齐引起的论争，并不仅仅是对一个西方理论家，或对一种文艺思潮的评价问题，而牵涉到了对世界文学整体认同和现实的文学选择，也表现了对传统与现代交汇问题的进一步深化思考。"①林语堂与梁实秋对于克罗齐的反对与接受，虽然对其理论思想没有多少新的发现和创见，但是却在更广的视野上发现了中西文艺美学中的相通之处。林语堂在融合克罗齐与中国传统浪漫文学思想而创立的性灵表现论，使得中国传统文学批评中的表现思想得以体系化，并且使得中国传统文艺美学中的表现论思想具有了现代的理论内涵，为中国文学批评的逻辑建构，提供了另一条出路。正如斯宾佳恩运用克罗齐的观点来倡导一个多元化的年轻的美国一样，林语堂综合了袁中郎和克罗齐的观点来为一个老大帝国的青春活力寻找出路，林语堂走的是一条融通中西的世界主义之路。虽然新文化运动的倡导者们开始分裂为不同的政治文化派别，但是对于林语堂来说，他依然坚持自己的信念，他认为个性和个人依然是不可回避的重要理念，这对于千年古国的文化更新尤其重要。

---

　　①　殷国明.宜于西并不戾于中——关于克罗齐的中国化[J].中国比较文学,2000(2)：62-72.

第六章
转化中延展：滕固、邓以蛰
对克罗齐美学的吸收

　　克罗齐传入中国后，不仅对中国的美学理论建设、文学批评发展造成了影响，对中国书画论和艺术史研究以及艺术学科的独立也有很深的浸润，其中滕固与邓以蛰便是这棵中西之树上两片夺目的叶子。刘纲纪曾经说过，自"五四"以来，中国书画艺术的研究主要沿着两条路径，一种是着重于史料的搜集、考证和整理，一种是利用西方的艺术美学思想对中国传统艺术作出现代的阐释，而后者表现出色的便是滕固、邓以蛰和宗白华。[①] 克罗齐美学中并未具体讨论书画，滕固和邓以蛰将克罗齐的"直觉表现论"运用于书画论，对克罗齐直觉表现论作了理论上的转化与延展。邓以蛰还借鉴克罗齐的"一切历史都是精神史与当代史"的历史观，提出了具有中西文化融合特色的"境遇论"诗学观，对当时中国诗歌中的泛情现象，以及学术界以科学方法整理国故研究历史的方法进行了批判。本章依然按照个案讨论的方法，将滕固与邓以蛰对克罗齐的接受分开论述。由于邓以蛰的诗学"境遇论"和书画论都汲取了克罗齐美学思想的营养，两者分属于不同的研究领域，为了尊重邓以蛰对其接受的客观生态，充分阐释克罗齐美学对邓以蛰诗学和书画论的细节性影响，本章将之分节展开论述。

第一节　内经验的直觉之光

　　作为中国现代艺术学科的奠基者，滕固在其一生的艺术研究中致力于引进西方文艺美学与艺术史思想，为中国文艺美学与艺术史研究从传统向现代的转

---

① 刘纲纪.中国现代美学家和美术史家邓以蛰的生平及其贡献[M]//邓以蛰全集.合肥：安徽教育出版社,1998：449-451.

147

型做出了奠基性的贡献。滕固于1920年9月赴日本留学，克罗齐是滕固留学日本之后向国内撰文引介的首位西方美学家，《克洛斯美学上的新学说》①也是国内首篇介绍克罗齐美学思想概况的专文，文章对克罗齐美学作了纲要式介绍，其中涉及克罗齐美学的哲学基础与核心内容，重点阐述了直观和概念的区别以及直观和表现的统一。滕固这样评价克罗齐美学："柯氏的美学，一面是论理学的和心理学的精密的特色，一面是富于诗人的洞察及抒情性。"②滕固曾在1920年12月19号和1921年1月6号致王统照的书信中曾提及他对克罗齐《美学纲要》的接触，③而且，滕固在《柯洛斯美学上的新学说》一文末尾提及克罗齐的《美学》，以此推知，滕固在日本至少初步了解过克罗齐的这两本美学著作。1921年7月8日滕固在给王统照的书信中表达了研究克罗齐美学的兴趣。④ 从滕固对艺术独立、艺术史的再书写以及艺术本质的认识中，不难捕捉到克罗齐美学思想的影子与痕迹。或者说，作为首先进入滕固思想视野的西方美学家，克罗齐的思想在某种程度上对滕固艺术思想的形成具有导向性意义，滕固后来对西方其他艺术思想的借鉴与接受，都是在克罗齐美学思想基础上的拓展与深化。滕固对克罗齐美学思想的吸收，可以从微观和宏观两个层面来分析，微观层面体现于他对艺术本质的认识，宏观层面则主要体现在他对艺术学的思考和艺术史的书写。

先来看微观层面。克罗齐的直觉即表现论影响了滕固对于艺术本质的理解。滕固认识到"论表现和直观（intuition）有不可离的关系，是克罗齐美学的根本"。⑤ 他领会到克罗齐对表现与印象的区分，将印象视为一种被动的感受，而"真的直观，在感受了印象，不得不印刻一个'精神'的特性。所以真的直观，乃是

① 在《柯洛斯美学上的新学说》一文中，滕固首先肯定了克罗齐美学是当时世界美学界的"一个新倾向"，即使在欧美的学术界也并未广为人知，而在国内知晓 Benedetto Croce 其名的人就更加少之又少了。在滕固发表该论文之前，国内唯有刘伯明在其《关于美之几种学说》一文中简要提及过克罗齐的"表现说"。滕固认为这样一位刚刚崭露头角的思想家，即便"几乎没有人鉴赏他的全部价值"，但是"他日纵有被人认为伟大教师的时候"。这是滕固借克罗齐英文译本译者道格拉斯·安士莱（Douglas Anslie）的话给与克罗齐的中肯评价，同时也体现了滕固对克罗齐思想的认可与赞赏。

② 滕若渠.柯洛斯美学上的新学说[J].东方杂志，1921，18（8）：72-75.

③ 滕固.中国美术小史.唐宋绘画史[M].吉林：吉林出版集团有限责任公司，2010：243.

④ 滕固在信中说道："我想做篇《古诗神 Euterpe 像的发掘》，这篇想由 Art-impuke 追溯之起源，完全根据美学家，考古学家的说法，在参以意大利美学家 B. Croce 的学说，论诗的内在的 Rhythm……你能通法文，最妙有新美学家意大利人 B. Croce 的学说与伯格森之哲学相近，正是时代上的学者，我同你一起研究，先作此约。"这是滕固在留学日本期间接触到克罗齐的思想之后，流露出要研究克罗齐美学的想法。见沈宁编著.滕固年谱长编[M].上海：上海书画出版社，2019：56.

⑤ 滕若渠.柯洛斯美学上的新学说[J].东方杂志，1921，18（8）：72-75.

表现……所谓艺术的直观和表现，自由精神的所在"①。滕固虽然认识到克罗齐直觉的精神性，但却并没能把握它的抒情特征，他在《文化之曙》一文中将克罗齐的艺术观归入"主智说"，滕固这样评价克罗齐的直观："主智说的主张，以意大利的美学学者 Croce 为代表。他极端排斥主情说的主张，以直观当作艺术活动的本领。直观的创造，庶乎是艺术的生命。进一层说：不要靠理论的抽象的观念之手，其题材所取，在活活的具体的直观；所谓的人生诸相与涌现于直观而创造的，就是艺术。——他的见解只是在直观的创造上面。"②滕固将克罗齐的"主智说"和一味发泄情感的"主情说"③艺术观对立起来，但他表示对两者都不赞成，因为他认为艺术既不仅是纯粹的心灵对于客观诸相的直观，也不只是因客观诸相所产生的情绪，而是一种"内经验"："艺术的范围无论怎样大，总在于这种意味的内经验。艺术家体验了内面的（Erleblis）便筑成艺术根本的材料。意味的内经验，在主智主情的二方面，都不能离开的。"④（德文 Erleblis 意指内经验）。内经验是综合了主智说的直观和主情说的情感："艺术活动可以说是直观与情绪的总和，以内经验为基本的。"⑤滕固将情感视为内经验的基础，他的艺术内经验实际上与克罗齐的抒情直觉基本一致，只不过他忽略了克罗齐《美学纲要》中直觉的抒情性而产生了误解。实际上，克罗齐的直觉并没有否认情感，情感是直觉的动力，克罗齐所要否定的，是那种浮于表面的情绪，克罗齐在其《美学纲要》中，特别强调了情感对"艺术表现的整一性"的不可或缺。⑥ 而滕固在文中不时将情绪和情感混为一谈，由此推测他对克罗齐的《美学纲要》并未深入理解，或者他所接受的克罗齐的直觉仅来自于其早期《美学》中的直觉，因此才将克罗齐的美学判断为"主智说"。

滕固的内经验实际上是在艺术传达之前，艺术家脑海中已成形的艺术形式："艺术家经验了的直观的与情绪的经验，艺术因而有根本的材料，配合材料，便做

---

① 滕若渠.柯洛斯美学上的新学说[J].东方杂志，1921，18(8)：72-75.
② 滕固.文化之曙[M]//滕固论艺.彭莱，选编.上海：上海书画出版社，2012：18.
③ 滕固这样解释"主情说"："主情说的主张，乃普通艺术批评家的解释。这种语调，总是指感情或情绪为艺术活动的中心；指情绪的经验，有一切美的情味（Genusz），没有情味，便不成其为艺术。艺术创造的中心，便是情绪，不外乎特殊的情调与特殊的创造。天才也不外乎由情绪的力量，完成他绝妙的想象。所以艺术活动的中心，不得不称做特殊的情绪活动。——主情说的见解大都这样的。"见滕固.文化之曙[M]//滕固论艺.彭莱，选编.上海：上海书画出版社，2012：18.
④ 滕固.文化之曙[M]//滕固论艺.彭莱，选编.上海：上海书画出版社，2012：19.
⑤ 滕固.文化之曙[M]//滕固论艺.彭莱，选编.上海：上海书画出版社，2012：19.
⑥ ［意］贝内德托·克罗齐.美学纲要[M].田时纲，译.北京：社会科学文献出版社，2016：72-81.

成形作用(Gestaltende Thatigkeit)。艺术家本其内经验而造成有形的东西，那末艺术成立了。"①在滕固看来，艺术的成立，是将内经验造成有形的东西，即从"胸中之竹"到"手中之竹"的实现。滕固的艺术论中有时候将"内经验"与"体验"相互替换使用，但内涵是相同的。他在《体验与艺术》一文中谈及体验："所谓体验，不管学问上义解分歧，以我看来，一个艺术家聚精会神地咀嚼一切，体会一切，一切都被艺术家人格化了，这就称体验。"②可见滕固所谓的体验，实际上是创造活动的一种内在要求，它接近于克罗齐艺术与诗中的创造性直觉。但是，与克罗齐直觉的纯粹精神性不同的是，它与人生经历以及存在感受密切相关。克罗齐的直觉是人类认识能力的起点，是理智思维能力形成之前的感性认知，滕固的内经验也是一种前语言、前理智的，通向幽冥境界的生命体验，二者都具有区别于理性认识的诗性特质。不同的是，滕固的内经验在克罗齐直觉的基础上，涵盖了中国传统文论中的"神思""感兴"和"物化"等概念，这些概念包含着诗人对于宇宙人生既入乎其内，又出乎其外的体验，体验使万物著"我"之色，"我"点燃了世界，世界也因此呈现出生命的特征，艺术就在这种"物——我"之间的情感交流中得以生成。滕固说："我以为一切艺术也不出自传的一种——并非过言，所谓自我觉醒，主观复活，的确是近代的精神。艺术家于是也在一切中发现自我，在自我中发现一切；发现了自我，然后可创造我的个性。"③在滕固看来，内经验不仅仅是外在世界进入"我"的内心，更是"我"心渗万境的意与境谐的艺术创造，这显然是融合了中国传统美学思想之后对克罗齐直觉的转化。

滕固将艺术的质(内容)与形(形式)概括为"至动而有条理"，即艺术家赋予内经验以形式的创造过程。至动，就是人的内经验，即生命的运动和体验，条理即是艺术的形式，在艺术内容与形式的关系上，滕固的思想更是印刻了克罗齐的深刻影响。克罗齐的艺术内容与形式是整一的，内容的质料来源于心灵对于世间万物的感受，而直觉将凌乱的感受赋予统一的形式才成为艺术，所以他说艺术是而且只能是形式，这并不是很多人误解的形式主义，而是他的艺术形式基于而且包含着内容，二者凝结在一起自成一个整体，而非内容套上一个形式的外壳。至动而有条理也体现了艺术内容与形式的统一，作为内经验的"至动"，实质上源自人与世界的关系，人类在适应千变万化、生生不息的宇宙世界而生存的同时，

① 滕固.文化之曙[M]//滕固论艺.彭莱,选编.上海：上海书画出版社,2012：19.
② 滕固.体验与艺术[M]//滕固艺术.上海：上海人民美术出版社,2003：62.
③ 滕固.体验与艺术[M]//滕固艺术.上海：上海人民美术出版社,2003：62.

生出一种对于世界的情感，即内经验，情感随昼夜更替四季流转变动不息，在这种转变流动中，有一种潜在的条理，滕固视条理为艺术的形式。当艺术家的内经验升腾之时，条理也就形成了，这正如克罗齐的直觉形成之时，便在脑海中有了表达该思想的语言是同一个原理。克罗齐认为直觉的产生即艺术创造的完成，艺术表现即是内容与形式的统一，艺术家在产生直觉的那一刻，他的头脑中就有了艺术的形式。所以不存在没有形式的表现，也不存在没有表现的形式。至动而有条理便是内容与形式的合二为一，滕固认为至动而有条理在各种艺术上都有体现，不同的艺术家在表现这种至动时，却又各有强弱，因而体现出各自独特的个性。

至动而有条理的艺术本质观与克罗齐的艺术观都蕴含着对于生命本质的感悟和表达，用克罗齐自己的话说："艺术永远是抒情的"，此"抒情"是指"灵魂的某种状态所采取的那种完善的幻现形式"①。这里灵魂的某种状态就已经靠近了生命的本体。他也说过："一切纯粹的艺术表现都同时既是它自己又是普遍性，这普遍性是个人形式下的普遍性，个人形式是和普遍性相似的个人形式。诗人的每一句话，他的幻想的每一个创造都有整个人类的命运、希望、幻想、痛苦、欢乐、荣华和悲哀，都有现实生活的全部场景……"②这里恰恰体现了克罗齐和中国艺术哲学的内在相通之处，即二者对于宇宙与生命的关怀。中国艺术哲学从老庄开始，就跳出了个人的狭小范围，关注流通于宇宙天地之间的"道"，它不仅关乎人类的生存，更关乎对于世界、宇宙以及人类命运的思考。而 20 世纪初期的滕固对于中国艺术的关注，也无不体现为他对中国文化与国人命运的关怀。对于克罗齐的艺术表现论，滕固亦有超越。他克服了克罗齐直觉表现于心灵的那种纯粹精神的表达，而将心灵的内在表达与外在的物质世界联系起来，即他认为艺术的完成必须借助于艺术品这一重要的载体。滕固认为从内经验的直觉到艺术的表现需要经历一个复杂而艰难的过程，他将艺术的传达划入了艺术的创造过程之中，而克罗齐的直观表现只关乎人的想象的精神活动。但是滕固则认为艺术成立的标志是艺术品的完成，是一种基于直觉与情绪的检验、配合材料而造成的有形的东西。

再来看宏观层面。滕固最早开始关注中国现代艺术，是在 1920 年 4 月 30

---

① 克罗齐.美学纲要[M].韩邦凯，罗芃，译.北京：外国文学出版社，1983：227.
② 克罗齐.美学纲要[M].韩邦凯，罗芃，译.北京：外国文学出版社，1983：313.

号给唐隽的通信中，他谈及中国知识界当时有关美术、艺术的认知还处于起步阶段，①并在《对于艺术上最近的感想》一文中表达了对于当时国人艺术知识贫乏的深深担忧。② 从滕固1922年前后发表的文章如《文化之曙》《艺术与科学》《艺术学上所见的文化之起源》《何谓文化科学》《威尔士之文化救济论》《艺术家的艺术论》等可以看出，他始终立足于文化的广阔视野，关注艺术在人类文化发展中的作用与地位。滕固曾在《克洛斯美学上的新学说》中评述了克罗齐的知识分类的思想："柯氏将知识分为直观的知识和论理的知识，前者是有关个体事物的想象，后者是有关普遍事物之间的关系，前者是后者的基础。"③滕固认为克罗齐有关直观与概念的关系，虽然也不是什么新的发明，但是他能够旗帜鲜明地从理论上突出直观的基础性地位，在当时却有着划时代的意义，其原因在于克罗齐突出了人的情感与想象在知识进化过程中的奠基性与独立性。克罗齐的知识分类观，无疑影响了滕固从知识分类的角度来界定艺术在文化中的地位以及艺术与科学之间的关系，在《文化之曙》一文中说："文化之曙—文化最初之光—主要是根于艺术力，艺术便是最初的文化。换一句话，就是申明艺术是文化的根底。"④滕固从艺术的起源来阐述艺术在人类文化发展过程中的地位，人类从艺术而始，经验到真的人生，完成人类的生活，艺术在文化创造中具有基础性意义。受克罗齐的启发，滕固将艺术作为人类文化的起点，并区分了艺术与科学、道德的不同，进而倡导艺术的独立。滕固认为艺术学独立的理由在于其独特的研究对象和研究方法，自然科学是用普遍化的方法抽出异质，从众多个别中抽出一般，文化科学则是除去同质的东西，搜集富有价值的异质，用个别化的方法在特殊的法则上下功夫。滕固将美学与艺术学都归为哲学的科学，需要用文化学的研究方法。对此克罗齐也表达过相同的看法，他认为艺术根植于人类的情感与想象，作为体现主体个性的艺术是不能用科学分析的普遍法则去对之加以批评与分析的。

　　滕固立足于艺术本体的艺术史观，也受到了克罗齐的影响。他在《柯洛斯美

　　① 沈宁编著.滕固年谱长编[M].上海：上海书画出版社，2019：17.
　　② 滕固认为要促进中国现代艺术的发展，首要的是要让民众了解什么是艺术，而当时的中国，"除了中国已有的艺术书外，没有最新的译著。商务印书馆出版过译本美术史也不完善……而蔡孑民先生译的康德美学也没有出版。讲到Aesthetics，除了研究哲学的以外，更加了解不来，就是我们研究艺术的，又有几个人懂得，真是可发一叹！"滕若渠.对于艺术上最近的感想[J].美育，1921(6)：23-28.
　　③ 滕若渠.柯洛斯美学上的新学说[J].《东方杂志》，1921，18(8)：72-75.
　　④ 滕固.文化之曙[M]//滕固论艺.彭莱.选编.上海：上海书画出版社，2012：17.

学上的新学说》中就提到了克罗齐的相关论点："实在所发展的，就是应该主张所谓的'进化的论理'——这是柯氏论理学的特异之点，而且和布格森所著《创意的进化》中关系论理的方法有同样的方式：就是'以意志不离情意的行为当作中心之论'。"①所谓意志不离情意，即人类历史发展和文化进化的根本是精神的活动，生命个体在外部环境改变和内部生命冲动的双重作用下，才发生了个体的变形，实现了创造进化，这是一种人本主义的创化历史观。克罗齐将人的精神以及人类文化的发展理解为一种循环的发展，这个循环发展的过程并非简单的重复，而是一个人类精神与文化逐渐积累与丰富的发展过程，这一点为滕固所吸收，他将艺术的发展也视为一种循环的积蓄或扩大的进化过程，②人类精神正是艺术发展的内在动力。在克罗齐的启发下，滕固反思中国从前的绘画史："凡留存到现在的著作，大都是随笔札记，当为贵重的史料是可以的，当为含有现代意义的'历史'是不可以的"③，其原因在于这些有关艺术的史料，都是前人从时代、政治、社会等外部角度来阐发，没有触及到艺术本体的特征与精神价值，这种"他律"的艺术史观正是滕固要将之打破的。滕固以为："研究绘画史者，无论站在任何观点——实证论也好，观念论也好，其唯一条件，必须广泛地从各个时代的作品里抽引结论，庶为正当。"④艺术史的书写应该着眼于艺术作品本身而不是艺术作品外部的各种条件，艺术的生命是风格与形式，艺术史就应该是一部关于艺术风格形式演变的历史。⑤

第二节　诗与历史的共生之境

作为中国著名的美学家和美学史家，邓以蛰曾于1907～1911年留学日本，学习日语与西方文化，1917年赴美国哥伦比亚大学学习哲学与美学。这两段海

　　①　滕若渠.柯洛斯美学上的新学说[J].东方杂志，1921，18(8)：72.
　　②　滕固认为："文化进展的路程，正像流水一般，急湍回流，有迟有速，凡经过了一时期的急进，而后此一时期，便稍迟缓。何以故？人类心思才力，不绝地增加，不绝地进展，这源于智识道德艺术的素养丰富。"见滕固.中国美术小史[M]//滕固艺术文集.沈宁，编.上海：上海人民美术出版社，2003：88.
　　③　滕固.唐宋绘画史[M]//滕固艺术文集.沈宁，编.上海：上海人民美术出版社，2003：114.
　　④　滕固.唐宋绘画史[M]//滕固艺术文集.沈宁，编.上海：上海人民美术出版社，2003：114.
　　⑤　滕固.唐宋绘画史[M]//滕固艺术文集.沈宁，编.上海：上海人民美术出版社，2003：113.

外留学的经历对于邓以蛰思想的转变与发展影响深远。① 王有亮这样评价邓以蛰的思想转变：如果说 1934 年以前邓以蛰还是一个审美功利主义者的话，那么从欧洲回来之后，他就完全变成了一个审美自主主义者。② 在邓以蛰的审美自主主义中，克罗齐美学观念的影响清晰可见。邓以蛰接触到克罗齐的思想，应该是在美国留学期间，在此期间，邓以蛰还受到黑格尔与温克尔曼等德国古典美学思想家的影响。因此，邓以蛰对克罗齐的接受，也与其他西方思想交织在一起。考察邓以蛰的思想，我们可以发现克罗齐的历史观与直觉表现论，都深深地印刻在他对诗歌与书画理的理解中。邓以蛰的书画论，始终是在书画发展史的脉络和基础上来讨论的，因此在展开邓以蛰的书画论之前，有必要先对邓以蛰受克罗齐历史观启发的诗歌"境遇论"作一探讨。

邓以蛰在《诗与历史》一文中首次提及"境遇"：

"为什么诗与历史，在人类的知觉上所站的地位是同一的呢？ 历史上的事迹，是起于一种境遇(situation)之下的。今考人类(个人或群类)内行为，凡历史可以记载的，诗文可以叙述的，无一不是以境遇为它的终始。它的发动是一种境遇的刺戟，它的发展，又势必向着一种新境遇为指归。发展的经过，或由感情潜入理性，(根据知识)再归到行为的实现，例如经济的行为；或不经过理性的考量，直接由感情激发出的行为，例如善恶的行为。境遇启发行为，行为更造出境遇，毕竟不爽。再看，历史根本就是人类的行为造成的，而行为的内容，依适才所讲的分析起来，一方面是属于知识的，一方面是属于感情的。"③

邓以蛰认为诗和历史，都有一定的境遇的起因，并且以新的境遇为目的，可以说境遇伴随诗和历史发展的始终。历史是人类的行为造成的，而境遇则是启

① 邓以蛰在日本留学期间，正值清朝末年西学兴起，"维新"之风盛行之时，邓以蛰结识了其同乡及同学陈独秀，陈独秀反传统、提倡新文化的思想影响了邓以蛰 30 年代之前的文学艺术观。30 年代之前，邓以蛰积极拥护新文化运动，鼓吹新文艺思想。20 年代邓以蛰在《晨报副刊》及其他报刊上发表了一系列有关诗歌、戏剧、音乐和美术的论文，文笔热情奔放，思想新颖大胆。这些文章鲜明地表明邓以蛰当时是站在以鲁迅为代表的进步阵营的，为新文艺的发展贡献了一份力量。然而，邓以蛰在美国留学期间，接受了德国古典美学温克尔曼、黑格尔哲学与美学思想以及克罗齐审美独立主义思想的影响，其思想渐渐发生悄然的变化。加之新文化运动盛行之时，他因在海外留学，与这场运动距离疏远，1933—1934 年邓以蛰在欧洲游历一年期间，他对西方艺术与中国传统艺术有了更加深入的认识，使得回国之后邓以蛰的思想发生了巨大转变，这些转变体现在他 30 年代之后的书画美学思想中。

② 王有亮."现代性"语境中的邓以蛰美学[M].北京：中国社会科学出版社,2005：27.

③ 邓以蛰.诗与历史[M]//邓以蛰全集.合肥：安徽教育出版社,1998：46.

发行为的力量，邓以蛰在此借鉴了克罗齐的历史观，克罗齐以为真正的历史产生于实际生活的需要，"唯有当前活生生的兴趣才能推动我们去寻求对于过去事实的知识。"①而要以现实生活中活生生的兴趣为契机，还在于历史学家本人的精神世界与他所探索的历史世界的融合。在说明境遇的内涵之前，邓以蛰借鉴克罗齐的知识分类观阐明了什么是诗和历史。与克罗齐一样，邓以蛰将印象和艺术区分开来，②印象不过是人对于外在世界或者心象的直接被动感受，艺术则是在印象的基础上主动把握实在的方式，而知识又是在艺术基础上的概念抽象。在艺术和知识之间，还存在着一段知觉上的空白，这段空白有时候显出印象的特征，有时候又显出知识的特征，邓以蛰将这段知觉上的空白称为诗和历史，或者说是以历史的形式存在的诗。毫无疑问，邓以蛰在这里借鉴了克罗齐对人类心灵发展过程两度四阶的划分，将诗与历史放置于直觉与理智之间的知觉阶段，兼具情感想象与知识理智的双重特征，或者说，它是艺术向理性转化的过渡与桥梁。诗以情感为基础，同时又掺和着知识的特征，因此避免了纯粹情感宣泄的空洞无物。

克罗齐的"一切历史都是精神史"也启发了邓以蛰，邓以蛰强调境遇中情感的不可或缺，因为历史是由人类的意志来推动的，而意志多半是由人类的感情与知识融合而成。究竟什么是境遇？邓以蛰并没有给出具体而明确的解释，从他在《诗与历史》一文中多次提及的"人事上的境遇"或者"人事上的关节（即境遇）"可知，邓以蛰的境遇实际上是指人类生活的经验，境遇与人生不可分离，他这样说道："至于境遇的具体，只是对于人生才会有的。倘没有以感情感到它的时候，自然界不会产生什么境遇。"③邓以蛰强调了境遇的情感性，若没有情感，历史不过只是僵死的政治社会与科学理论，而谈不上什么诗了。

邓以蛰的境遇观，首先突出了作为艺术之一种的诗歌的特点和性质。邓以蛰认为诗歌与绘画和音乐的区别在于，诗歌虽然不能提供音乐绘画那般具体的印象，但它总是与人生境遇相连，因此与我们有了历史的联系，具有了情感的内

---

① Croce B. *History，Its Theory and Practice*. trans. by Ainslie D. New York：Russell & Russell，1960：p.12.

② 邓以蛰区分了印象和艺术："所谓印象，便是吾人得之于外界或心象的一种完全无缺的直接经验，倘人类有领会自然的真实在的机会，还要将所领会的表现出来，最具体的办法，就无过于音乐绘画等艺术了。但是音乐绘画，多少要经过人类的理性与技艺上的选择，方能脱胎成形。这样讲来，比较上艺术又不敌个人的印象直接了。"见邓以蛰.诗与历史[M]//邓以蛰全集.合肥：安徽教育出版社，1998：45.

③ 邓以蛰.诗与历史[M]//邓以蛰全集.合肥：安徽教育出版社，1998：46.

涵，"诗的描写最重要的是境遇。境遇是感情掺和着知识的一种情景；又可说是自然与人生的结合点，过去与未来的关键。"①邓以蛰坚持认为历史和诗起于境遇，正因为境遇能够引导情感发展的方向，朝着这一方向，情感有了价值与意义，从而产生新的知识。邓以蛰的境遇除了重视诗和历史中内涵的人类精神的价值，还要强调人类情感在走向理智以及意志行为发展过程中的重要意义。他虽然强调诗歌的情感，但是却反对空洞的情绪宣泄："如果只在感情的漩涡沉浮旋转，而没有一个具体的境遇以作知觉活动的凭借，这样的诗，结果不是无病呻吟，便是言之无物了。"②邓以蛰认为诗歌如果脱离了历史，那么几乎只剩下一个空壳的形式了，他并非否认诗歌表达情感，正如闻一多所说：他是要"诊断文艺界的卖弄风骚、专尚情操、言之无物的险症。"③这一点也刚好与克罗齐反对浪漫主义艺术的情感宣泄高度一致。克罗齐认为，普通人表达情感的方式是直接的，而诗人则要将情感转化为自己歌吟的对象，一种和谐而又冷静的方式。所以诗歌不是直接而激烈地宣泄情感，他说："'精神的或审美的表现'是对情感唯一真正的表达，既为情感提供理论形式，又把情感转化为语言、歌和形象。人们给与艺术'情感解放者'及'平静者'（净化）的能力，恰恰在于表现的情感或诗同那种激动不已或备受折磨的情感相比的这种差异性。"④克罗齐美学中"精神的或审美的表现"是情感经历了心灵综合而成为艺术的情感，他不同于浪漫主义粗糙而浮泛的情感，但是他却将诗推向精神的极端，和实际人生产生疏离与隔膜。邓以蛰则借助境遇建立了诗与现实人生的关联，使诗歌文字所表达的内容跳出了纯粹抽象的形式窠臼，避免了克罗齐将诗绝对精神化的危险。邓以蛰认为诗歌虽然包含有理智的成分，但是它又不同于抽象的理智，它仍然是一种更具有鲜明个性特征的情感表现。

邓以蛰的境遇论，将诗与书、画、音乐等艺术形式区分开来。邓以蛰并不完全认同克罗齐将所有艺术都等同于"直觉即表现"的观点，至少在他眼里，诗因其历史性而与作为直觉表现的其他艺术形式区分开来。他认为诗歌的文字是具体印象的一种抽象，和图像、颜色与乐曲相比，在表现具体的印象方面，总是没有那么具体而鲜明。诗歌的文字借助于各种抽象的语言手段来表达印象之时，便距

① 邓以蛰.诗与历史[M]//邓以蛰全集.合肥：安徽教育出版社，1998：49.
② 邓以蛰.诗与历史[M]//邓以蛰全集.合肥：安徽教育出版社，1998：50.
③ 闻一多.邓以蛰《诗与历史》题记[M]//邓以蛰全集.合肥：安徽教育出版社，1998：57.
④ ［意］贝内德托·克罗齐.美学精要[M].田时纲，译.北京：社会科学文献出版社，2016：97.

离具体的印象越来越远了，①唯有将文字与人生境遇关联起来，将人的情感注入其中，印象才能鲜活起来，正如邓以蛰所说："所以诗文中多少不用一点人事上的关节（即境遇），则新的感情，新的印象，定不能活动得起。"②邓以蛰所要说明的是，诗歌如果没有境遇，便是一堆僵死的文字，它毕竟不同于绘画和音乐能够呈现鲜明而具体的印象，绘画音乐等艺术不过是"整个的印象"，亦即克罗齐所谓的直觉，因此并不需要"境遇来做它们前后的关节了"③。在邓以蛰看来，诗歌用语言文字描写的图画与声音，虽然不能达到绘画音乐那般具体，但是却能够引起我们历史的联想，而这又是绘画和音乐无法实现的。邓以蛰将诗歌与现实人生关联起来，正是克罗齐晚年的《为诗一辩》和《诗论》中对其前期美学思想的发展。克罗齐在《为诗一辩》中详细阐明了在他的心灵发展循环圆圈中，诗对人的总体精神的依赖，即诗并不纯粹只是直觉即表现，它渗透进人之精神发展的各个阶段，并暗含着理性、道德等元素，④因此邓以蛰与克罗齐晚年的思想达成了契合。未曾有资料表明邓以蛰是否借鉴过克罗齐的《为诗一辩》或《诗论》，但是他至少看到了克罗齐早期美学思想的不足，并运用其历史观予以纠正，这一点是值得肯定的。

诗和历史的统一，是邓以蛰境遇论的核心论点。艺术与历史的境遇是精神性的，历史是人类的意志的活动，因此就不能用科学的方法去研究它，因为科学的研究对象是没有生命情感的无机体，而历史包含着人类情感，自然不能用科学的方法来研究它。邓以蛰借此批判了当时以科学方法整理国故、研究历史的时论。艺术家研究艺术和历史，是要让过去的文本在诗人或者艺术家的精神里复活，从而让死的文本获得生动的现实意义。邓以蛰提醒人们，诗的研究面对的不是过去的死的文本，而是要将文本置入历史，同时研究者也要进入历史，这样才

---

① 邓以蛰说："以用文字描写的情景，结果必堆砌得利害；汉赋便是一个明证。一方面想不失具体的印象，他方面又求表现的结果能得读者充分的领会，于是假借比拟，无所不用其极。美人芳草，风雨醉醒，都成为人事上爱憎升沉的象征。文字的表现到了这样落套的时候，便成了表现的抽象，犹之乎一个字是一个印象的抽象、久之就唤不起印象的具体来。"见邓以蛰.诗与历史[M]//邓以蛰全集.合肥：安徽教育出版社，1998：52.

② 邓以蛰.诗与历史[M]//邓以蛰全集.合肥：安徽教育出版社，1998：53.

③ 邓以蛰.诗与历史[M]//邓以蛰全集.合肥：安徽教育出版社，1998：49.

④ 克罗齐说过，真正的诗歌之所以受人喜爱，在于其中的典章制度，在于其中的英雄事迹，在于坐在入侵的高卢人面前的元老们，在于坎尼之战对共和制不动声色的抵抗，诗就是哲学，哲学就是诗。柏拉图和培根是伟大的诗人；莎士比亚、但丁、弥尔顿是伟大的哲学家。克罗齐把四种精神活动比作四条路："不管我们进入或追寻哪条路，我们都同时进入其他几条，我们最终发现它们并非各自歧异，亦非彼此平行，而是连成一个人类精神总体的圆圈……每一条路都通向那唯一的目标。"见 Benedetto Croce. "The Defence of Poetry." J. Smith & E. Parks ed. The Great Critics: An Anthology of Literary Criticism, New York, 1951: p.707.

能把握诗的人生内涵。诗人应该和历史打成一片，如此才能让自己的作品从当下的境遇出发，连接过去与未来。毫无疑问，邓以蛰借鉴了克罗齐"一切历史都是当代史"的论点。在克罗齐的历史观中，历史无一不是人类精神的活动，它们起于主体当下的精神需求，让过去的历史在人类的精神里复活，同时又通向未来。邓以蛰运用克罗齐的历史观来解释诗歌，认为诗歌所描述的情景必然是有限的，而使我们从有限而具体的印象中见到无限的境界，则是顶级的诗歌作品。"诗既以言词为工具，它所及的远处，应不止于情景的描写，古迹的歌咏，它应使自然的玄秘，人生的究竟，都借此可以输贯到人的情智里面去，使吾人能领会到知识之外还有知识，有限之内包含无限。"[1]由此可以看出，邓以蛰对于克罗齐"一切历史都是当代史"的把握超越了一般人的"古为今用"的简单解读，他领悟到了克罗齐借此表达的超越的形而上意义。[2] 诗歌所表现的这种无限，在邓以蛰看来，应该是诗人基于人生境遇的一种生命感悟，它超越了一切有限的形体，与宇宙生命相连接，因此具有了无限性。这一点邓以蛰又接近了克罗齐，但是二者因为中西文化的差异，对于艺术无限的理解和追求自然有所不同。克罗齐艺术的无限，因其形而上的超越性而接近神性，而邓以蛰艺术的无限，则是中国传统生命哲学中"天人合一"的诗性境界，诗正是要表现一种超越有形世界的无形世界，即要超越形象和语言的象外之象与言外之意。因此他才说但丁与歌德，陶潜和屈原，以及释老的经典，都是"人类的招魂之曲，引着我们向实际社会上所不闻不见的境界走去。"[3]

邓以蛰的境遇论实质上是一种诗的本质观，即他通过"境遇"一词来阐述到底什么是诗。诗基于情感，但是真正的诗，在邓以蛰看来，是情感与理智的统一。邓以蛰借助境遇论，将诗与人生紧密切关联，不仅使诗超越了纯粹情感的发泄，也超越了纯粹玄理的思辨，达到情感、哲理与实际人生的统一。邓以蛰的境遇论，有着非常明显的克罗齐历史观的痕迹，而他在借鉴克罗齐思想的基础上，又

---

① 邓以蛰.诗与历史[M]//邓以蛰全集.合肥：安徽教育出版社，1998：55.
② 叶秀山说："'一切历史都是当（同）代史，'。这句话有一种超越的形而上的意义在内，它是出自'精神'、'生命'的'创造性'和'自身一贯性'（绵延性），我们把这句话和基督思想家奥古斯丁所说的，在上帝的眼里，人间的'过去'和'未来'，都是'现在'这句话加以对照，就可以看到，基督教的'上帝'也有一种'超越'的眼光；不过他老人家是'神'，不是'人'，所以出于与'时间'相对立的永恒之位，而人的'精神'，人的'生命'，不是'永恒'的，只是'时间'中的一个'绵延'、'延续'，是一种'持续性'，这也是'精神'、'人'这个'万物之灵'接近'神'的地方。"见彭刚.精神、自由与历史——克罗齐历史哲学研究[M].北京：清华大学出版社，1999：Ⅵ.
③ 邓以蛰.诗与历史[M]//邓以蛰全集.合肥：安徽教育出版社，1998：55.

超越了克罗齐，他通过对境遇的强调，区分了诗和绘画、音乐等艺术形式，突出诗不同于绘画和音乐的特性。邓以蛰的境遇论克服了克罗齐直觉即表现论将艺术局限于纯粹精神领域的狭隘，意在突出诗歌与现实人生的关联。

第三节　心画论的直觉之韵

邓以蛰对克罗齐艺术观的接受，在其前期对黑格尔艺术思想的吸收中就打下了基础，他否认了艺术只是对自然和现实世界的模仿的看法，视艺术为超出自然的绝对境界和理想境界："艺术毕竟为人生的爱宠的理由，就是因为它有一种特殊的力量，使我们暂时得与自然脱离，达到一种绝对的境界，得一刹那间的心境的圆满。"①在邓以蛰看来，"所谓艺术，是性灵的，非自然的；是人生所感得的一种绝对境界，非自然的变动不居的现象——无组织、无形状的东西。"②邓以蛰认为呈现于自然界现象界的真实，本不是艺术分内的事，艺术要表现的是人的精神世界，③这一点也正是克罗齐的基本观点。邓以蛰曾经这样阐述克罗齐的直觉表现说：

> "克氏之说，以为美为人类精神活动之一，精神活动者乃一动必有其始条理、终条理而自为一整个之结果与价值焉。美既出于一痛之感动，则其必与抽象演绎之知识不同，而为一种具体、直接而价值自在自足、由内而外之主观活动也；因其既为美感，则又与感觉或刺激不同，故凡由刺激或感觉而来之动作或颜色皆非美之资料，于是由颜色而成之绘画，根本不在美之域内也。然则如何为美乎？克氏曰：既具体而直接，自内而外，又能有感动之自在价值所谓美者，而非感觉或刺激可比，此岂非言语诗歌之表现乎？盖表现者，美之活动也；言语诗歌者，具体而直接，有自在之感情价值自内发出者也。"④

---

①　邓以蛰.艺术家的难关[M]//邓以蛰全集.合肥：安徽教育出版社,1998：39.

②　邓以蛰.艺术家的难关[M]//邓以蛰全集.合肥：安徽教育出版社,1998：39.

③　邓以蛰说："理想不是外界的自然生来有的，你的机体上本能的活动，内中也没有含着理想，只是你心内新奇的收摄，心内新奇的铸造，才说得上是理想呢。造一幅画，写一篇文的程序，正同宇宙间的事物，在哲学家的脑中，融化着渐渐的脱出一个新的见解的一样。哲学家与艺术家所用的体裁，虽都是外界的自然中所包含的现象，但把它造成一个知识、一篇文、一幅画，那就已经脱离了自然，自身成就了一个整东西，永远可以独立存在，理想的实现，是如此的。"见邓以蛰.观林风眠的绘画展览会因论及中西画的区别[M]//邓以蛰全集.合肥：安徽教育出版社,1998：90‐91.

④　邓以蛰.六法通诠[M]//邓以蛰全集.合肥：安徽教育出版社,1998：255.

邓以蛰认识到克罗齐表现论的艺术之美，既不同于抽象演绎的知识，也不同于被动的感觉刺激，而是一种主观的由内而外的精神活动，与物质世界无涉。但是他又认为克罗齐的美学只涉及对诗歌的探讨，而"未能将表现推之于书画，盖彼不知用笔作书作画之能表现耳"①。因此，邓以蛰将克罗齐的直觉表现说运用于书画美学领域，并对直觉即表现的艺术观作了理论上的延展。

　　邓以蛰接受了克罗齐的艺术即表现论，他这样解释绘画："胸有成竹或寓丘壑为灵机所鼓动，一寐即发之于笔墨，由内而外，有莫或能止之势，此之谓心画也，表现也。若象后模写，卷界而为之，或求物比之，似而效之，序以成者，皆人力之后也，非表现之事矣。"②邓以蛰划分了绘画中表现与非表现的界限，他将表现等同于心画，即艺术家在心中已经酝酿成型的艺术形式，所谓胸有成竹。绘画是由内而外的意象的表出，倘若心中没有完整的意象，只是一味根据外物的模拟，就不构成表现。邓以蛰在这里指出了艺术并不是对外界事物的摹写，而是含有艺术家机体本能的活动，将外在的现象在脑海中形成一个新的形象，这个形象相比之前杂乱无章的印象而言，具有了一种整体的独立形式，这才是艺术的生成基础，亦即心画。邓以蛰在此借鉴了克罗齐表现论的创作机制，纠正了世人对艺术的偏见和误解，他认为艺术贵在创造，它包含了一个内在心灵的赋形过程。同样，在对待书法的性质上，邓以蛰也表达了同样的观点，他将书法视为纯粹美术，是中国艺术之最高境界："纯粹美术者完全出诸性灵之自由表现之美术也，若书画属之矣。画之意境犹得助于自然景物，若书法正扬雄之所谓书乃心画，盖毫无凭借而纯为性灵之独创。"③书法并不像绘画一样凭借于自然景物，它纯属个人性灵的表现。邓以蛰以"心画"概括了书法与绘画的精神本质，在这一点上与克罗齐的作为直觉表现的艺术精神实质达成了一致。但是，克罗齐的直觉被邓以蛰加以改造，以性灵取而代之。邓以蛰将性灵解释为"纯我"或"真如"④，即去除了一切俗世功利杂念的纯粹自我。性灵毕竟不同于克罗齐作为先验综合的心灵直觉，它是主体经修炼而成的一种内在性情与涵养，邓以蛰建立了性灵表现与人

---

　　① 邓以蛰.六法通诠[M]//邓以蛰全集.合肥：安徽教育出版社，1998：255.
　　② 邓以蛰.六法通诠[M]//邓以蛰全集.合肥：安徽教育出版社，1998：256.
　　③ 邓以蛰.书法之欣赏[M]//邓以蛰全集.合肥：安徽教育出版社，1998：160.
　　④ 邓以蛰说："草书者，人与其表现，书家与其书法，于此何其合一之至矣！美非自我之外之成物，而为自我表现；求表现出乎纯我，我之表现得之真如，天下尚有过于行草书者乎？故行草书体又为书体进化之止境。"见邓以蛰.书法之欣赏[M]//邓以蛰全集.合肥：安徽教育出版社，1998：256.

品修养的关联，①对绘画主体提出了要求。

邓以蛰之所以要强调书画艺术中的性灵表现，原因是他对当时中国的艺术作品只表现人情伦理与理性知识，而不是表现内心情感的现象深感担忧，②他说："我们充实灿烂的性情，无端受了外界的排挤，挤成了好像漏了气的皮球一般。又被满世灰尘，掩没了他的光彩。这灰尘又掠地飞扬，遮断了这条性情之河的渗透流动的机会。"③他指出当时艺术家的性情不仅被伦理道德掩盖，而且"性情向着实用的方面锻炼，结果只是顺着利害成日里活动的一座机械，漏下无穷的经验，成无限的知识好供脑府应用配置"④。邓以蛰认为，绘画并不是要画出物品的普遍性质，这是一种在理智知识论引导下的艺术观，绘画要表现的是人或物在一刹那间的特殊情形，即个性。宇宙间的一切是时刻变动的，而知识所归纳的普遍并不可靠，因此艺术往往不能受知识的引导，这与克罗齐的艺术相对于理智而独立的观点是契合的。艺术家所要表现的是个人的性情，性情不是"脑府"在艺术创造中的作用，而是性灵的表现，艺术的创造离不开自然，但是它又不同于自然。艺术要将无组织无形状的杂乱的自然现象赋予完好的组织与独到的形式，邓以蛰认为："所谓绝对的境界，就是完好独到的所在。"⑤邓以蛰的绝对境界至少应该包含着两层意义，一是经主体性情创化而成的统一的艺术形式，也是一种哲学形而上的绝对境界，艺术的形式"是感情的擒获，是性灵的创造，官能又争不去它的功劳了"⑥。邓以蛰拉开艺术与人事与理智的距离，强调纯粹的绝对的境界是艺术的极峰，而艺术家的难关，便是要冲破这人事的情理，抵达绝对的境界。

邓以蛰虽然将艺术视为性灵的表现，但是对于克罗齐"艺术＝直觉＝表现＝

---

① 邓以蛰说："画为心画；欲画妙，必须心妙，心妙必须人品妙，人品妙，斯气韵至矣。气韵非竭巧思、穷工力与夫凡谓之画者皆能有也；至是而为性情之流露，人品之真如，而生动者不过为此气韵之光辉，之色泽耳，非复鬼神人物之可状者矣。"见邓以蛰.六法通诠[M]//邓以蛰全集.合肥：安徽教育出版社，1998：255.

② 邓以蛰说，"美的感得，处处要人事上的意趣做幌子，否则造宇宙就搦不笼来了。文学以写感情为主，更逃不了以人事为蓝本的例子；你如果要写一种感情，必先要把能起这种感情的人事架造起来，才能引人入胜。可怜一般文人，被整群这样要求的读者，鞭挞得实在不堪了；要他写什么男女爱情，要他写什么悲欢离合；处处必得曲尽情理。情理就把艺术家层层束缚，解放的日子，好难盼望得到！"见邓以蛰.艺术家的难关[M]//邓以蛰全集.合肥：安徽教育出版社，1998：40.

③ 邓以蛰.对于北京音乐界的请求[M]//邓以蛰全集.合肥：安徽教育出版社，1998：34.

④ 邓以蛰.艺术家的难关[M]//邓以蛰全集.合肥：安徽教育出版社，1998：41.

⑤ 邓以蛰.艺术家的难关[M]//邓以蛰全集.合肥：安徽教育出版社，1998：43.

⑥ 邓以蛰.艺术家的难关[M]//邓以蛰全集.合肥：安徽教育出版社，1998：43.

美"的美学等式并不完全认同。克罗齐的美学公式，并未承认艺术传达的合法位置，他并不赞成克罗齐将美完全局限于精神领域的直觉或表现，因为在他看来，这种价值并没有评判的依据，所以克罗齐的美并不适用于书法与绘画。他说："如克罗齐之言，美为精神活动。凡精神活动，其始也自外而内，及其至也则自内而外。如在画，先之以应物象形，物为外界之物，形为此物之形。其在画家，习画开始于移写，而后次以摹仿，次以传神，由摹仿至传神，即渐入于画之本事，画之本事为心画，为表现。画至表现，则由内而外矣。"①在邓以蛰的书画论中，书画同源，书画即心画，但是心画要落实于现实，书与画的物质呈现必不可少，书画作品是美之价值评判和艺术鉴赏的凭借。邓以蛰对书法"意境"与绘画之"气韵生动"的阐释，便是克罗齐的直觉表现论在书画领域的延展。书法的意境和绘画的气韵生动，都被邓以蛰视为表现的结果。同时也是判断此两种艺术之美的依据。

先来看书法的意境。字如果只是止于实用，那么只需初具形式即可，如果要谈书法，就需要在形式之外含有美的成分，这种美邓以蛰称之为意境。邓以蛰的书法意境，是一种依托形式而显的美，"形式与意境，自书法言之，乃不能分开也。"②虽然从书法发展演进的历史来看，书法逐渐从形式美过渡到意境美，但是意境美依然离不开形式："一切书体可归纳之于形式与意境二种，此就书体一般进化而论也。若言书法，则形式与意境又不可分。"③书法的形式不是克罗齐的精神意象，而是由笔墨书于纸上的实际形体。但是意境又不止于形式，邓以蛰说："意境出自性灵，美为性灵之表现，若除却介在之凭借，则意境美为表现之最直接者。"④简而言之，意境是寄寓于形式的性灵表现。邓以蛰从笔法、结体和章法三个方面阐释了书法意境的具体呈现。首先是笔画，字里的每一笔画，都是书法家用"心"勾画而出⑤，指、腕在"心"的统领下挥运毛笔，生出流动的线条与笔画，笔迹中有骨，有肉，有筋，有血，有气，具有灵动的生命，书法的笔画已经不纯属于物的领域，它是心与物的统一，笔画也即心画。其次，书法的结体也不仅是字的形状，它还蕴含着主体自我的整体身心结构以及主体与宇宙万物凝结为一

①　邓以蛰.六法通诠［M］//邓以蛰全集.合肥：安徽教育出版社,1998：259.
②　邓以蛰.书法之欣赏［M］//邓以蛰全集.合肥：安徽教育出版社,1998：168.
③　邓以蛰.书法之欣赏［M］//邓以蛰全集.合肥：安徽教育出版社,1998：167.
④　邓以蛰.书法之欣赏［M］//邓以蛰全集.合肥：安徽教育出版社,1998：167.
⑤　邓以蛰说："今书法之笔画，乃为人运用笔之一物以画出之笔迹也；笔之外，尚有指、腕，心则皆属诸人；是以，此种笔画不仅有一形迹而已。"见邓以蛰.书法之欣赏［M］//邓以蛰全集.合肥：安徽教育出版社,1998：169.

体的整体观。正如唐善林所说："这种观照之感、物理之感和机构之感并不是一种生理感觉，而是一种心灵的直觉活动或情感表现。在克罗齐看来，就是艺术、美或美感。作为观照之感、物理之感和机构之感之表出的书法之结体自然也能给欣赏者带来美感。"①最后是章法，邓以蛰以为："书之章法，肇于自然。所谓自然者亦指贯于通篇行次间之血脉气势也。"②这种内在的血脉气势纯属一种精神活动，精神的内在恰恰是书法的最高意境，美的极致。邓以蛰对"心"的强调，与克罗齐基于心灵综合的直觉有着内在的相通之处。邓以蛰是一个纯粹的表现论者，他并不像宗白华那样，认为书法不仅表现内心世界，还表现自然世界，在邓以蛰眼里，书法完全脱离了与外在世界诸相的关联，它只表现人的心灵世界。书法的线条本来就是抽象的，如果要将其与外在世界获得关联，实际就是一种牵强附会。这些抽象的线条，正如苏珊·朗格所言，它就是一种具有时间与空间秩序的运动形式，也即生命的形式。

　　再来看绘画的气韵生动。邓以蛰曾说："画之结果既在气韵生动，而气韵生动为精鉴者之事，是画之价值出于精鉴也。"③画是性灵的表现，而表现的结果是气韵生动，这样一来，绘画之美便有了价值评判的依据。邓以蛰认为，克罗齐的"美即直觉即表现"并不足以概括中国艺术的全部特征和价值，原因在于，中国绘画强调的"画尽意存""意犹未尽"的艺术境界，必须要将心画付诸笔端才有谈论的基础。因此，和书法意境一样，气韵生动是邓以蛰在克罗齐的"直觉即表现"论向物质世界的延展。"气韵生动"是南朝画家谢赫在《古画品录·序引》中提出的绘画"六法"之一④，后来成为中国艺术创作以及鉴赏的最高艺术标准。邓以蛰从"体—形—义—理"的绘画发展史中总结出"生动—神—意境—气韵"的美学逻辑发展进程，视"理"为艺术的至高境界，"实即气韵生动之谓也"，⑤他的理近于

---

① 唐善林.邓以蛰美学思想研究[D].首都师范大学博士论文,2005：80.
② 邓以蛰.书法之欣赏[M]//邓以蛰全集.合肥：安徽教育出版社,1998：181.
③ 邓以蛰.六法通诠[M]//邓以蛰全集.合肥：安徽教育出版社,1998：258.
④ 谢赫总结道："画有六法，罕能尽赅，而自古及今，各善一节。六法者何？一气韵生动是也，二骨法用笔是也，三应物象形是也，四随类赋彩是也，五经营位置是也，六传移模写是也。唯陆探微，卫协备赅之矣。"见（南齐）谢赫.古画品录·续画品录[M].陈姚最、王伯敏，标点注译.北京：人民美术出版社,1959：1.
⑤ 邓以蛰这样解释理："斯'理'也，实即气韵生动之谓也。山水画取动静交化，形义合一之观点，纳物我，贯万物于此一气之中，韵而动之，使作者览者无所间隔，若今之所谓感情移入事者，此等功用，无以名之，名之曰气韵生动。"见邓以蛰.画理探微[M]//邓以蛰全集.合肥：安徽教育出版社,1998：223 - 224.

气，是一个美学概念，区别于哲学与伦理概念的"理"①。邓以蛰将"气"与"韵"分开来解释，气是大化之气，而韵则为大化之气的活动节奏——韵律。邓以蛰说："随寐发之间，笔墨自然流露者，本非天然物象之描摹，但为心中灵机所策动而出，正所谓心画也。心本无形迹可见者也。若胸襟、意境、诗意、古意、逸格、人格云云无往而非无形迹可见之物也。无形迹可见而能表而出之，谓之为气韵、神理、神韵可也。"②邓以蛰强调气韵与主体内心活动的关联，同时又内涵主体品格与胸襟，它无行迹可循，却流动在作品之中。

气韵生动的艺术境界虽然将克罗齐的直觉即表现延展到了现实物质世界，但是它依然强调一种精神境界的呈现。对于人物画和山水画的"气韵生动"的创造，邓以蛰有不同的方法。要表现人物画的生动，就是要抓住人物动作变化最为生动的一瞬间，充分表现人物的精神与生命状态。与人物画不同的是，自然山水画中，自然中的一草一木一物并不像人那样具有首尾连贯的动作，如果将这些实物囊括在画中，就会显得混乱驳杂。那么，如何让山水画也显出气韵生动呢？邓以蛰认为："必先视之为一生动之体，如人物焉而后可，此广川之所以视天地生物特一气运化尔。得一气运化于天地生物之间，则物物皆借之成连贯，而为一活体矣。"③邓以蛰所说的"一气运化"，实际上关乎中国传统的宇宙论。山水画所要表现的并不是自然山水本身，而是借助于自然山水来表现主体的内心精神世界，但是这里所说的主体的精神世界不仅仅是与主体性格、气质等与文化涵养相关的精神内在，也是主体面对自然和宇宙时，对于自身生命及其与宇宙关系的感悟和把握。这种把握只能用心观之，④用心的无限去观看有限的自然山水，自然山水因此便在有限之外拥有了无限，即气韵生动。因此，山水画并不在于描摹山水本身，而是借助于山水，来表现宇宙运化的节奏，以及人的生命和宇宙生命的相互感应。如此一来，画家就不能只是站在某一个固定的视角去观看自然，而是要将自然看作一个整体运动的生命，将眼之所及的杂乱无章无常形的一切赋予一

① "理"仅仅限于画理，"有别于玄理、伦理、事理之理，而为一种理明气顺（张浦山论画语），有一气运化（董广川画跋中语）之致者，庶几近之。"见邓以蛰.辛巳病馀录[M]//邓以蛰全集.合肥：安徽教育出版社，1998：285.

② 邓以蛰.画理探微[M]//邓以蛰全集.合肥：安徽教育出版社，1998：210.

③ 邓以蛰.六法通诠[M]//邓以蛰全集.合肥：安徽教育出版社，1998：247.

④ 邓以蛰说："形者眼所限，生动与神则为心所限耳。心之所限，庶为无限。是生动与神亦可无限也。其为眼所限之形则将无所施于心之限矣。心既无所限，乃为大；形有所限，斯为小。眼前自然，皆有其形，故自然为小也。以心观自然，故曰以大观小。"见邓以蛰.画理探微[M]//邓以蛰全集.合肥：安徽教育出版社，1998：202-203.

个有机整体的形式。

　　滕固和邓以蛰虽然都留学欧美和日本，受到欧风美雨的洗礼，但是和五四时期主张全盘西化的反传统激进分子不同的是，他们始终保持对中国传统文化的充分尊重与珍视，援引西方美学思想不是为了西化或颠覆传统，而是为了更好地理解和发展传统，从而促进中国传统艺术思想的现代学术化与理论化。因此，他们对克罗齐思想的接受，始终立足于中国传统书画艺术论，利用克罗齐的理论去阐释并更新中国传统书画论。正因为如此，他们未能像朱光潜那样，深入研究克罗齐美学的内在机制，从而建构自己独特的美学体系。滕固与邓以蛰在五四之后西学名家把持学术权威的时代，并没有完全倒向风头正盛的新文艺与西学，而是向后转身深深扎进中国传统书画，这并不意味着他们固守传统旧思想，而恰恰显示了他们对于传统与现代，中学与西学的独特思考。对于中国传统经验美学与西方思辨美学，邓以蛰曾经表达过自己的观点："中国有精辟底美的理论。不像西洋的美学惯是哲学家的哲学系统的美学，离开历史发展，永远同艺术本身不相关涉，养不成人们的审美能力，所以尽是唯心论的。我们的理论，照我们前面所讲的那样，永远是和艺术发展相配合的；画史即画学；绝无一句'无的放矢'的话；同时，养成我们民族极深刻、极细腻的审美能力；因之，增我们民族的善于对自然的体验的习惯。"①邓以蛰深刻认识到西方思辨美学与中国经验美学的不同，意识到了西方美学形而上的流弊，以及中国经验美学史论结合对于民族审美能力养成的优势，于是采取了一种基于传统，引用西学来阐释传统的美学路径。正因为以中国传统美学的视角来考察和审视西学，滕固与邓以蛰认识到克罗齐的表现论与历史观和中国传统美学在表现艺术家精神内在的深层相通之处，但又避免了克罗齐美学主观唯心主义的倾向，将性灵表现与表现之结果进行连接，将诗歌中的表现与现实境遇关联，有效地克服了克罗齐"直觉即表现"的绝对精神化之弊。

---

　　① 邓以蛰.中国艺术的发展[M]//邓以蛰全集.合肥：安徽教育出版社,1998：360.

第七章
克罗齐美学在中国：
中西文论的互鉴与融通

  20世纪中国现代美学的发生与发展，是"和中国人的感性生命紧密联系在一起的"①。在中国社会从传统向现代转变的过程中，个体情感与感性生命日益获得重视，并冲破传统理性的禁锢，逐步获得解放。这一时期的美学所关注的正是作为生命主体的人之情感的表现与抒发，艺术形象的生命本体，以及人性的形象显现等问题。从这种意义上来说，20世纪中国现代美学是一种感性解放，也是一种思想启蒙，更是对生命的诗化阐释。克罗齐以抒情直觉为核心的美学思想正好与这种语境高度契合，因而得以被广泛传播与接受。克罗齐启发了中国知识分子逐步对情感与理性、个性与共性、直觉与逻辑等问题进行深度思考。更为重要的是，克罗齐的美学理论对于美感经验、审美关系、审美活动、美的本质以及美的价值等美学层面的学理表述，启发了中国现代知识分子对中国现代美学与文学批评理论的逻辑建构。克罗齐美学从初入中国的译前传播，到其文本的翻译，再到其美学理论在接受中的改造与发展，可以说历经了萨义德《理论的旅行》中的四个阶段：理论旅行的起源、距离的穿行、接受与抵制的条件、理论在异域文化语境的转化②。在这个理论旅行的过程中，克罗齐美学不可避免地产生了跨文化变形，产生这些变形的深层原因是什么？克罗齐美学帮助中国现代学人解决了哪些问题？其影响体现在哪些方面？克罗齐美学在中国的传播与接受，对当下的中西文艺理论交流以及本土文论的建设究竟有何启示？这些问题将逐一在本章作宏观的总结性探讨。

---

  ① 朱存明.情感与启蒙——20世纪中国美学精神[M].北京：西苑出版社，2000：9.
  ② 虽然克罗齐美学的接受过程在1949年之后至今仍在继续，但这不是本书探讨的范围。

第一节　中国传统美学思想的现代性转化

在西方美学从传统向现代转变的历史节点，克罗齐美学发挥了关键的作用。克罗齐以其心灵哲学中对人的认知能力的划分，从理论上为艺术划分了一片独立的领域，并以"艺术＝直觉＝表现＝美"的美学等式，果断地否定了雄霸西方美学两千多年的艺术模仿论，开启了西方现代美学之门。克罗齐美学将艺术从形而上的超验论和绝对理念中解放出来，将艺术归还给人，使艺术的意义着重于对人的精神净化与情感解放。这一点对于 20 世纪初期中国艺术的独立与现代美学的建构意义非凡，处于古今之交的中国学人面临的难题是：要确立人的价值，就要确立人之为人的情感的价值，艺术作为承载和表现情感的载体，必须先要具有独立的地位。如何让艺术获得独立？克罗齐美学提供了有力的理论支撑。

首先，关于艺术自律的确立。克罗齐借助他创立的认知能力发展的循环论，确立了艺术（即直觉）是人类认知的起点，艺术是理性的前提且不依赖于理性而存在。他从逻辑层面上最大程度地保障了艺术的独立。在中国传统社会几千年的历史长河中，政治思想与伦理道德主宰着人们对艺术的思考，故而"艺术何为"的问题就始终走不出道德与伦理的框架。克罗齐《美学纲要》的第一章"艺术是什么"被译介到中国，唤醒了当时的学人对于艺术本质的认识。从此，有关艺术是什么的探讨不绝如缕，其中的核心思想，总是离不开克罗齐"艺术是什么"的主要论点，即艺术是且仅仅是抒情的直觉。在克罗齐进入中国之前，已经有梁启超、王国维和蔡元培等学人在康德、黑格尔和叔本华等西方美学思想家的影响下，开启了传统美学思想的变革，他们的美学思想已经触及了有关艺术自律的思考。但是不同的是，克罗齐美学真正从理论上宣告了艺术的独立。唯有在艺术独立的前提下，才具备从有别于传统的视角来谈论艺术的可能，否则永远走不出文以载道的死循环。克罗齐的艺术独立论为中国现代学人提供了一个现代的理论参考，引导他们在艺术自律的前提下，勇敢地剥开笼罩在艺术外围的物质功利、道德伦理、理性认知以及官能快感等层层迷雾，深入艺术本体，展开对艺术创作与批评的深层认识。在艺术及直觉的启发下，克罗齐的接受者们将中国传统美学思想中那些闪耀着人性与生命之美的思想元素提取出来，并加以拓展与完善，使之开始从传统走向现代的学理转变。

其次，关于美之本质的认识。克罗齐的心灵哲学实际是一种人学，它要突出的是人之为人的价值。因此，克罗齐的哲学也是一种价值哲学，而其美学，正是在其价值哲学的基础上实现了从传统认识论向价值论的转向。所谓价值，是指主客关系中主体的影响以及主客之间的相互作用。① 在克罗齐的美学中，美不再是西方传统美学中的本体，也不存在于外在的客体中，美是一种人与审美对象之间的关系，也就是说，美是一种价值，是心灵综合的结果，是个体的独特性价值的体现。美即直觉即表现，因此，美不分种类和样式，只以其对个性的呈现而获得现实意义。这一点对于 20 世纪之初，急于摆脱封建道德传统的中国知识分子具有巨大的吸引力。在克罗齐的启发下，朱光潜将美也视为一种价值关系，并将美定位在"'形而上'与'形而下'的中间地带"②。美不是形而上的本体或超然的存在，而是心与物之间的关系。美与美感是同一的，美是表现与创造。这样一来，艺术之美就与人的感性生命获得关联，具有浓厚的人性启蒙内涵。确定了美即表现与创造，也就确立了美的现代性，即美不再需要从某种形而上的本体或者外在的客体中去找寻，美就存在于主体的美感经验中，如此一来，中国传统美学思想中有关心物关系的论述逐渐被赋予现代美学的内涵。克罗齐美学中的直觉即表现，实际上在中国文化中并没有完全对应的概念，但是正因为它对心灵表现的强调，启发了中国的接受者们转身反思中国传统美学思想，并从中发掘出表现主义元素，在引进克罗齐美学的基础上，对传统美学思想进行跨文化的现代性转化。

最后，关于科学的学术论证方式的借鉴。克罗齐从美学开始，建构起了庞大而严密的心灵哲学体系，其美学中有关艺术的独立、直觉即表现、批评即创造以及艺术与历史的统一等命题，在理论论证上严谨而周密。虽然这些理论和经验世界疏离，但是这种思辨理性的表述方式，启发了 20 世纪初期中国学人用科学的方法重新整理传统思想。中国传统美学思想灿烂而丰富，但是作为理论而系统的美学却迟迟无法诞生，不得不归因于这些传统的理论思想表述一直停留于经验式的感悟与片段式的表达，因此在理论体系的建构上留有缺憾。中国传统美学思想要走向现代化，必须将西方作为"方法"，借鉴西方思维方式的思辨特征与学术论证的科学表达，将中国传统美学中的思想片段，用思辨推理的方法加以整理，并辅以周密的逻辑论证和概念推演，形成一种既能关联过去，又能面向未

① 李德胜.价值论：一种主体性的研究［M］.北京：中国人民大学出版社，2013：5.
② 宛小平、张泽鸿著.朱光潜美学思想研究［M］.北京：商务印书馆，2012：2.

来的具有现代意义上的中国美学。而在这一点上，朱光潜迈出了一大步，可以说，他的《文艺心理学》和《诗论》之所以具有现代美学的意义，不仅仅因为他借鉴了西方现代思想对传统美学和诗学进行了更新，还在于其在理论的阐释与构想上大胆地借鉴了西方美学家们的理论建构方法，而且其理论的论证和表述，也具备了比较严密的逻辑推理与理性思辨的痕迹。这当然不完全归功于克罗齐一个人的影响，但是不可否认的是，克罗齐对朱光潜的理论建构起了关键的作用。克罗齐美学具有典型的西方唯理论倾向，很多时候他甚至为了其理论论证的逻辑完整，而忽略了与经验世界的关联。朱光潜自己曾经在自传中坦言，他小时候学过的策论对其理性的思维方式有不少影响，而这种影响，正如王攸欣所言，也正是他走近克罗齐的原因之一。王攸欣在讨论朱光潜对克罗齐的接受时，专用一节来论述朱光潜对克罗齐思维方式的接受，[①]但是他并未讨论朱光潜美学框架的建构所受到的克罗齐的影响。朱光潜借鉴了克罗齐的科学分析方法，对中国传统美学的思想片段给予了科学的分析整理和逻辑论证，并使之体系化，建构起真正意义上的现代美学。然而，朱光潜又不同于克罗齐那样的理性主义者，在借鉴克罗齐思想时，他始终采用一种折中调和与兼收并蓄的立场，用经验科学来弥补克罗齐美学的思辨与逻辑的僵化，又利用克罗齐的逻辑与理性推理来克服中国传统美学思想中经验感悟的凌乱与随意。林语堂、邓以蛰与滕固等虽然并未像朱光潜一样建立起完整的美学体系，但是克罗齐的理性思维方式也不同程度地体现在他们对传统美学概念的现代表述中。

第二节　中国现代文学批评空间的拓展

克罗齐美学坚持批评、创造和历史的统一，即艺术批评基于审美再造，在此基础上加以审美判断。审美判断是对直觉表现作逻辑综合，逻辑综合的完成有赖于逻辑先验原则。克罗齐的逻辑先验有别于形而上美学中的固定原则和规律，它是一种先于个人经验而又不超出个人经验的人类文化结晶，形成于人类历史文化的发展中，具有普遍必然性。克罗齐认为，艺术先验逻辑"存在于意识本身所形成的具体判断、艺术所做出的辩驳、它所进行的说明、它所创建的理论、它

---

① 王攸欣.选择、接受与疏离——王国维接受叔本华　朱光潜接受克罗齐美学比较研究[M].北京：生活·读书·新知三联书店，1999：151-169.

所解决的各式各样的问题当中"①。这就说明克罗齐的艺术批评是一种进入作品的具体活动,艺术批评与艺术事实相统一。克罗齐因此否定了一切传统的批评观:印象式批评、判断式批评和解释性批评。克罗齐批评观的基石是普遍的人性,是一种彻底的人本主义批评观。1927年,朱光潜撰文介绍欧洲三大批评家,克罗齐就是其中之一。克罗齐的艺术批评观给中国批评界的正统批评观当头一棒,唤起当时的学人对于文艺批评的新认识。学者们开始质疑所谓的永恒标准与原则,反思时代背景、社会政治、道德伦理以及艺术家人品等因素是否真的能够决定艺术作品的好坏。在克罗齐批评观的影响下,他们开始对于传统批评中被忽视的艺术作品本身给予充分的尊重与重视,逐渐摆脱一切外在的条条框框,立足于艺术的本体来评判作品的价值。克罗齐批评观在中国的传播,触发了中国现代文学批评回到文学本身,走向"文的自觉"。李健吾就坚持认为批评是"一种独立的艺术,有它自己的宇宙,有它自己深厚的人性做根据"②。周作人对法郎士的印象主义批评赞赏有加,认为批评不是理智的判断,而应该"只说自己的话,不是要裁判别人"③;沈从文反对所谓的文学批评标准,认为"凡是用什么'观点'作为批评基础的都没有说服力"④;梁宗岱认为真正有效的批评,就是抛弃一切生硬的公式,"从作品本身直接辨认,把捉,和揣摩每个大诗人或大作家所显示的个别的完整一贯的灵象。"⑤这些京派批评家们注重文学批评中的直接感悟,追求批评中的审美体验,与克罗齐的表现主义批评观有着内在的一致性,而朱光潜"创造的批评观"恰恰是京派文学家批评思想的高度理论总结。克罗齐美学不仅仅是特定的美学,还是文学批评中美学评的样板。朱光潜在克罗齐的启发下,将克罗齐批评中的逻辑综合具体化为纯正趣味,建构起颇具现代性的"创造的批评观"。他坚持从美学的角度去阐述文学批评,注重对文学本体的认识和对批评家主体精神的建构,秉持文学的尺度,而非文学之外的原则和标准;而作为批评作品本身,也应该是一个艺术作品。朱光潜以其纯正趣味作为文学"估定价值的标准"⑥,这一标准

① ［意］贝内代托·克罗齐著.美学或艺术和语言哲学[M].黄文捷,译.天津:百花文艺出版社,2009:13.
② 李健吾.答巴金先生的自白[M]//咀华集·咀华二集.上海:复旦大学出版社,2005:16-17.
③ 周作人.文艺批评杂话[M]//周作人文类编.钟叔河,编.长沙:湖南文艺出版社,1998:578.
④ 沈从文.答凌宇问[J].中国现代文学研究丛刊,1980(4).
⑤ 梁宗岱.屈原·自序[M]//梁宗岱文集(Ⅱ).北京:中央编译出版社,2003:210.
⑥ 朱光潜在1937年5月创刊的《文学杂志》创刊号《后记》中说道:"批评家首先需明白作者自己的目标,看他对自己所悬的目标达到某种程度以为估定价值的标准。"见朱光潜.编辑后记(一)[M]//朱光潜全集(新编增订本):欣慨室中国文学论集.北京:中华书局,2012:92.

不仅概括了京派文学家的文学批评，还引导了京派文学家的文学创作。除了朱光潜之外，林语堂借助克罗齐美学对表现的强调，建构起来的"性灵表现论"文学批评观，同样是克罗齐美学批评模式的借鉴与发展，其核心思想是强调文学重在表现性灵，反对一切形式的文学纪律与文学分类，与传统文学观形成鲜明的对照。

克罗齐美学被朱光潜、林语堂以及邓以蛰等现代学人吸收，拓展了现代文学批评实践的话语空间。受克罗齐影响的审美主义文学批评话语，已经不完全是克罗齐美学本身，而是带有明显的跨文化痕迹。首先，与克罗齐一样，坚持审美主义批评观的朱光潜与林语堂都旗帜鲜明地拥护文学自由主义。这表现在他们对文学本体的思考上，他们坚持认为文学不应该是载道的工具，而是人类超脱自然需要的束缚，抒发情感与表现生命的活动，"文艺自有它的表现人生和怡情养性的功用，丢掉这自家园地而替哲学宗教或政治作喇叭或应声虫，是无异于丢掉主子不做而甘心作奴隶。"①文学应该具有创造性，创造主要凭借直觉或想象，自由地表现性灵。而文学批评则要人认清文学的"真相"，不被"俗见所蔽囿"，不被"舆论所限制"，"如若批评不能脱离俗见，就没有真正自由的批评。"②其次，审美主义批评观显然吸收了克罗齐直觉表现主义的美学观，用美学的原则来看待文学和文学批评，始终维护和捍卫文学自由独立的品格。无论是以朱光潜为代表的京派文学批评家，还是以林语堂为代表的表现主义批评家，他们都坚决反对夸大文学的政治与意识形态的功能，反对文学工具论。纯正趣味与性灵表现无疑是对文学本体的坚守，防止文学堕落为政治与道德的奴婢。尽管如此，审美主义的文学批评观并不主张文学完全与政治、道德和现实人生绝缘，恰恰相反，它坚持文学跳出克罗齐纯粹抒情直觉的精神形而上领域，将心灵表现与现实世界密切连接。朱光潜等从不反对文学的道德影响，林语堂也并非反对文学表现政治，他们反对的是以道学的面孔，借助文学的外衣来表现政治和道德，这种专为表现政治和道德的文学在他们看来就是假艺术，就是对文学本体的背叛。而且，审美主义的文学批评家们始终坚持文学与人生的改造及人性的完善，本质上，这也是一种人本主义批评。最后，克罗齐的表现

---

① 朱光潜.自由主义与文艺[M]//朱光潜全集（新编增订本）：欣慨室中国文学论集.北京：中华书局,2012：214.

② 林语堂.论现代评论的职务[M]//林语堂名著全集（第13卷）：大荒集.长春：东北师范大学出版社,1994：125.

主义，激发了朱光潜、林语堂等人从中国传统文学思想中挖掘与克罗齐直觉表现主义美学内涵相契合的思想元素。借助于克罗齐美学中对抒情直觉的强调，审美主义文学批评者们将中国传统文学"诗言志"的传统与新文学加以关联，使得"诗言志"的传统文学观念与文以载道传统在对抗中显示现代性的活力与生机。审美主义文学批评观融西方美学思想与中国传统文学观念于一体，真正实现了中西话语的交流与沟通。

　　20世纪30年代，中国文学批评界的上空回荡着多种不同的声音，革命主义文学、新古典主义文学、浪漫主义文学、唯美主义文学等，各自坚守不同的文学主张，朝向中国文学未来的出路。文学审美主义批评所坚持的文学主张，也激起了不同文学批评观念之间的争论。围绕着文学之美与性灵表现所产生的论争，显示了当时文学批评界对文学的不同见解，这也恰恰彰显了克罗齐美学在中国现代文学批评建构中的特殊历史意义。正如本书第五章所提及，林语堂的性灵表现论，正是在与梁实秋的文学纪律论的对照中呈现其现实和理论的意义。林语堂的表现主义还遭到了以鲁迅为代表的左翼文学批评家的非议，鲁迅从文学功利主义的角度出发，始终坚持文学是改造人生与社会的武器。他认为国难当头的危机时刻，文学应该以改造社会现实为旨归，而不是所谓的表现性灵。在生命安全都得不到保障的时刻，林语堂的幽默与闲适在鲁迅眼里显得不合时宜。有关美是什么的探讨，在朱光潜、鲁迅、梁实秋与周扬等学者之间，也引起过不小的论争。鲁迅认为艺术之美应该不离社会现实与个人的真实生活，它不可能仅存于人的想象性直觉中，因此他与朱光潜在钱起的"曲中人不见，江上数峰青"诗句的解读上产生了分歧；他以为朱光潜所谓的"静穆之美"不过是一种观赏者的虚构，而真正的美来自于现实真相，他主张艺术介入现实，通过反抗的方式来"立人"。梁实秋在《论文学的美》一文中指出，"美即直觉即表现"的原则可以应用于图画和音乐，但是不能应用于文学，美是文学上最不重要的一部分，最重要的是文学的道德性。朱光潜对于梁实秋的观点给予了回应，他认为文学作品只能具有道德的影响而不应该带有道德的目的，文学作品之美主要体现于审美意境的创造。朱光潜与梁实秋都反对形而上的美之本体，但是梁实秋将美与伦理对立，美只涉及形式，而伦理只涉及内容。但朱光潜则协调了二者在文学中的统一，他将文学作品视为一个有机的整体，而文学作品之美也体现于整体的意境中。周扬也参与这场论争中，他认为无论是梁实秋还是朱光潜，都陷入了一种观念论美学的形式主义泥沼。周扬倡导"现实主义新美学"，在他看来，朱光潜的唯心论美学,需要用唯物主义的"反映论"来反对。① 而对于梁实秋的美学,虽然在主张文学的现实性和功利性上和他是一致的,但是梁实秋将文学的道德内容与形式分割开来,将美局限于形式的一面,这也是有局限的。周扬认为从康德到克罗齐一派的形式派美学,将美学主观化、形式化和神秘化,是资产阶层文化没落与颓废的反映,形式派美学意境穷途末路,需要新的美学取而代之。周扬观点的背后显然隐含着左翼政治意识形态的影响,他用"观念论"美学反衬"反映论"美学,暗示了一个美学新时代的开启。审美主义文学批评观虽然在救亡图存的时代语境里,最终被革命话语的主体超强音符所淹没,但是它作为 20 世纪上半叶文学批评实践的一种探索,无疑推动了中国现代文学批评实践空间的拓展。

第三节　中西文论交流中的文化碰撞与融合

克罗齐的美学"要反对的是包括印象主义在内的整个传统美学的再现基础,把最后的根据从外在之物转到内在之心,从肯定心灵的自由来建立审美领域的自治性、自主性和自律性。"②因此克罗齐的美学理论并未对艺术创作和批评过程作具体探讨,他只是在"艺术是什么"和"批评是什么"上大做文章,其目的是要立足于整个西方美学史和批评史,来彰显其美学和批评的现代性。克罗齐美学的意义,并不在于其美学和批评本身对于艺术创作和批评有多少实际操作的借鉴价值,而恰恰在于其美学和批评观对于以往美学与批评观的革命性意义,以及对于现代美学和批评的奠基性意义。

克罗齐美学以直觉反理性至上的现代姿态,引起处于中国文化转型困境中的现代知识分子内心强烈的共鸣,他们被克罗齐美学中对主体心灵的关注深深吸引。因此,中国现代学人在借鉴与运用克罗齐美学的过程中,始终突出的焦点都是克罗齐美学中艺术的独立、直觉即表现、批评即创造以及艺术与历史的同一

---

① 周扬说:"朱光潜的观点是形相不是客观地存在的,而只是一种主观的返照,所以艺术家不必去观察和研究现实,只需陶冶性分就可以了。在我们,形象是现实通过作者意识的反映,所以对于艺术重要的是客观现实的反映的忠实;在朱先生,直觉是作者情绪性格在事物上的返照,所以需要的是主观的性分的深浅。这是对于创作的两种不同的态度,这两种态度是根本对立的。"见周扬.周扬文集(第 1 卷)[M].北京:人民文学出版社,1984:219.

② 张法.西方当代美学史——现代、后现代、全球化的交响演进(1900 至今)[M].北京:北京师范大学出版社,2020:67.

等基本命题。可以说，克罗齐只是提供了艺术独立和直觉表现的话语力量，其理论的内在逻辑与生成机制不可能真正成为中国接受者关注的对象。林语堂就借助克罗齐美学中"表现"的话语力量来与传统假道学的文艺思想展开对抗。滕固与邓以蛰借助克罗齐美学对于情感表现的强调，以及艺术与历史的同一，对传统书画论给予现代的阐释。即便是对克罗齐美学深有研究的朱光潜，他在吸收和利用克罗齐美学对艺术发生和诗学批评进行具体言说时，除了运用和改造直觉、表现和意象等概念，也不得不借助于尼采、利普斯、谷鲁斯、康德等其他西方现代理论来帮助他完成自己的理论建构，这也是为何克罗齐思想在中国总是与其他西方思想糅合在一起而被接受的原因。

克罗齐美学跨越中西文化的距离进入中国文化，不可避免地引起文化的冲突与调和。中国学者对克罗齐美学中的具体概念的阐释，难免偏离克罗齐美学中的本义。中国传统美学思想的固有特征，在接受者们的思维中形成了一种文化定势，他们会带着这种固有的思维去理解和阐释克罗齐。首先，克罗齐美学中的重要观念是"艺术＝直觉＝表现＝美"，因此，中国接受者对美的前理解，影响着他们对克罗齐美学其他概念的接受。美在中国文化传统中，从一开始就与某种感性体验紧密联系在一起，[①]李泽厚与刘纲纪就指出："在中国，'美'这个字……是同味觉的快感联系在一起的"，"以味为美"，是汉民族"起源很古"的"观念"。[②] 随着历史的发展，味美不再单指味觉快感，也和其他感官的快感联系起来，直至发展为理智与心灵的快感，即精神的高级享受。于是，以"心"为美，即美在心灵意蕴的象征和表现的美的价值观得以产生，而这种精神的美实际上是与心灵境界和道德修养相关的，故美在中国又发展为以"善"为美，凡是美都代表一种道德的完善。如此一来，美在中国文化的发展中，就从感性体验延展到了道德伦理领域。源自中国传统的美的观念，"来自某种深入人心的具体的生命体验的联系，早已经融合在我们日常审美活动之中，成为美和美感意识中不可或缺的基础和基因。"[③]这种文化基因深深地影响着中国现代知识分子对克罗齐美学的接受，他们不自觉地将克罗齐美学中锁定在精神领域的美拉回到现实世界，将之与

---

① 根据《说文解字》记载："美，甘也。从羊，从大。羊在六畜，主给膳也。美与善同意。"见许慎.说文解字（徐铉校定）[M].北京：中华书局，2013：73.由"美"的词源意义可知，"美"源于远古时代羊的肥大与美味，"美"即"善"，而"善"与膳、鳝、鲜等美食相通，因此，"美"的原初含义来自于味觉，是一种满足人的口舌之欲的美味。

② 李泽厚、刘纲纪主编.中国美学史（第一卷）[M].北京：中国社会科学出版社，1984：80.

③ 殷国明."误译"与"误释"：关于美与美学生发的中国故事[J].文艺争鸣，2019（11）：81-89.

心理感官体验和道德伦理关联起来。朱光潜将克罗齐作为心灵综合的直觉转化为形象的直觉，并结合现代西方美学中的移情论与内模仿理论，对之进行心理学的阐释，克罗齐处于超验精神领域的直觉就在朱光潜的接受中演变为感官经验。无论是滕固的内经验，还是邓以蛰的"境遇论"、抑或是林语堂的性灵表现，虽然他们在言说这些话语概念时借鉴了克罗齐的直觉和表现，但是有一点根本的不同的是，克罗齐美学中的精神直觉已然演变成了与现实人生及自然世界连接的生命体验。

其次，克罗齐否认物质传达为艺术的一部分。对于这一点，几乎所有克罗齐美学的中国接受者都发表了相反的意见，这当然受制于接受者们所处中国文化的现行结构，即他们并未真正理解克罗齐美学的逻各斯主义前提。古希腊哲学家赫拉克利特提出的"逻各斯"(Logos)，最早用来指万物生灭变化的一定尺度，逻各斯后来成为希腊哲学的一个重要概念，其含义为规律或理性，也有言说之意。逻各斯的基本含义是"所言之事"，因此逻各斯中心论又意味着语音中心论。在西方哲学中，逻各斯中心论是理性主义的代名词，它执着于探寻事物背后的统一本质和规律，这一本质和规律又经由言语这种活的声音直接传达。文字仅仅是传播的媒介，而且，文字的传播因为人的不在场而与本源相分离。柏拉图和苏格拉底都认为"借助于一种文字，既不能以语言替自己辩护，又不能很正确地教人知道真理。"[1]文字不过是传播真理的工具，而语音则因为和思想直接接触，从而保证了意义的在场。柏拉图认为，在灵魂与自身的无言对话中，人能直觉而纯粹地接近真理。西方逻各斯中心论影响着柏拉图之后的哲学家。伽达默尔曾说："语词的'真理性'当然并不在于它的正确性，也不在于它正确地适用于事物。相反，语词的这种真理性存在于语词的完全的精神性之中，也即存在于词义在声音的显现之中。在这个意义上，我们可以说一切语词都是'真的'，也就是说，它的存在就在于它的意义，而描摹则只是或多或少地相像，并因而就事物的外观作衡量——只是或多或少地正确。"[2]克罗齐美学当然也没有脱离这一思想传统，他否定了传达对于艺术的意义，将艺术锁定在纯精神的领域。他认为艺术即表现，美学即语言学，他所说的语言并不是作为符号的媒介，而是与逻各斯同质的广义的语言，即各种能够表现心灵的声音、线条、色彩等精神形式。也正是因为对媒介符号的否定，克罗齐的艺术才能作为主体靠近纯粹实在的中介，主体经由

---

[1] 柏拉图.文艺对话集[M].朱光潜，译.北京：人民文学出版社，1963：171-172.
[2] 洪汉鼎编著.《真理与方法》解读[M].北京：商务印书馆，2018：368.

直觉表现而抵达对宇宙无限的理解与把握。克罗齐美学的逻各斯思想背景对于中国的接受者无疑是陌生的。中国传统哲学中"立象以尽意"的象征思维，即借助于某种具体有形的物象来表达一种无形而抽象的理念与意义，体现在艺术中便是有形之物质媒介的不可或缺，艺术传达符号媒介作为表现艺术家心灵中的情感与理想的中介，是中国美学家们在谈论艺术时不能省略的一环。虽然作为一种有形的符号并不能完全而彻底地表达意义，但是中国传统美学中一直强调"言外之意"与"象外之象"的无穷延展，这也正是中国美学的独特韵味。这种文化传统的差异很明显地体现在克罗齐美学在中国的接受之中。

再者，审美活动与人性结构有着内在的联系。人性结构是由理性与感性两个层面构成，理性体现为抽象思维，而感性则与人的情感直接相关。在理性与感性的相互作用中，审美活动才得以生成。中国美学从传统向现代转型实际上是个体感觉与情感逐渐得以丰富与拓展的漫长过程。从宋末明初开始，个体的感性生命突破"天理"的秩序而逐渐得到重视，明朝时期的美学开始表现出与儒家伦理美学精神的背离，它通过对人性情欲的肯定与宣扬，来突出被儒家伦理束缚和压抑的人的内在情感。这种情不是儒家伦理的普遍的情，不是魏晋人的宇宙感怀和人际感伤，而是一种基于个体感性存在的自然情欲，它重视的是个体感性存在中本能动力的价值和意义。克罗齐的接受者们正是在早期美学情感论的基础上，开启对传统美学思想的现代化实践。他们无一不是从"情"出发，展开对于克罗齐美学思想的接受。虽然克罗齐早期的美学思想中，并未突出"抒情"的重要性，但是这并未引起中国接受者们的足够关注。即便是作为《美学》译者的朱光潜，也对克罗齐前后期美学思想中抒情意识的逐步增强不以为然。或者可以说，接受者们正是因为克罗齐后期的《美学纲要》中对抒情的强调，才得以靠近并接受克罗齐美学的。这也足以说明，他们是从克罗齐的抒情表现主义中，发现了与中国传统美学的内在一致性。正是借助于克罗齐的表现主义美学，使得中国传统美学思想中的表现主义因子被激活，从而在现代语境中得以彰显和突出。而且，克罗齐美学的接受者们分别从不同的视角对克罗齐的情感表现论进行了拓展与改造，并将之运用于不同领域的理论建构中。和彻底西化派与传统派不同的是，克罗齐的接受者都注重提取传统文化中的情感与生命元素，而克罗齐美学正是他们提取这些元素的参照。或者可以说，正因为克罗齐的美学思想与中国传统文化精神中对感性生命的重视，使得他们选择了克罗齐。每个接受者都试图寻找克罗齐与中国传统美学思想的衔接，比如林语堂发掘了中国传统浪漫主义文学的性灵,滕固和邓以蛰关注传统艺术论中的气韵生动,朱光潜则从中国传统诗学中发掘出与克罗齐表现主义近似的诸多要素。

最后,克罗齐的心灵哲学将艺术与人的理智认知能力、经济活动与道德意志区分开来。克罗齐并非不明白艺术难免会渗透进现实经验的元素,但是他要寻求的恰恰是在逻辑思辨上保证艺术的独立性与纯粹性,而他的良苦用心似乎并未获得中国接受者们的充分宽容和理解。无论是中国传统儒家思想还是道家思想的美学,都不在人与自然、概念与实践、思维与行动之间作严格的逻辑区分,人的精神活动始终与经验世界紧密连接在一起。这一根本的文化思维前提注定了克罗齐美学在中国被改造的命运。他的纯粹精神领域的直觉表现或艺术不可能在中国文化中落地生根,它必须从纯粹精神的领域落实到现实人生,才能得以传播与接受。而且,克罗齐一直强调与艺术绝缘的道德世界和经验世界,都被中国的接受者们将之与艺术作了一定程度的结合。克罗齐的接受者们都积极介入公共生活,主张艺术与人生的关系,改造国民性与拯救民族危亡并存。无论他们借助于克罗齐的思想多么强调文学艺术独立于道德与意识形态,但是其文艺美学观念总是不自觉地指向现实人生与国民性的改造以及道德伦理的完善,最终的理论落脚点依然是现实尘世而不是超越的精神世界。无论是朱光潜和林语堂,还是邓以蛰和滕固,他们在建构艺术理论的过程中,始终不忘强调艺术改造人生与社会的现实意义。换言之,他们接受克罗齐美学,不仅仅在于解决美学与文学批评的问题,而是要在 20 世纪初期中国的危难时刻,借助艺术,达到改变人之精神面貌,进而推动社会的发展和进步。

正因为这些文化差异与冲突的存在,克罗齐美学在翻译与接受的过程中,"误释"和"误读"就不可避免。翻译不仅仅只是语言符号之间的机械转换,更是两种文化与思维方式的碰撞与调和,它实际上是一个"创造性叛逆"的过程,不可能求得意义的完全对等。在概念汉译中,译者首先要找寻中国语言文化中与西方概念意义相近的语词,或者创造新的语词,无论是现成的抑或是新造的语词,都会带来西方概念原有意义的缺省与增补。与其说这是一种"误译"或者"误释",倒不如说是一种叛逆的创造,它带动了西方文论在中国文化语境里新的生长。理论的接受更是一个观念和思维之间的对接与磨合的过程,不仅需要在现实观念上获得接受和认同,而且要在历史文化和传统意识中得到共鸣与应和。因此,理论接受中的"误读",其实也是一种理论的创造。正如殷国明在讨论"美"与"美学"概念的翻译时所说:"'误释'和'误读',当是一种普遍的学术现象,它们从一个特殊的维度反映了西方美学在中国的境遇，以及中国文化在美学生发和建构中的种种表现，从一种隐蔽的层面揭示了中国美学的历史延续与特点。"①克罗齐美学在中国文化的接受，刚好印证了这一说法。朱光潜、林语堂、邓以蛰和滕固等接受者对克罗齐美学的"误读"，实际上是一种基于各自现实理论诉求的中国美学的创造性建构，他们恰恰是在对克罗齐美学的"误读"与"误释"中建立了美学思维的维度，实践了中国现代美学的建构与发展。

克罗齐美学的中国之旅折射出的中西文论的对照与互鉴，为今天的中西文艺理论交流提供了启发与参考。中西文艺理论的交流，就是一个反思中国传统文化与反观西方文化的过程。中国传统美学向现代转化，需要借助西方思想来反观和激发，而西方美学又在中国美学的返照和发明上得以发展与完善，中西融合是一条必经之路。当代的中西文艺理论交流，应该以一种"中西互为体用"的包容、开放与科学的态度看待中学与西学。钱锺书说："东海西海，心理攸同；南学北学，道术未裂。"②王国维说："学无中西也，无新旧也，无有用无用也。"③寻找中西文学与美学的共通之处，同时又保持各自的不同，是现代学者应该采取的文化态度。在接受西方思想的过程中，外来思想和中国本土思想具有某种深层次的内在衔接，才会有更牢固的接受基础和传播的可能，这也是中西文艺理论交流中文化融合的基础。而两种文化传统的差异又必然带来理论交流中的冲突，因此西方思想在中国文化语境里就免不了被改造的命运。西方文艺理论在中国的本土化，不仅会带动中国文艺理论更好地适应时代的需要，而且也必将促进西方思想本身的丰富与发展。西方文艺理论经过跨文化的翻译和转化，也必将在异域文化语境里被赋予新的内涵而得以拓展与重生。

今天，当我们回望 20 世纪之初，克罗齐美学在中国的翻译、传播与接受，不仅要思考中国与西方文艺理论交流中应该采取怎样的文化态度。更重要的，还需要借助克罗齐美学的中国之旅，来反思西方理论并推进当代中国本土文艺理论话语的建设。克罗齐美学进入中国的时代，是一个传统思想向现代转型的时代，"西方"思想作为一种参照，不仅提供了一种理论表述的方法，更作为一种崭新的知识话语，带动了传统思想的转变与更新。克罗齐美学从知识论与方法论

① 殷国明."误译"与"误释"：关于美与美学生发的中国故事[J].文艺争鸣，2019(11)：81 - 89.
② 钱锺书.谈艺录（补订本）[M].北京：中华书局，1984：1.
③ 王国维.《国学丛刊》序[M]//今文选七（序跋卷）.刘斯奋，主编；谭运长，编纂.北京：中国言实出版社，2015：001.

两个维度,为 20 世纪中国学人建构本土的现代中国文论话语提供了借鉴。而在"西方"理论话语广泛传播的今天,对西方文论的反思就显得尤为重要,正如段吉方所说:"反思研究并不是否定西方文论,反思研究的目的在于在西方文论话语与中国语境的相关性上建立有效的联系,进而实现理论的更新与发展。"①段吉方指出了这种反思的内容,一是反思西方理论提供的知识论的拓展,即西方理论中哪些概念、范畴和理论观念可以为我所用,从而促进本土知识的更新;二是西方理论带动的方法论的革新,即西方理论为我们提供的某种阐释和批评方法,从而更好地促进本土话语的建设,并将本土理论融入文艺理论的全球化进程中。反思不是目的,建设才是根本。他山之石,可以攻玉。在众声喧哗的全球化时代,发出中国文艺理论的声音,是中国学者义不容辞的神圣责任,也是中国文化创新发展的必然要求。

---

① 段吉方.“西方”如何作为方法——反思当代西方文论的知识论维度与方法论立场[J].学术研究,2021(1)：157-164.

附录(一)
克罗齐作品汉译本汇总表

[意] Croce. B.艺术之历史与批评[J].金发,译.美育杂志,1929(3):90-94.

Benedetto Croce.美学:表现的科学[J].林语堂,译.语丝,1929,5(36):433-445.

Benedetto Croce.美学:表现的科学[J].林语堂,译.语丝,1929,5(37):481-499.

Benedetts Croce.自由论[J].丁子云,译.译刊,1933,1(2):33-43.

[意] 克洛采,论自由[J].赵演,译.前途,1933,1(5):1-6.

[意] 克罗齐,艺术是什么[J].孟实,译.文学季刊(北平),1935,2(2):409-420.

克洛齐.论自由[J].蔡瑜,译.丁丑杂志,1937,1(2):1-8.

克罗斯.美学原论[M].傅东华,译.上海:商务印书馆,1931.

Benedetto Croce.美学原理[M].朱光潜,重译.南京:正中书局,1947.

[意] 克罗齐著.美学原理[M].朱光潜,译.北京:作家出版社,1958.

[意] 克罗齐(Croce,B.)著.黑格尔哲学中的活东西和死东西[M].王衍孔,译.北京:商务印书馆,1959.

[意] 贝内德托·克罗齐著.历史学的理论和实际[M].傅任敢,译.北京:商务印书馆,1982.

[意] 克罗齐著.美学原理·美学纲要[M].朱光潜、韩邦凯、罗芃,译.北京:外国文学出版社,1983.

[意] 贝尼季托·克罗齐著.作为表现的科学和一般语言学的美学的历史[M].王天清,译.北京:中国社会科学出版社,1984.

[意] 克罗齐著.十九世纪欧洲史[M].田时纲,译.北京:中国社会科学出版社,2005.

[意] 克罗齐著.1871—1915年意大利史[M].王天清,译.北京:中国社会科学出版社,2005.

[意] 克罗齐著.美学原理[M].朱光潜,译.上海:上海人民出版社,2007.

［意］克罗齐著.作为表现科学和一般语言学的美学的理论［M］.田时纲,译.北京：中国社会科学出版社,2007.

［意］贝内德托·克罗齐著.美学或艺术和语言哲学［M］.黄文捷,译.天津：百花文艺出版社,2009.

［意］克罗齐著.美学原理［M］.朱光潜,译.北京：商务印书馆,2012.

［意］贝内德托·克罗齐著.作为思想和行动的历史［M］.田时纲,译.北京：商务印书馆,2012.

［意］贝内德托·克罗齐著.历史学的理论和历史［M］.田时纲,译.北京：中国人民大学出版社,2012.

［意］贝内德托·克罗齐著.十九世纪欧洲史［M］.田时纲,译.北京：中国社会科学出版社,2013.

［意］克罗齐著.十九世纪欧洲史［M］.田时纲,译.北京：中国社会科学出版社,2015.

［意］克罗齐著.自我评论［M］.田时纲,译.北京：商务印书馆,2015.

［意］克罗齐著.美学的历史［M］.王天清,译.北京：商务印书馆,2015.

［意］贝内德托·克罗齐著.美学纲要;美学精要［M］.田时纲,译.北京：社会科学文献出版社,2016.

［意］贝内德托·克罗齐著.历史学的理论和历史［M］.田时纲,译.北京：中国社会科学出版社,2018.

附录（二）
克罗齐思想在中国的传播与
接受年表

1919 年

《精神独立宣言》(Declaration d'independanee de l'esprit).张崧年,译.《新青年》,
　　1919 年第 7 卷第 1 期：30 - 48。（张崧年的同一篇译文发表于《新潮》(附
　　录)1919 年第 2 卷第 2 期：175 - 195.)

1920 年

《国际联盟之最近行动—意大利新内阁》.《东方杂志》,1920 年 9 月 10 日第 17 卷
　　17 号：35.

陶履恭：《经济史观序言》.《东方杂志》,1920 年 9 月 10 日第 17 卷 20 号：123 - 125.

刘伯明：《关于美之几种学说》.《学艺》,1920 年第 2 卷第 8 期：18 - 24.

（这篇文章于 1921 年再次刊登在《东方杂志》第 18 卷第 2 号：112 - 115.)

滕若渠：《柯洛斯美学上的新学说》.《东方杂志》,1921 年第 118 卷第 8 号：71 - 75.

1921 年

滕固 1921 年 7 月 8 日在给王统照的书信中提及克罗齐.

张舍我：《小说中情结之秩序 The order of events》.《申报》,1921 年 4 月 10 日第
　　17287 号：14.

三无：《文明进步之原动力及物质文明与精神文明之关系》.《东方杂志》,1921 年
　　第 18 卷是 17 号：19 - 29.

《中等学校西洋史参考书目》.《史地学报》,1921 年第 1 卷第 4 期：229.

日本井昆节三原著,大泉译：《乌托邦丛谈（原名优托庇亚物语)》.《改造(上海

1919)》,1921 年第 3 卷第 7 期：第 101 - 106 页.

1922 年

滕固：《文化之曙》.《时事新报·学灯》,1922 年 8 月 25 日.

金岳霖：《行团社会主义家之历史观》.《新潮》,1922 年第 3 卷第 2 期：146 - 151.

《讣音汇志》.《史地学报》,1922 年第 1 卷第 4 期：9.

1923 年

郭沫若：《天才与教育》.《创造周报》,1923 年第 22 期：1 - 5.

张东荪：《相对论的哲学与新论理主义》.《东方杂志》,1923 年 5 月 10 日第 20 卷
　　　第 9 号：58 - 81.

Joel Elias Spingarn 著：《文学的艺术底表现论》.赵景深译,《文学旬刊》,1923 年
　　　第 77 期：0 - 1。

吕澂：《美学浅说》.上海：商务印书馆,1923 年：18.

1924 年

刘秉麟：《欧战之人口问题》.《东方杂志》,1924 年第 21 卷第 14 号：74 - 90.

滕固：《文艺批评的素养》.《狮吼》,1924 年第 2 期：1 - 4.

(日本) 厨川白村著：《苦闷的象征》.鲁迅译,《晨报副刊》,1924 年第 240 号.1 - 2.

《译述：推理,直觉和宗教》.《生命(北京)》,1924 年第 4 卷第 6 期：1 - 13.

1925 年

陈训慈：《史学蠡测(续)》.《史地学报》,1925 年第 3 卷第 5 期：23 - 44.

徐志摩：《丹农雪乌》.《晨报副刊》,1925 年第 104 号：4 - 6.

冯友兰：《对于哲学及哲学史之一见》.《太平洋(上海)》,1925 年第 4 卷第 10 期：
　　　1 - 13.

J. E. Spingarn 著：《文学批评上的七大谬见》.圣麟译,《京报副刊》,1925 年第 54
　　　期：1 - 4.

Croce and Gentile And a Third Who Laughs, *The North-China Herald and*
　　　Supreme Court & Consular Gazette (1870—1941),1925 年 9 月 5 日 040 版。

李石岑,吕澂等：《美育之原理》.商务印书馆：1925 年.

采真、语堂：《对于译袁默诗底商榷》.《语丝》,1926 年第 68 期：6 - 7.

1926 年

张东荪：《初学哲学之一参考》.《东方杂志》,1926 年第 23 卷第 1 号：113 - 139.

邓以蛰：《诗与历史》.《晨报副刊：诗刊》,1926 年第 2 期：17 - 20.

邓以蛰：《戏剧与道德的进化》.《晨报副刊：剧刊》,1926 年第 4 期：5 - 6.

邓以蛰：《从林风眠的画论到中西画的区别》.《现代评论》,1926 年第 3 卷第 67 期：13 - 16.

何作霖：《意大利现代的新教育》.《东方杂志》,1926 年第 23 卷第 7 号：71 - 75.

华林一：《表现主义的文学批评论》.《东方杂志》1926 年第 23 卷第 8 号：75 - 89.

(英)亨勒 R. F. A., Hoernlé,《述学：物质生命心神论(现代思潮之趋势)》.吴宓译,《学衡》,1926 年第 53 期：96 - 133.

黄忏华：《美学史略》.上海：商务印书馆,1926 年：38.

朱孟实：《小泉八云》.《东方杂志》,1926 年第 23 卷第 18 期：79 - 90.

Philosophy in the Modern World, Croce on Its Tasks, *The North-China Daily News*(1864—1951),1926 年 11 月 16 日 005 版.

汪亚尘：《直觉的艺术》.《新艺术半月刊》,1926 年第 1 卷第 5 期：105 - 108.

张崧年：《对于西洋文明态度的讨论：文明或文化》.《东方杂志》,1926 年第 23 卷第 24 期：85 - 92.

胡梦华：《表现的鉴赏论——克罗伊兼的学说》.《小说月报》,1926 年第 17 卷第 10 期：91 - 102.

1927 年

江文新：《棒喝团统治下的意大利》.《东方杂志》,1927 年第 24 卷第 10 号：13 - 21.

朱孟实：《欧洲近代三大批评学者》(三).《东方杂志》,1927 年第 24 卷第 15 号：63 - 73.

瞿世英：《现代哲学》.北京：北京中华书局,1927：77 - 81.

遂初：《意大利文坛近状》.《东方杂志》,1927 年 24 卷第 17 号：87 - 90.

朱孟实：《谈十字街头：给一个中学生的十二封信之五》.《一般(上海 1926)》,1927 年第 2 卷第 3 期：345 - 349.

朱孟实：《谈多元宇宙：给一个中学生的十二封信之六》.《一般（上海 1926）》，
　　1927 年第 2 卷第 4 期：487 - 491.

华林一：《欧洲教育最近的趋势》.《教育杂志》，1927 年第 19 卷第 1 期：8 - 11.

范寿康：《美学概论》，上海：商务印书馆，1927 年：16.

田汉：《文学概论》.上海：中华书局，1927 年：31.

1928 年

（美）葛达德、吉朋斯着：《西方世界的衰落》.张东荪译，《学衡》，1928 年第 61
　　期：20.

冯乃超：《文化批判（上海）》.1928 年第 1 期：3 - 13.

张嘉铸：《伊卜生的思想》.《新月》，1928 年第 1 卷第 3 期：42 - 58.

（英）约德（Joad, C. E. M.）著：《现代哲学引论》.张东荪（译），上海：商务印书
　　馆，1928：52 - 56.

徐庆誉：《美的哲学》.世界学会，1928 年：24.

1929 年

谢颂羔：《西洋这些 ABC》.上海：ABC 丛书社，1928 年：73.

胡梦华、吴淑贞著：《表现的鉴赏》.上海：现代书局，1928 年.

（美）斯宾佳恩：《七种艺术与七种谬见》（Spingarn：The Seven Artsand the
　　Seven Confusions）.林语堂，译.《北新》，1929 年第 3 卷第 12 期：1687 -
　　1693.

张东荪：《现代哲学鸟瞰》.《东方杂志》，1929 年第 26 卷第 17 号：65 - 78.

1930 年

N. M. Butler：《今日世界之新重心》.《东方杂志》，1930 年第 27 卷第 4 号：43 - 58.

明：《最近的意大利文坛》.《申报》1930 年 2 月 15 日第 20432 号：24.

（意）金蒂莱（Giovanni Gentile）：《文化精神》.彭基相译，《新月》，1930 年第 3 卷
　　第 5 - 6 期：171 - 185.

再生：《表现与观照》.《金屋月刊》，1930 年第 1 卷第 11 期：1 - 7.

林语堂：《旧文法之推翻与新文法之改造》.《中学生》，1930 年第 8 期：1 - 7.

李石岑：《五十年来唯心论之发展》.《教育杂志》，1930 年第 22 卷第 1 期：35 - 43.

林语堂辑译：《新的文评》.上海：北新书局：1930 年.

1931 年

李安宅：《艺术批评》(二).《北晨：评论之部》,1931 年第 1 卷第 12 期：6 - 7.

(意) Benedetto Croce 著：《美学原论》.傅东华译,万有文库第一集总目介绍,《申报》1931 年 8 月 13 日,第 20962 号：1.

吴宓：《薛尔曼评传(Stuart P. Sherman)》.《学衡》,1931 年第 73 期：11 - 34.

余上沅：《最年轻的戏剧》.《新月月刊》,1931 年创刊号：189 - 202.

吕澂：《现代美学思潮》.上海：商务印书馆,1931 年：59.

吕澂：《美学浅说》.上海：商务印书馆(万有文库,第一集一千种王云五主编),1931 年 12 月.

1932 年

凌梦痕：《六十年来之西洋哲学》.《申报月刊》,1932 年第 1 卷第 1 期：55 - 75.

1933 年

Benedetts Croce：《自由论》.《译刊》,丁子云译,1933 年第 1 卷第 2 期：36 - 46.

苏波：《歌德之生平及其作品》.《新月》,1933 年第 4 卷第 7 期：14 - 21.

林语堂：《文章无法》.《论语》,1933 年第 8 期：7 - 8.

朱光潜：《替诗的音律辩护——读胡适的白话文学史后的意见》,1933 年第 30 卷第 1 期：101 - 116.

1934 年

克罗斯(B. Croce)著：《美学原论》.傅东华,商务印书馆初版新书列表,《申报》1934 年 4 月 8 日：第 21900 号：1.

克罗斯(B. Croce)著：《美学原论》.傅东华,商务印书馆初版新书列表,《申报》1934 年 4 月 14 日,第 21906 号：3.

克罗斯(B. Croce)著：傅东华《美学原论》.商务印书馆初版新书列表,《申报》1934 年 5 月 1 日,第 21923 号：1.

李安宅：《美学》.上海：世界书局,1934 年：27.

朱光潜：《刚性美与柔性美》.《文学季刊(北平)》,1934 年第 1 卷第 3 期：1 - 9.

朱光潜：《长篇诗在中国何以不发达》.《申报月刊》,1934 年第 3 卷第 2 期：77－80.

光潜：《诗专辑：诗的主观与客观》.《人间世》,1934 年第 15 期：13－14.

刘真如：《意大利经济现况》.《申报月刊》,1934 年第 3 卷第 7 期：73－80.

中书君：《论不隔》.《学文月刊》,1934 年第 1 卷第 3 期：79－84.

朱光潜：《诗的主观与客观》.《人间世》,1934 年第 15 期：13－14.

Gentil And Groce Books Forbidden，*The China Press*. 1934 年 6 月 25 日 0012 版。

Works Put On The Index Philosophies of Croce and Gentile. *The North-China Daily News*(1864—1951),1934 年 7 月 28 日 007 版。

陈正汉：《现代哲学思潮》.(新时代史地丛书),上海：商务印书馆,1934 年.

1935 年

《美学原论》.傅东华,大学文学院用书列表,《申报》,1935 年 2 月 10 日第 22196 号：1.

克罗斯(B. Croce)著：《美学原论》.傅东华,商务印书馆重版书介绍,《申报》1935 年 6 月 29 日第 22333 号：4.

克罗斯(B. Croce)著：《美学原论》.傅东华,大学文学院用书列表,《申报》1935 年 9 月 6 日第 22402 号：2.

曼华：《现代作家：格罗采》.《商务印书馆出版周刊》,1935 年新第 160 期：11－12.

曼华：《读书副刊：格罗采(现代作家之一)》.《华年》,1935 年第 4 卷第 47 期：13－14.

梁宗岱：《论崇高》.《文饭小品》,1935 年第 4 期：1－14.

朱光潜：《创造的批评》.《大公报(天津)》,1935 年 4 月 14 日 0011 版.

(意) 克罗齐：《艺术是什么》.孟实译,《文学季刊(北平)》,1935 年第 2 卷第 2 期：409－420.

朱光潜：《什么是古典主义》.《文学百题》,傅东华主编,上海：生活书店 1935 年版.

陈捷：《世界名著解题：克罗采的"美学原论"》.《商务印书馆出版周刊》,1935 年新第 151 期：10－11.

朱光潜：《文学批评与美学》.《中央日报·副刊》第 199 期,1935 年 3 月 27 日.

1936

克罗斯(B. Croce)著：《美学原论》.傅东华译,大学文学院用目列表,《申报》1936
　　年 2 月 10 日,第 22549 号：1.

克罗斯(B. Croce)著：《美学原论》.傅东华译,大学文学院用目列表,《申报》1936
　　年 8 月 31 日,第 22750 号：1.

贺麟：《宋儒的思想方法》.《东方杂志》,1936 年第 33 卷第 2 号：43 - 58.

梁实秋：《文学的美》.《东方杂志》,1936 年第 33 卷第 7 号：121 - 127.

朱光潜：《文艺与道德问题的略史》.《东方杂志》,1936 年第 33 卷第 1 期：
　　369 - 376.

朱光潜：《文艺心理学》.上海：开明书店,1936.

《中国哲学会正式成立》.《新北辰》,1936 年第 2 卷第 4 期：90 - 91.

朱光潜：《克罗齐美学的批评》.《哲学评论》,1936 年第 7 卷第 2 期：149 - 153.

1937 年

克罗斯(B. Croce)：《美学原论》.傅东华,译.大学哲学系用目列表,《申报》1937
　　年 2 月 7 日,第 22906 号：1.

梁实秋：《论文学的美》.《月报》,1937 年第 1 卷第 4 期：873 - 881.

梁实秋：《文学的美》.《东方杂志》,1937 年第 34 卷第 1 号：303 - 311.

《文艺·语言：文学的美》.《文摘》,1937 年第 1 卷第 2 期：146.

朱光潜：《与梁实秋先生论"文学的美"》.《月报》,1937 年第 1 卷第 4 期：881 - 885.

金亚伯：《思想之战争》.《东方杂志》,1937 年第 34 卷第 8 号：98 - 100.

《克罗齐的美学》,《重光》,1937 年：40 - 47。

邓以蛰：《书法之欣赏》(未完).《国闻周报》,1937 年第 14 卷第 23 期：13 - 16.

邓以蛰：《书法之欣赏》(续).《国闻周报》,1937 年第 14 卷第 24 期：13 - 16.

邓以蛰：《书法之欣赏》.《国闻周报》,1937 年第 14 卷第 28 期：13 - 16.

朱光潜：《克罗齐的历史学》(上).《大公报·文艺》"星期文艺"第 16 期.1937 年 2
　　月 2 日：3.

朱光潜：《克罗齐的历史学》(下).《大公报·文艺》"星期文艺"第 17 期.1937 年 2
　　月 9 日：3.

1938 年

周辅成:《克罗齐的美学》(续).《重光》,1938 年第 2 期:25 - 35.

1939 年

邢光祖:《论味》(上).《文哲(上海 1939)》,1939 年 1 卷第 6 期:10 - 15.

朱光潜:《美学的最低限度的必读书籍》.《益世报·读书周刊》第 31 期.1939 年 1 月 9 日.

1942 年

郭麟阁:《诗歌的欣赏与直觉》.《辅仁文苑》,1942 年第 10—11 期:30 - 32.

谢幼伟:《克罗齐的伦理观》.《思想与时代》,1942 年第 9 期:34 - 43.

1943 年

范任:《意大利民族之文与质》.《东方杂志》,1943 年第 39 卷第 20 号:25 - 28.

朱光潜:《写作练习:谈文学之四》.《中央周刊》,1943 年第 5 卷第 35 期:7 - 9.

朱光潜:《资禀与修养:谈文学之二》.《中央周刊》,1943 年第 5 卷第 27 期:9 - 11.

朱光潜:《作文与运思:谈文学之五》.《中央周刊》,1943 年第 5 卷第 41 期:6 - 8.

朱光潜:《诗论》.重庆:国民图书出版社,1943.

1944 年

梁宗岱:《试论直觉与表现》.《复旦学报》,1944 年第 1 期:215 - 259.

朱光潜:《作者与读者》.《民族文学》,1944 年第 1 卷第 5 期:31 - 37.

朱光潜:《情与辞:谈文学之十》.《中央周刊》,1944 年第 6 卷第 29 期:10 - 11.

1945 年

张少微:《韦柯及其社会哲学》.《东方杂志》,1945 年第 41 卷第 24 期:27 - 35.

1946 年

邓以蛰:《画理探微》.《哲学评论》,1946 年第 10 卷第 2 期:1 - 16.

Benedetto Croce Wins Support of Socialists. *The China Press*. 1946 年 6 月 25 日 0001 版.

朱光潜：《克罗齐的美学》（上）.《大公报（天津）》，1946 年 12 月 1 日 0006 版.

朱光潜：《克罗齐的美学》（下）.《大公报（天津）》，1946 年 12 月 8 日 0006 版.

朱光潜：《论直觉与表现答难——给梁宗岱先生》.《文艺先锋》第七卷第 1 期.
　　1945 年 7 月.

1947 年

朱光潜：《美学原理》的新书广告.《申报》，1947 年 12 月 25 日第 25095 号的书籍
　　广告第 2 页.

温肇桐：《新美学》.《申报》，1947 年 10 月 23 日第 25032 号：9.

朱光潜：《克罗齐与新唯心主义（上）：新唯心主义的渊源》.《思想与时代》，1947
　　年第 41 期：13 - 16.

《克罗齐与新唯心主义（下）：克罗齐的破与立》.《思想与时代》，1947 年第 42 期：
　　13 - 18.

邓以蛰：《六法通诠》（附图表）.《哲学评论》，1947 年第 10 卷第 4 期：1 - 14.

《学原》，1947 年第 1 卷第 4 期：83 - 87.

朱光潜：《克罗齐》.《大公报》，1947 年 5 月 21 日.

宙平：《克罗齐美学批评的批评》.《春风（宁波）》，1947 年：3 - 5.

朱光潜：《克罗齐的"实用活动的哲学"》.《智慧》，1947 年第 18 期：8 - 10.

石冲白：《心的层次：读朱光潜评克罗齐历史学有感》.《革新月刊》，1947 年第 8
　　期：14 - 15.

1948 年

《朱光潜的〈美学原理〉》.《申报》，1948 年 4 月 28 日，第 25214 号：6.

朱光潜：《克罗齐哲学述评》.上海：正中书局，1948.

赵景深：《最近的世界文坛》.《申报》，1948 年 6 月 16 日，第 25263 号：7.

《新书提要：文·史·哲·地：克罗齐哲学述评：著者：朱光潜》.《新书月刊》.
　　1948 年第 2 期：10.

参 考 文 献

1. 英文部分

André Lefevere. *Translation*, *Rewriting and the Manipulation of Literary Fame*. shanghai：Shanghai Foreign Language Education Press，2004.

Antony Flew. ed. *A Dictionary of Philosophy*. New York：St. Martin's Press，1984.

Arturo Biagio L. Fallico. *A Critical Interpretation of the Aesthetics of Benedetto* Croce. Northwestern University Library，1941.

Benedetto Croce. *Logic as the Science of the Pure Concept* Douglas Anslie，trans. London：Macmillan & Co.，Limited，1917.

Benedetto Croce. The Character of Totality of Artistic Expression. Douglas Anslie，trans. *The English Review* (1918)：475 – 88.

Benedetto Croce. *Aesthetic as Science of Expression and General Linguistic*. Douglas Anslie，trans. London：Macmillan and Co. Limited，1922.

Benedetto Croce. The Defence of Poetry. J. Smith & E. Parks ed. *The Great Critics: An Anthology of Literary Criticism* (1951)：707.

Calvin G • Seerveld. *Benedetto Croce's Earlier Aesthetic Theories and Literary Criticism*. New York：Geboren Te West Sayville，1958.

Cecil Sprigge. *Benedetto Croce*，*Man and Thinker*. London：Bowes & Bowes，Cambridge，1952.

Christiane Nord. *Translation as a Purposeful Activity: Functionalist Approaches Explained*. Shanghai：Shanghai Foreign Language Education Press，2001.

Croce B. *An Autobiography*. R. G. Collingwood，trans. Oxford：The Clarendon

Press，1929.

Croce B. *History，Its Theory and Practice*. Dougals Anslie, trans. New York：Russell & Russell，1960.

Croce B. *The Breviary of Aesthetic*. The Rice Institute Pamphlet，1961.

Croce B. *Guide to Aesthetic*. Hiroko Fudemoto，trans.. Toronto Buffalo London：University of Toronto Press，2007.

David D. Roberts. *Benedetto Croce and the Uses of Historicism*，Berkeley：University of California Press，1987.

David D. Roberts，*Historicism and Fascism in Modern Italy*，Toronto Buffalo London：University of Toronto Press，2007.

Fabio Fernando Rizi. *Benedetto Croce and Italian Fascism*. Toronto Buffalo London：University of Toronto Press，2003.

Gaetano John Nardo. *The Aesthetics of Benedetto Croce: A Critical Evaluation of Its Terminology and Internal Consistency*. Ann Arbor，Mich.：UMI，1957.

Gentzler Edwin. *Contemporary Translation Studies*（Revised 2nd Edition）. Shanghai：Shanghai Foreign Language Education Press，2004.

Giacomo Borbone. Symbolic Form and Pure Intuition：Cassirer and Croce on the Nature of Art. *Linguistic and Philosophical Investigations*.（2018）17：29 – 49.

GideonToury. *Descriptive Translation Studies and Beyond*. Shanghai：Shanghai Foreign Language Education Press，2001.

Giovanni Gullace. *Benedetto Croce's Poetry and Literature: An Introduction to Its Criticism and History*. Carbondale and Edwardsville：Southern Illinois University Press，1981.

Irving Babbitt. Croce and the Philosophy of Flux. *Spanish Character and Other Essays*（Fredrick Manchester，Rachel Giese，William F. Giese，ed.）. Boston：Houghton Mifflin，1940：66 – 72.

H. Wildon Carr. *The Philosophy of Benedetto Croce: The Problem of Art and History*. Macmillon & Co. Ltd，1927.

Jeremy Munday，*Introducing Translation Studies: Theories and Applications*.

London and New York：Routledge，2001.

J. E. Spingarn，*Creative Criticism Essays on the Unity of Genius and Taste*. New York：Henry Holt and Company，1917.

M. E. Moss，*Benedetto Croce Reconsidered*. Hanover and London：University Press of New England，1987.

Qian Suoqiao. *Liberal Cosmopolitan*，*Lin Yutang and Middling Chinese Modernity*. Brill，Leiden • Boston，2011.

Raffaello Piccoli，*Benedetto Croce: An Introduction to His Philosophy*. London：Jonathan Cape，1922.

Rik Peters. *History as Thought and Action: The Philosophies of Croce*，*Gentile*，*de Ruggiero*，*and Collingwood*. UK：Rik Peters，2013.

Susan Bassnett. *Translation*，*history and culture*. Cassell，1995.

2. 中文部分
当代专著

［英］埃德加·卡里特，走向表现主义的美学［M］.北京：光明日报出版社,1990.

［法］埃斯卡皮.文学社会学［M］.王美华、于沛，译.合肥：安徽文艺出版社,1987.

［美］安德鲁·福特.批评的起源［M］.普林斯顿：普林斯顿大学出版社,2002.

北京大学哲学系美学教研室编.西方美学家论美和美感［M］.北京：商务印书馆，1980.

［意］贝内代托·克罗齐.美学或艺术和语言哲学［M］.黄文捷，译.天津：百花文艺出版社,2009.

［意］贝内德托·克罗齐.历史学的理论和历史［M］.田时纲，译.北京：中国人民大学出版社,2012.

［意］贝内德托·克罗齐.美学纲要;美学精要［M］.田时纲，译.北京：社会科学文献出版社,2016.

［意］贝内德托·克罗齐.作为表现的科学和一般语言学的美学［M］.王天清，译.北京：中国社会科学出版社,1984.

柏拉图.柏拉图文艺对话集［M］.朱光潜，译.北京：人民文学出版社,1963.

不列颠百科全书(国际中文版)第 11 卷［M］.徐惟诚,总编.北京：中国大百科全书出版社,1999.

［美］H. G.布洛克.美学新解［M］.滕守尧,译.沈阳：辽宁人民出版社,1987.

［美］H. G.布洛克.现代艺术哲学［M］.滕守完,译.成都：四川人民出版社,1998.

陈伯海.历代唐诗论评选［M］.保定：河北大学出版社,2002.

程梦辉.西方美学文艺学论稿［M］.北京：商务印书馆,2007.

陈思广.中国现代文学编年史［M］.北京：文化艺术出版社,2017.

陈望衡.20世纪中国美学本体论问题［M］.武汉：武汉大学出版社,2007.

陈望衡.中国古典美学史（上下卷）［M］.南京：江苏人民出版社,2019.

陈旭麓.近代中国社会的新陈代谢［M］.北京：生活·读书·新知三联书店,
　　2017.

陈佑松.主体性与中国文学现代性的缘起［M］.北京：中国社会科学出版社,
　　2010.

丁福保.历代诗话续编［M］.北京：中华书局,1983.

［美］杜威.艺术及经验［M］.北京：商务印书馆,2005.

段怀青.白璧德与中国文化［M］.北京：首都师范大学出版社,2006.

鄂霞.中国近代美学范畴的源流与体系研究［M］.北京：商务印书馆,2019.

方勇（译注）.庄子［M］.北京：中华书局,2018.

高建平.西方美学的现代历程［M］.合肥：安徽教育出版社,2014.

高恒文.论"京派"［M］.太原：北岳文艺出版社,2015.

郭沫若.沫若文集（第10卷）［M］.北京：人民文学出版社,1959.

郭绍虞.中国历代文论选（第一册）［M］.上海：上海古籍出版社,1979.

郭绍虞.中国历代文论选（第二册）［M］.上海：上海古籍出版社,1979.

韩经太.中国审美文化焦点问题研究［M］.北京：人民文学出版社,2015.

洪汉鼎编著.《真理与方法》解读［M］.北京：商务印书馆,2018.

胡平生、张萌译注.礼记（下）［M］.北京：中华书局,2017.

黄忠廉.变译理论［M］.北京：中国对外翻译出版公司,2002.

蒋孔阳、朱立元.西方美学通史（第3卷）［M］.上海：上海文艺出版社,1999.

蒋祖怡、陈志椿,主编.中国诗话词典［M］.北京：北京出版社,1996.

井上哲次郎,有贺长雄.哲学字汇［M］.东京：东洋馆书店,1884.

卡西尔.人论［M］.甘阳,译.上海：上海译文出版社,1985.

［德］康德.判断力批判（上卷）［M］.邓晓芒,译.北京：人民出版社,2002.

［德］康德.纯粹理性批判［M］.邓晓芒,译.北京：人民出版社,2010.

科林伍德.艺术原理[M].王至元、陈华中,译.北京:中国社会科学出版社,1985.

[意]克罗齐.美学原理;美学纲要[M],朱光潜等,译.北京:外国文学出版社,
　　1983.

[意]克罗齐.自我评论[M].田时纲,译.北京:商务印书馆,2015.

[意]克罗齐.美学的历史[M].王天清,译.北京:商务印书馆,2015.

[意]克罗齐.十九世纪欧洲史[M].田时纲,译.北京:中国社会科学出版社,
　　2015.

赖大仁.20世纪中国文学理论批评的现代转型[M].北京:中国社会科学出版社,
　　2018.

[美]雷纳·威莱克.西方四大批评家[M].上海:复旦大学出版社,1983.

[美]理查德·塔纳斯.西方思想史[M].吴象婴等,译.上海:上海社会科学院出
　　版社,2017.

李超杰.近代西方哲学的精神[M].北京:商务印书馆,2011.

李德胜.价值论:一种主体性的研究[M].北京:中国人民大学出版社,2013.

李江梅.中西方文化话语比较研究[M].北京:人民出版社,2011.

李健吾.咀华集·咀华二集[M].上海:复旦大学出版社,2005.

李天道.中国传统文艺美学思想的现代转化[M].北京:中国社会科学出版社,
　　2012.

李文革.西方翻译理论流派研究[M].北京:中国社会科学出版社,2004.

李泽厚.美学四讲[M].北京:生活·读书·新知三联书店,2004.

李泽厚.实用理性与乐感文化[M].北京:生活·读书·新知三联书店,2005.

李泽厚.中国古代思想史论[M].北京:生活·读书·新知三联书店,2017.

梁启超.情趣人生:梁启超美学文选[M].合肥:安徽文艺出版社,2015.

梁启超.中国历史研究法[M].成都:四川人民出版社,2018.

梁实秋.梁实秋批评文集[M].徐静波,编.珠海:珠海出版社,1998.

梁宗岱.梁宗岱文集(Ⅱ)[M].北京:中央编译出版社,2003.

林语堂.林语堂批评文集[M].珠海:珠海出版社,1998.

刘长鼎、陈秀华.中国现代文学运动史[M].济南:山东文艺出版社,2013.

刘放桐.新编现代西方哲学[M].北京:人民出版社,2000.

刘梦溪主编、夏晓虹编校.梁启超卷[M].石家庄:河北教育出版社,1996.

刘绶松.中国新文学史初稿[M].武汉:武汉大学出版社,2013.

刘小枫、陈少明（编）.维柯与古今之争［M］.北京：华夏出版社,2008.

刘勰.文心雕龙（王志彬译注）［M］.北京：中华书局,2015.

刘悦笛,李修建.当代中国美学研究（1949—2019）［M］.北京：中国社会科学出版社,2019.

卢梭.爱弥儿（下卷）［M］.李平返,译.北京：商务印书馆,1978.

鲁迅.鲁迅全集（第一卷）［M］.北京：人民文学出版社,1956.

鲁迅.鲁迅全集（第十卷）［M］.北京：人民文学出版社,1998.

罗利建.情感美学：论美和美感［M］.北京：中国经济出版社,2014.

刘兰英等编著.中国古代文学词典（第四卷）［M］.南宁：广西人民出版社：1989.

"美学"词条.不列颠百科全书［M］.11 版,1910—1911.

缪灵珠.缪灵珠美学译文集（第 2 卷）［M］.北京：中国人民大学出版社,1987.

聂振斌.中国近代美学思想史［M］.北京：中国社会科学出版社,1991.

［美］欧文·白璧德.卢梭与浪漫主义［M］.孙宜学,译.石家庄：河北教育出版社,2003.

［美］欧文·白璧德.文学与美国的大学［M］.张沛、张源,译.北京：北京大学出版社,2004.

［美］欧文·白璧德.性格与文化：论东方与西方［M］.孙宜学,译.上海：上海三联书店,2010.

潘知常.中西比较美学论稿［M］.南昌：百花洲文艺出版社,2000.

彭刚.精神、自由与历史——克罗齐历史哲学研究［M］.北京：清华大学出版社,1999.

皮锡瑞.今文尚书考证［M］.盛冬铃、陈抗,点校.北京：中华书局,1989.

祈志祥.中国现当代美学史（上）［M］.北京：商务印书馆,2018.

祈志祥.中国现当代美学史（下）［M］.北京：商务印书馆,2018.

钱谷融.论"文学是人学"［M］.北京：人民文学出版社,1981.

钱理群.中国现代文学三十年（修订本）［M］.北京：北京大学出版社,1998.

钱穆.中国文化史导论［M］.北京：商务印书馆,1994.

钱少武.庄禅艺术精神与京派文学［M］.北京：中国社会科学出版社,2009.

任继愈主编.佛教大辞典［M］.南京：江苏古籍出版社,2002.

沈宁编著.滕固年谱长编［M］.上海：上海书画出版社,2019.

赛义德.赛义德自选集［M］.北京：中国社会科学出版社,1999.

苏荣宝.《说文解字》今注［M］.西安：陕西人民出版社,2000.

汤拥华.宗白华与"中国美学"的困境[M].北京：北京大学出版社,2010.

滕固.中国美术小史.唐宋绘画史[M].长春：吉林出版集团有限责任公司,2010.

滕固.滕固论艺[M].彭莱,选编.上海：上海书画出版社,2012.

宛小平,张泽鸿著.朱光潜美学思想研究[M].北京：商务印书馆,2012.

宛小平.美的争论：朱光潜美学及其与名家的争鸣[M].北京：生活·新知·读书三联书店,2017.

宛小平.朱光潜年谱长编[M].合肥：安徽大学出版社,2019.

王夫之等.清诗话[M].上海：上海古籍出版社,1978.

王国维.红楼梦批评[M].杭州：浙江古籍出版社,2012.

王国维.王国维文学美学论集[M].太原：北岳文艺出版社,1987.

王国维.静庵文集[M].沈阳：辽宁教育出版社,1997.

王国维.人间词话（徐调孚校注）[M].北京：中华书局,2012.

王国维.王国维文集（第三卷）[M].北京：中国文史出版社,1997.

王国有.近现代西方哲学审美自觉研究[M].北京：中国社会科学出版社,2014.

王嘉良.现代中国文学思潮史论[M].北京：中国社会科学出版社,2008.

王鲁湘等编译.西方学者眼中的西方现代美学[M].北京：北京大学出版社,1987.

王宁.翻译研究的文化转向[M].北京：清华大学出版社,2009.

王孺童.道德经讲义[M].北京：中华书局,2013.

王树人.哲学思辨新探[M].北京：人民出版社,1998.

王树人.回归原创之思："象思维"视野下的中国智慧[M].南京：江苏人民出版社,2012：17.

王一川.中国现代文论传统[M].北京：北京师范大学出版社,2019.

王有亮."现代性"语境中的邓以蛰美学[M].北京：中国社会科学出版社,2005.

王攸欣.选择.接受与疏离——王国维接受叔本华　朱光潜接受克罗齐美学比较研究[M].北京：生活·读书·新知三联书店,1999.

汪裕雄.意象探源[M].合肥：安徽教育出版社,1996.

王元化.文心雕龙创作论[M].上海：上海古籍出版社,1984.

[意]维柯.论意大利最古老的智慧——从拉丁语源发掘而来[M].张小勇,译.上海：上海三联书店,2006.

维柯.维柯论人文教育[M].张小勇,译.桂林：广西师范大学出版社,2005.

维柯.新科学（上册）[M].朱光潜,译.北京：商务印书馆,1997.

维柯.新科学（下册）[M].朱光潜,译.北京：商务印书馆,1997.

维柯.论人文教育——大学开学典礼演讲集[M].张小勇,译.桂林：广师范大学出版社,2005.

沃拉德斯拉维·塔塔科维兹.中世纪美学[M].诸朔维等,译.北京：中国社会科学出版社,1991.

吴志翔.20世纪的中国美学[M].武汉：武汉大学出版社,2009.

吴中杰.中国现代文艺思潮史[M].上海：复旦大学出版社,2014.

夏基松.现代西方哲学[M].上海：上海人民出版社,2009.

夏中义.王国维：世纪苦魂[M].北京：北京大学出版社,2006.

夏中义.朱光潜美学十辨[M].上海：上海社会科学院出版社,2017.

（南齐）谢赫.古画品录·续画品录[M].姚最、王伯敏,标点注译.北京：人民美术出版社,1959.

谢天振.译介学[M].上海：上海外语教育出版社,1999.

谢天振.译介学（增订本）[M].南京：译林出版社,2013.

许纪霖.20世纪中国知识分子史论[M].北京：新星出版社,2005.

许江."静穆"观念与京派文学[M].北京：知识出版社,2013.

许钧,穆雷.翻译学概论[M].南京：译林出版社,2009.

许慎.说文解字[M].徐铉,校定.北京：中华书局,2013.

薛文.人生美学的创构——从克罗齐到朱光潜的美学研究[M].哈尔滨：黑龙江人民出版社,2010.

严博非.二十世纪中国思想史论[M].上海：东方出版中心,2000.

严复.穆勒名学[M].北京：商务印书馆,1981.

杨春时.中国现代美学思潮史（上卷）[M].南昌：百花洲文艺出版社,2019.

杨春时.中国现代美学思潮史（下卷）[M].南昌：百花洲文艺出版社,2019.

叶秀山.前苏格拉底哲学研究[M].北京：生活·读书·新知三联书店,1982.

张伯伟.全唐五代诗格汇考[M].南京：江苏古籍出版社,2002.

张法.美学的中国话语：中国美学研究中的三大主题[M].北京：北京师范大学出版社,2008.

张法.中西美学与文化精神[M].北京：中国人民大学出版社,2010.

张法.西方当代美学史——现代、后现代、全球化的交响演进（1900至今）[M].北京：北京师范大学出版社,2020.

索　引

B

表现　1—3,5,7—9,11—14,17—20,23,24,
26—31,33,36,39—47,51,52,54—67,
71,72,74,76,77,81—84,88,91—97,
99—101, 103—105, 108, 111—124,
126—133, 135—149, 151, 154—178,
180,181,183—185,189,190

C

纯粹的抒情　77

F

翻译　1—4,12,14—17,36—38,42—44,47,
48,51,52,55,62,63,66—75,77—100,
103,105,114,115,117,121,127,135,
136,138,166,177,178

J

境遇　57,147,154—159,165,175,178

K

克罗齐美学　1—7,10—20,24,28,34—37,

39—42,44,47,51,54—56,59—61,65,
67—73,75,78,80,84—86,88—90,93,
95,99—101, 105, 106, 114, 117—119,
124—126,147,148,154,156,165—178,
188,190

跨文化变异　105

N

内经验　147,149—151,175

W

文化碰撞　86,173

文化融合　147,178

X

心画论　159

心灵综合　18,25,26,44,57,90,94,96,98,
108,109, 111, 137, 138, 140, 156, 163,
168,175

形象的直觉　105—109,119,175

性灵表现　126,134,135,137—142,145,
146,160—162,165,171,172,175

Y

艺术独立　17,19,20,39,41,103,129,139,
　　148,167,174,177
译前传播　2,3,15,16,35—37,48,61,66—
　　68,70,71,166

Z

直觉　1,5,7—14,17—21,23—31,33,34,
44,45,51—53,56,57,59—61,63—66,
73,75—77,79—81,83,86,89—91,94—
97,99—111,113,118—122,124,128,
131—133,135—145,147—151,154—
157,159—169,171—175,177,183,184,
189,190

后 记

　　克罗齐的思想博大精深，但其文字表述却艰深晦涩，因此深入把握他的哲学与美学内涵并非易事。由于克罗齐用意大利文写作，而我不懂意大利语，只能依赖英文和中文译本，这无疑为理解其思想增添了难度。作为一名跨专业研究者，我初识克罗齐时，几乎没有哲学与文艺美学的基础。从零开始的经历让我深刻意识到自己的浅薄与不足，并在阅读与写作中脚踏实地积累。通过翻译克罗齐的作品（基于英译本），我逐步进入他的思想世界，在翻译过程中不仅领悟了克罗齐精神哲学的魅力，更感受到他的表现主义美学的独到之处。正是通过翻译，我逐渐意识到，一种思想，甚至一个细微的概念，在跨语际传播中，远不止于语言的简单转换，更是一种基于两种文化碰撞、融合与妥协后的二度创作。正如克罗齐所言，翻译不仅是语言行为，而是一种再创造。基于这一认识，我开始构思"克罗齐美学在中国"的写作思路与框架，中西文化的深层沟通与交融自然而然成为思考的核心，这不仅涉及克罗齐美学在文本翻译与美学概念跨文化转译中的体现，更关乎不同接受者对克罗齐美学的深入解读与创造性改造。

　　克罗齐研究带我从过去学习西方语言的表层走向西方文化的深处，感受西方人文主义的精神内涵，体会其张扬情感并与现代理性对抗的独特魅力。而克罗齐美学的中国之旅，则让我深入民国大师们的精神世界，触摸他们的生命脉动，感受他们在特殊的时代语境中对民族前途的深邃思考，以及面对西方思想时，在保存传统与革新义化间的复杂内心纠结与情感震荡。通过多遍研读朱光潜、林语堂、梁实秋、邓以蛰、滕固等民国思想家们的全集，我深刻体会到他们虽然借鉴西学却扎根传统的良苦用心。中国文化的现代化，是随着西方思想进入中国而被动展开的。在文化转型的十字路口，这些克罗齐的接受者们，在科学救国与情感启蒙的两难中，坚持以人为本，张扬生命个性，捍卫人之情感的独特价值。对人的尊重，正是他们与克罗齐深刻共鸣的关键所在。在人工智能飞速发

201

展的当下，我被这种人文关怀深深感动，也使我与克罗齐及其接受者们产生了精神连接。

本书的完成，离不开我的博士导师殷国明先生的悉心指导，正是他引导我走进了中国文学与文艺理论研究的迷人世界，导师跨越中西的开放眼光与人文情怀深刻影响了我，从此我的研究始终根植于中西文化比较的宽广视角。感谢我的先生，在我四年的博士求学(即本书的初稿写作)过程中给予的无限宽容与理解。最后要感谢我的儿子，我读博期间，他正在上初中，这本书从酝酿到完成，伴随着他青春成长的整个过程，以后翻开每一页，我都会无比怀念一边阅读写作、一边陪伴他成长的美好时光。

最后，也勉励自己，无论学术环境多么暗淡，依然要看到前方有光在闪烁，以此纪念克罗齐及其追随者们。

姜智慧

2024 年 12 月 30 日于杭州寓所